V. 135.

BRIEFVE METHODE,

ET

INSTRVCTION POVR

TENIR LIVRES DE RAISON
PAR PARTIES DOVBLES:

*EN LAQVELLE SE VOID LA PLVS GRAND
partie des Negoces que faict Lyon en toutes les principales villes de l'Europe.*

AVEC

Vne Inſtruction ſur chacune d'icelles, fort vtile & neceſſaire à tous ceux qui
exercent le negoce de marchandiſe:

L'ordre de tenir vn Carnet des payements auec ſon Bilan.

Auoir Maiſon & correſpondance en diuers lieux, vendre, achepter, enuoyer, & recouoir
marchandiſes, tant pour ſon compte, par commiſſion, qu'en
participation; tant ſur Mer, que ſur Terre.

*Faire Traictes, & Remiſes en diuers lieux, donner, & recouoir diuerſes ſortes de commiſſion,
tant de change, que marchandiſes.*

Le tout diſpoſé en tel ordre, qu'il ſe peut tres-facilement comprendre, & imiter.

Par CLAVDE BOYER, *natif de l'Argentiere en Viuarez.*

A LYON,

Chez IACQVES GAVDION, en ruë
Merciere, pres le puits Sainct Antoine.

M. DCXXVII.

AVEC PERMISSION, ET PRIVILEGE DV ROY.

A NOBLE

ANTOINE PICQVET,

ESCHEVIN DE LYON.

ONSIEVR,

La science des nombres n'est pas moins curieuse que necessaire. Et ceux qui ont fait paroistre qu'auec elle on pouuoit s'acquerir la cognoissance de tous les secrets de la Philosophie sont tellement en l'estime du monde, que parmi le nombre infini de ceux qui admirent leur doctrine à peine se treuue-il quelqu'vn qui se rende capable de la comprendre, ceste difficulté a proposé tant d'obstacles aux esprits les plus releuez, que desesperans de pouuoir paruenir à la perfection des premiers qui ont estably les maximes de ceste science : les mieux aduisez ont donné leur temps & leur estude à l'acquisition de celle qui est autant importante pour la communication des hommes, & facilité du commerce, comme elle est vtile à ceux qui s'employent à la pratiquer ; mais toutes choses nous estant venduës au prix du trauail, & de la peine ; Dans ceste petite partie de la science des nombres qui nous est restée, qui ne contient rien de si necessaire que celle des comptes doubles, & liures de raison, il se rencontre encor des routes si malaisées, qu'elles surmontent bien souuent la subtilité des plus habiles : ce qui m'oblige de mettre au iour des Reigles infallibles, touchant ceste doctrine, afin de ne point refuser à l'vtilité publique ce que i'ay peu apprendre en ma ieunesse, & principalement depuis le temps que i'ay l'honneur d'estre à vostre seruice. Il est vray que ne voulant pas inconsiderément me mettre au hazard, & sans asseurance entreprendre, non de voir, mais d'estre veu de tout le monde, ie me suis mis en la protection de vostre nom, comme sous vne Puissance tutelaire, l'adueu de laquelle me fera receuoir fauorablement en tous les endroits de la terre où les hommes se sçauent seruir du commerce, & de la raison ; Ce que i'ay faict par deuoir & par exemple, suiuant en cela le dessein, & l'heureux succez de tous les Citoyens de Lyon, qui ne pouuant vous esleuer aux charges que vous meritez, vous ont appellé à la plus honorable, & plus importante qui soit dedans leur ville, mais auec tel auantage pour leur contentement, qu'ils n'ont iamais desiré auec tant de passion l'entrée & le commencement de vostre administration, comme ils auront de desplaisir voyant la fin de vostre Consulat, dans lequel vous n'auez pas fait paroistre moins de soing & de zele pour le bien de

† 2   *vostre*

voſtre patrie, que de prudence & moderation. Ie ſuis en part aux intereſts pu-
blics, comme faiſant vne bien petite partie de ce grand tout , mais i'ay mille reſ-
ſentimens particuliers qui m'attachent à voſtre ſeruice , & rapportent à ma
memoire les teſmoignages que i'ay receus de voſtre bien-vueillance, pour me fai-
re aduoüer par tout que ie n'ay rien treuué d'infiny dans les comptes , que les
raiſons qui m'obligent à prendre le nom.

MONSIEVR, de

Voſtre tres-humble, & tres-obeiſſant ſeruiteur,
CLAVDE BOYER.

SON

SONNET A L'AVTHEVR.

Ainsi que la fortune à son Timoleon,
  Le Rhosne à flots mutins, & à course bruyante,
La Saosne à petits pas, & d'vne mine lente,
Apporte tout le monde au sein de son Lyon.
Le Rhosne s'alliant à la Mer de Marseille
  Luy donne pour sa part tout l'or de l'Orient,
La Saosne chariant ses flots par l'Allemand
  Au profit de Lyon ne fait moindre merueille.
Mais las! que seruiroit quand nous aurions d'Ophyr
  Tout l'or qu'on peut songer, l'argent, & le saphyr,
  Si nous n'auons l'esprit de le mettre en reserue?
C'est ce que nous apprend ton esprit genereux,
  En celà beaucoup plus que nos fleuues heureux:
  Eux nous donnent des biens, mais tu les nous conserue.

IEAN FRANÇOIS MOISSONNIER.

STANCES, AVX MARCHANDS,
SVR LES OEVVRES DE CLAVDE BOYER.

O Econnomes soigneux des grandes Republiques,
  Vous qui nous deffendez de la necessité,
Obligeans tout le monde auecque vos pratiques,
Et en particulier ceste belle Cité.
  Considerez icy BOYER qui vous seconde,
Aux glorieux trauaux qui iusques aux abois
Vous font passer pour nous aux limites du monde,
Sur ces montaignes d'eaux, dans ces villes de bois.
  Que nous auroit serui vostre soing memorable,
Reuenans tous chargés de ces mondes noueaux;
Qu'auroit serui l'esprit, & la main admirable
De ces Maistres expers aux passages des eaux,
  Si quelqu'vn desormais allegeant vostre peine
Ne tenoit en raison tant de comptes diuers,
Pour nourrir le commerce, & vous donner haleine,
Aux rapports infinis de tout cet Vniuers?
  Examinez de pres les subtiles remarques
De ce braue Escriuain, vous y aurez du fruit:
Celuy qui s'y plaira, porte desia les marques,
Et a le sentiment d'vn homme bien instruit.
  L'enuieux seulement doit gronder à la preuue
Que vous deuez tirer de ce stile puissant;
Mais puis qu'apres l'erreur la verité se treuue,
Il faut qu'il serue seul d'vn zero languissant.

IACQVES TORRET.

† 3

Priuilege du Roy.

L O v y s par la grace de Dieu, Roy de France & de Nauarre. A nos amez & feaux Confeillers, les gens tenans nos Cours de Parlement, Preuoſt de Paris, ſon Lieutenant Ciuil, Seneſchal de Lyon; & à tous nos autres luges, luſticiers, & Officiers qu'il appartiendra : Salut. Noſtre bien amé I A C Q V E S G A V D I O N, Marchand Libraire en noſtre ville de Lyon, nous a faict remonſtrer, qu'il auoit recouuré vn liure, intitulé, *Briefue Methode, & Inſtruction pour tenir liures de raiſon par parties doubles, faict par Clau.le Boyer.* Lequel il defireroit volontiers imprimer, s'il nous plaiſoit luy en octroyer nos lettres de permiſſion, & Priuilege, leſquelles il nous a tres-humblement requiſes. A ces cauſes, Auons audit G A V D I O N, permis, & permettons par ces preſentes, d'imprimer, faire imprimer, vendre & debiter ledict liure cy-deſſus, & iceluy mettre en tel volume, forme, & caractere que bon luy ſemblera, durant le temps & eſpace de neuf ans. A compter du iour que ſera paracheuée la premiere impreſſion: Sans que pendant ledict temps aucuns autres Libraires ne Imprimeurs le puiſſent imprimer ny vendre ſoubs quelque pretexte que ce ſoit. A peine de confiſcation des exemplaires qui ſe trouueront d'autre impreſſion que de celle dudict ſuppliant, mil liures d'amende, applicable moitié en œuures pies, & l'autre moitié audict ſuppliant, auecque tous deſpens, dommages, & intereſts. S I V O V S M A N D O N S, Que du preſent Priuilege, & du contenu en iceluy vous faſſiez ledict G A V D I O N ioüir plainement, & paiſiblement ſans ſouffrir ne permettre luy eſtre faict, mis, ny donné aucun empeſchement au contraire. A la charge de mettre deux exemplaires dudict Liure en noſtre Bibliotheque, voulant qu'en mettant au commencement, ou à la fin le contenu en bref de ces preſentes, elles ſoyent tenues pour deüement ſignifiées. Car tel eſt noſtre plaiſir. Nonobſtant clameur de H A R O, Chartre Normande, & autres choſes, à ce contraires. D O N N E à Paris, le dernier iour de Decembre, L'an de grace, mil ſix cents vingt-ſix, & de noſtre regne le dix-ſeptieſme.

Par le Roy en ſon Conſeil.

BERGERON.

Et Seellé du grand Seel en cire jaune.

INDICE DE TOVT LE
CONTENV EN CE LIVRE.

AV

AV LECTEVR SALVT.

Vᴛɪʟɪᴛᴇ́ du public, (Amy Lecteur) & l'affection que ie luy porte, m'ont fait esclorre ceste instruction pour tenir Liures de Raison par parties doubles,que ie t'auois cy-deuant promis par mon liure d'Arithmetique. Ayant differé de m'acquitter de ma promesse iusqu'à present que ï'en ay esté sommé & requis par beaucoup de personnes d'honneur & de iugement, qui m'honorent de leur amitié. Quoy que la multitude des affaires que i'ay entre mains ne m'ait pas donné le loisir d'y vacquer que fort peu de temps,& à la desrobée. Tu verras dãs iceluy tous les negoces qui se font és principales villes de la Chrestienté ; Ayant feint vne Societé de trois Marchands, qui font vn vn fonds de l.200000.— tournois pour negocier ensemble l'espace de trois années, ayant maison à Milan & à Lyon,& faisant fabriquer audict Milan toutes sortes de draps de soye propres pour la France; & dudict lieu se feront les achapts des marchandises d'Italie, suiuant l'ordre que leur en sera donné de J.von; Leur enuoyant par contre les marchandises qui y serõt de requeste;& se feront traictés & remises d'vn costé & d'autre, suiuant la necessité; Il s'y verra aussi l'ordre de negocier sur Mer,diuers chargemens de vaisseaux qui seront faits tant en Flandres,Angleterre,Turquie,qu'Espaigne. On y verra l'abord des marchandises qui se fera dans Lyon de diuerses contrées, auec la deduction de tous les frais qui se payent fins renduës dans le Magasin. Afin que les Marchands qui voudront negocier en ces lieux,puissent(deuant qu'entreprendre ledict negoce) faire leur compte & voir le profit, ou perte qu'il y peut arriuer ; M'estant peiné de mettre le tout iustement, & au vray, comme le negoce se passe : Et pour plus claire intelligence, ie feray suiure à la fin vne instruction sur chaque lieu où Lyon a accoustumé de negocier. Il se tiendra vn compte sur chaque sorte de marchandise, afin que plus aisément on puisse voir le profit qui se fera sur chacune d'icelle ; & sera disposé en tel ordre, que toutesfois & quantes qu'on voudra sçauoir les marchandises qu'on a de reste tant en Magasin,qu'és mains des Commissionnaires,il ne faudra que voir leur compte,& dans vn rien l'on aura recogneu les marchandises restantes, & quand il ne s'en manqueroit qu'vne aune, on le peut aisément recognoistre : Car à mesure qu'on enregistre les ventes mettant chasque marchandise à son compte, il se fait vn poinct en marge, lors que l'aunage vient à se rencontrer du costé de l'achapt, ce qui denote que chaque n° qui a vn poinct à costé,est vendu,& n'est plus dans le Magasin : Comme se voit distinctement au velous de Milan à f° 8. & autres marchandises qui sont marquées par n°.Et cette methode m'a semblé estre la meilleure & plus commode ; & partant i'espere que ce mien labeur ne sera moins profitable à la France, qu'agreable à ceux qui prendront la peine de le lire ; Et bien que plusieurs ayent mis en lumiere d'autres liures traittants sur le mesme subiect,si est-ce que ie n'en ay encor trouué aucun qui traictast suffisamment le negoce que fait Lyon en diuers lieux. Car Sauonne qui en a amplement deserui, n'estend son negoce que par la France, & maintenant la plus part des Marchands negocient non seulement en France,ains en Italie, Espagne, Flandres, Allemaigne, Angleterre, Turquie, & autres pays estrangers; comme ie feray voir par ce mien traicté. Quelqu'vn s'estonnera,peut-estre, de ce que ie ne produis aucun Iournal, liure de Caisse, ny autres liures seruans à vn negoce : à quoy ie respons que ie n'ay volu traicter que de ce qui sert d'instruction, Or est-il qu'vn iournal, & autres liures dependants du grand liure, sont aisez à tenir, chacun les tenant à sa mode ; C'est pourquoy ie n'ay volu remplir ce volume desdicts liures; Et mesmes que quiconque tiendra le grand Liure en la forme du present, quoy que son Iournal,& autres menus liures vinsent à se perdre, il verra distinctement dans son grand Liure accompaigné du Carnet des payemens,tout negoce, sans qu'il soit besoin des autres liures, & suffira seulement de tenir vn broillard, lequel se rapportera à droicture sur ledict grand liure,sans le faire passer sur vn Iournal, puis que chaque sorte de marchandise est specifiée par le menu audict grand Liure,tout de mesme qu'elle seroit audict Iournal. Il pourroit encor sembler à quelques vns que cette Methode est fort longue,facheuse, & difficile : Mais ie pense que s'ils la considerent bien, ils trouueront qu'elle est beaucoup plus commode, & briefue, que de quelqu'autre façon que ce soit; veu que par ce moyen on éuite vn grand embarras de liures qu'il faudroit tenir dauantage, comme liure de n° d'achapt, & de vente.Que s'il falloit tenir tous ces liures de plus, auec le grand Liure par vn compte general de marchandises,on auroit beaucoup plus d'escriture à faire, & si ne seroit-ce pas en si bon ordre. Car quand vn Marchand voudroit sçauoir la qualité,quantité, & prix des Marchandises qu'il auroit euës,faudroit auoir recours audict Iournal,& luy assuiettir le grãd Liure;ce qui apporteroit vne grande incommodité

A   & perte

& perte de temps ; l'en laiſſeray pourtant le choix à leur iugement,& au tien (cher Lecteur) ne me voulant pas donner cette vanité de croire que mes inuentions ſoient meilleures , que toutes celles qui ont
paſſé par l'eſprit de tant d'habiles gens qui ont manié le negoce, & cette matiere ; Reçoy donc (Amy
Lecteur)ce mien trauail d'auſſi bon cœur, que ie te le preſente , & en ce faiſant tu m'obligeras à continuer mes eſtudes , pour te preſenter à l'aduenir quelque autre inuention dont tu receuras contentement. Adieu.

INSTRVCTION GENERALE DE TOVT CE
qui concerne l'Art de tenir Liures de Raiſon.

PREMIEREMENT il conuient auoir vn broillard où tous ceux de la Maiſon, ayans l'au-
thorité de vendre,y puiſſent eſcrire,moyennant qu'ils en ſoient capables ; Car il y faut obſeruer l'an,le mois,& le iour,le nom,& ſurnom du Marchand , auec le lieu de ſa reſidence,
la ſorte , qualité , & quantité des pieces , le prix , les aunes, les coleurs, & le nᵒ , les conditions de l'achapt,ou vente,ſoit à terme,ou au contant : afin que celuy qui tient les liures puiſſe tant plus
facilement diſtinguer,& coucher chaque partie à ſon compte.Bref dans ledict broillard on y eſcrit à la
haſte tout ce qui ſe paſſe iournellement ; & d'autant qu'il s'y fait quelquefois des fautes , & rayeures,
comme ſi l'on s'eſt failli au poids,meſure,nombre,ou compte:Il conuient auoir vn ſecond liure intitulé
Iournal,où toutes les parties dudict broillard ſeront tranſportées au net.Lequel Iournal doit eſtre tenu
par celuy qui tient le grand Liure afin d'eſtre mieux approuuez en Iuſtice : & eſcriuant ſur iceluy Iournal on doit obſeruer l'ordre cy-apres.
　　Premierement mettre la datte du Iour , Mois , & An en chef, commençant touſiours par A , diſant à telles marchandiſes en credit , à tel , ou à tel en credit , à telles marchandiſes pour vn tel temps,
Courratier tel ; & puis mettre en ſuitte la qualité, & quantité des marchandiſes par le menu , comme
cy-apres,par exemple,
　　A Ceſar,& Iulien Granon de Tours,en credit à Soyes de Mer pour Paſques 1627. d'accord & liuré
audict Iulien,Courratier Derichi.
　　Nᵒ 1.b.1.℔. 220.pour ℔. 218. tare ℔. 2. reſte à payement ℔.200. Soye lege à l.10.——1.2000.——
　　Et cet ordre ſe doit obſeruer audict Iournal quand on couche les parties tant de la vente, que
achapt.Il faut auſſi auoir vn liure de Caiſſe ou broillard , ſur lequel on doit eſcrire tout l'argent qui ſe
paye,& reçoit,y mettant la quantité, & qualité des eſpeces,afin d'éuiter meſcompte,commençant touſiours par De,& A,Sçauoir quand on reçoit dire de tel,& quand on paye,à vn tel,Exemple
　　De N. le tel iour, pour ſoude de ce qu'il doit d'eſcheu
　　　100. Doublons d'Eſpagne à 1.7.7.——1.735.——⎱
　　　10. Doublons d'Italie à l.7.2.——l. 71.——⎰——————1.806.——
　　A N. le tel iour pour telles marchandiſes acheptées de luy
　　　v. 1000. d'or ſol à l.3.16. ——1.3800.——⎱
　　　v. 100. quarts à l. 3. 4.——l. 320.——⎰——————1.4120.——
　　Outre ledict liure de Caiſſe,on doit tenir vn liure particulier de menuë deſpenſe, afin de ne remplir
le grand Liure de ces menuës parties,leſquelles ſe doiuent ſouder lors qu'on veut recognoiſtre la Caiſſe,rapportant toutes leſdictes deſpenſes en vne ſomme ſur ledict liure de Caiſſe. On tient vn liure de
coppie de lettres,afin de ſçauoir ce qu'on a eſcrit en diuers lieux.Vn liure de coppie de comptes,où ſont
coppiez tous les comptes des ventes , & achapts des marchandiſes qui ſont enuoyées , & receuës de dehors,tant par Commiſſion en compagnie, qu'autrement. Il y a encor le Carnet des payemens, auquel
nous donnerons cy-apres vne particuliere inſtruction.
　　Tous leſquels liures doiuent eſtre marquez ſur la couuerture par la lettre A , & marque ordinaire du
Marchand ; & quand on voudra recommencer des liures nouueaux,il faut marquer à la lettre B, & ainſi
ſuiure les lettres de l'Alphabet chaque fois que l'on chãge de liure. Et cette inſtruction ſuffira pour ſçauoir comment l'on doit tenir les Liures qui dependent du grand Liure. Reſte maintenant à donner inſtruction ſur le grand Liure,lequel doit eſtre cotté par la lettre A , comme les autres,accompagné d'vn
repertoire ſur lequel on eſcrit les noms & ſurnoms des perſonnes , le compte des marchandiſes de la
Caiſſe,& generalement tout ce qui ſera contenu audict liure. Où il faut noter que pour plus grande facilité,on eſcrit à la lettre du ſurnom les noms & ſurnoms de chacun;& c'eſt à cauſe que quelquefois l'on
ne ſe ſouuient du nom propre, ſi bien que du ſurnom. Comme voulant eſcrire audict repertoire Ceſar,
& Iulien Granon,il faut prendre la lettre G,qu'eſt celle du ſurnom & ainſi des autres,comme ſe voit audict Repertoire ; Il y en a encor qui tiennent des Repertoires doubles , c'eſt à ſçauoir que ſur chaque
lettre de l'Alphabet on y laiſſe deux feuilles blanches , ſur leſquelles ſont cottées toutes les lettres dudict Alphabet , & pour y repertorier on cerche la lettre du nom, & dans icelle on y treuue la lettre du
ſurnom à laquelle on les eſcrit : par exemple , voulant repertorier leſdicts Ceſar , & Iulien Granon , on
　　　cerche

eiche la lettre C, dans laquelle fe treuuent deux fueilles blanches où font toutes les lettres de l'Al-
habet & efcrire à la lettre G, lefdicts Granon & ainfi des autres. Ne m'eftant voleu feruir de cette me-
hode, d'autant qu'elle affubiettit à fçauoir le nom propre; Et cecy fuffife pour l'inftruction du Reper-
oire. Venons maintenant à donner commencement au grand Liure à l'ouuerture duquel ie cotte à
droict & à gauche vn nombre efgal commençant à la premiere page par vn en chiffre à chaque bout du
iure du cofté droict & gauche ; aux fecondes pages ie cotte 2.deçà,& 2. delà ; ainfi des autres. Et faut
notter que le debit s'efcrit toufiours du cofté gauche,& le credit à droict.Cela faict,ie commence à coucher vn compte de temps à chacun des affociez,commençant à Gabriel Alamel, lequel ie fais debiteur
de l.100000.qu'il a promis fournir audict negoce,& paffe fon rencontre à vn compte Capital,le faifant
crediteur defdictes l. 100000. fur lequel eft fpecifié en brief la participation de chacun des affociez, &
du iour que la compagnie commence,& finit ; Rapportât toutes les particularitez d'icelle à l'afcripte de
ladicte compagnie : afin que furuenant quelque different , les liures foient tenus d'autant plus valables
& croyables en Iuftice. Et ayant ainfi efcrit les comptes de temps à f° 1.& capital de chacun à f° 2. ie
viens audict compte de temps, commençant à main droicte à faire crediteur vn chacun d'iceux de leur
mife ; Sçauoir ledict Alamel de l. 55900. pour la valeur des marchandifes par luy apportées audict negoce le 3.Ianuier 1625.Aualüées au prix courant en argent contant ; Iean Pontier de l.13390. pour autres marchandifes par luy fournies ledict iour,donnant rencontre aufdictes 2. parties,Sçauoir defdictes
l. 55900.en debit à Soyes de Mer,pour la valeur de 30.balles foye lege,fournies par ledict Alamel;dreff-
fant vn compte à part defdictes foyes à f. 3. là où s'efcriront toutes fortes de foyes de Mer. Et à la partie
de Iean Pontier ie donne rencontre à f.4.à vn compte tenu à part de l'or filé,lequel compte ie fais debiteur du cofté de main gauche de 480. Marcz apportez par ledict Pontier à compte de fondict fonds, &
ce qui refte à payer pour foude defdicts comptes,les en fais crediteurs,pour les porter debiteurs au Carnet des payemens des Roys : & parce moyen leur compte de temps fe treuue foudé fur ledict liure , &
font faicts debiteurs à compte courant au Carnet des Roys 1625.f. 2. Ayant ledict Alamel fourny à ladicte Compagnie l.30000. outre fon fonds; de laquelle partie on luy fait bon les changes à raifon de 2.
pour cent,pour payement : Luy eftant loifible de les retirer quand bon luy femblera.Iean Fontaine foude fondict compte courant,tant en argent contant,que virement de parties ; & Iean Pontier fait vn refte
de l. 2610. que moyennant 2. ⅟ pour ⅟ luy font prolongez iufqu'aux prochains payemens: lefquels
venus,il foude sodict compte par Caiffe;& voilà tous les trois comptes de temps foudez.Pour le compte capital d'vn chacun,il doit demeurer ouuert,iufques à la diffolutió de la Compagnie, laquelle venuë
ils feront faicts crediteurs fur ledict compte de leur part du profit , & debiteurs par contre de leur part
des effects qui refteront tant en marchandife,debtes,qu'argent contant, comme plus à plein fera fpecifié à l'inftruction du defpart de ladicte Compagnie.

Or maintenant pour tranfporter les parties du Iournal au grand Liure, faut prendre ledict Iournal
deuant foy , & prefuppofant que la partie cy-deuant dicte de Granon fe treuue la premiere fur ledict
Iournal,ie commence à dreffer vn compte efdicts Granon au grand Liure à f. 6. Les faifant debiteurs de
10. bales foye lege,& creditrices lefdictes foyes à f. 3. Cela faict,ie viens au Iournal , & tire vne ligne en
marge ioignant le nom defdicts Granon ainfi ——mettant au deffus d'icelle le 6.du fueiller du debit, &
au deffous le 3.de fon credit , ainfi ⅟ le 6.monftrant le fueiller du debit au grand Liure, & le 3. celuy du
credit ; Et cet ordre fe doit tenir en rapportant tant les parties du Iournal fur le grand Liure, que celles
de la Caiffe.Et ceux qui tiennent vn compte des marchandifes en general,doiuent affigner fur le grand
Liure le fueillet du Iournal où les parties font tirées ; difant,tel doit pour vn tel temps, pour marchandifes à luy venduës,liurées, & d'accord, ie tel iour , ainfi qu'appert au Iournal à f°, & en ce creditrices
marchandifes : & faire le mefme quand on achepte , quoy que ceft ordre n'a pas efté obferué en ce liure,n'ayant accufé aucun fueillet du Iournal, ny mefme produit aucun Iournal pour les raifons cy-deuant dittes,comme n'eftant aucunement neceffaire, pour eftre les marchandifes fpecifiées par le menu
chacune à fon compte. Il faut vfer en rapportant les parties fur ledict liure d'vn difcours le plus brief
que faire fe peut , & tenir pour maxime generale que chaque partie que l'on efcrit en debit doit auoir
fon rencontre en credit,eftant apellé pour cette raifon compte double, puis que chaque partie eft efcri-
te 2.fois,l'vne en debit & l'autre en credit. Auffi il eft plus commode de mettre au commencement de
chaque partie en quel temps elle eft à payer. Car par ce moyen l'on aura pluftoft recogneu les termes
expirés de chaque debiteur. Et fi par inaduertance on met 2. fois vne mefme partie, ou quelle foit en
credit au lieu du debit, il faut faire vne contrepartie declarant en icelle la caufe de l'erreur : car il ne
faut rien rayer fur le dict grand Liure. Et quât il fe treuue audict grand Liure vn côpte dôt le debit foit
rempli,& le credit demeure quafi vuide,on peut faire feruir ledict credit de debit,en y faifant vne ligne
à trauers pour feparer le credit qui s'y treuue , & au deffous de cefte ligne mettre le monter de la fomme du debit,& pourfuiure ladicte page côme fi c'eftoit le mefme debit, iufqu'à ce qu'elle foit pleine:&
faire le femblable quand le cofté du credit eft plein, & le debit vuide ; comme a efté practiqué en quelques endroicts de ce liure.Et quand le debit, & credit eft tellement rempli que l'on n'y peut efcrire, il
faut fouder ledict compte pour le porter à autre nouueau , & pource faut ofter la moindre fomme de

la plus grande,& mettre le ſurplus de l'vn au defaut de l'autre, afin d'eſgaler ce compte-là,& tranſpor-
ter ce reſte à vn autre fueillet,pour en faire vn compte nouueau. Comme l'on pourra voir pour plꝰ
claire intelligence à l'œuure meſme.

Inſtruction ſur les marchandiſes enuoyées à vn Commiſſionnaire , pour en faire la vente.

IL ſe verra dans ce liure pluſieurs ſortes de marchandiſes enuoyées en diuers lieux és mains des Com-
miſſiōnaires,pour en procurer la vente.Et premieremēt ont eſté enuoyées à Paris és mains de Taranget,& Rouſier diuerſes marchandiſes,leſquelles ſont faiĉtes debitrices à vn compte à part à f.26.paſſant
leur rencontre en credit à chaque ſorte de marchandiſe. Et du 24. Iuillet 1625. leſdiĉts Taranget , &
Rouſier nous enuoyent le compte de la vente par eux faiĉte audiĉt lieu , enſemble des frais y enſuiuis.
De laquelle vente faiſons creditrices leſdiĉtes marchandiſes entre leurs mains audiĉt f.26. mettant
par le menu la qualité,quantité,prix,& n° de chaque ſorte de marchandiſe,& à qui elles ſont venduës.
Et paſſons leur rencontre en debit à vn compte que dreſſons eſdiĉts Taranget , & Rouſier, pour debiteur qu'ils nous aſſignent à receuoir à nos riſques à f.27. Là où ſont ſpecifiez tous leſdiĉts debiteurs prouenus de la vente de nos marchandiſes,& le terme du payement.Quoy faiĉt,faiſons debitrices leſdiĉtes
marchandiſes de l.325.10.(que montent les frais enſuiuis à la reception & vente deſdiĉtes marchandiſes
y compris 2. pour cent pour leur prouiſion du vendu) en credit eſdiĉts Taranget & Rouſier , à leur
compte courant au Carnet de Paſques 1625.f.16. Et eſdiĉts payemens de Paſques nous enuoyent le
compte de ceux qui veulēt payer par eſcompte eſdiĉts payemens,& ſuiuant iceluy faiſons crediteur lediĉt compte des debiteurs qu'ils nous aſſignent,à f.27.de tous ceux qui payent, & baillons ſon rencontre eſdiĉts Taranget & Rouſier,audiĉt compte courant du Carnet de Paſques 1625.f.16.pourtant qu'ils
ont receu de nos debiteurs, les faiſans auſſi debiteurs du change de ce qu'ils ont vendu contant,qu'ils
n'ont payé, que eſdiĉts payemens ; & par contre les faiſons crediteurs de l'eſcompte qu'ils ont rabbatu
eſdiĉts debiteurs,paſſant ſon rencontre en debit à profits & pertes. Et pour ſoude dudiĉt compte nous
en remettent vne partie par lettre de Change,& leur tirons le reſte par nos lettres, comme plus à plein
eſt ſpecifié audiĉt compte.Maintenant pour ſçauoir les marchandiſes qu'ils ont en reſte,faiſons vn petit
poinĉt en marge ioignant le n° que treuuons rencontrer en meſme aunage du debit auec le credit ; &
pour ceux que treuuons n'eſtre acheuez de vendre, nous y faiſons vne petite croix. Tellement que tous
ceux que treuuons eſtre marquez par ce poinĉt , ſont vendus , & les autres qui ne ſont marquez,demeu-
rent entre leurs mains.Et ſuiuant ce compte,treuuons qu'ils ont encor de reſte entre leurs mains aunes
2.¼ velours noir ras 3. trames , & aunes 31.¼ creſpon noir de Milan , dequoy leur auons faiĉt preſent
pour ſoude dudiĉt compte. Or pour ſçauoir le profit qui s'eſt faiĉt ſur icelles marchandiſes, faut adiouſter le debit & credit dudiĉt compte ; & ce qui auancera de plus du coſté du credit,ſera le profit. Et ceſt
ordre ſe doit obſeruer en enuoyant des marchandiſes en diuers lieux,pour vendre pour noſtre compte;
comme ſe voit encor aux marchandiſes enuoyées en Anuers és mains de Gilles Hannecard à f.26.qui
ſuffira pour donner fin à cette inſtruĉtion : faiſant ſuiure cy-apres l'ordre qu'on doit obſeruer en receuant des marchandiſes d'vn commettant pour les vendre pour ſon compte.

Inſtruction ſur les marchandiſes à nous enuoyées, pour vendre par Commiſſion.

LOrs qu'on reçoit des marchandiſes pour vendre pour compte d'autruy, les faut notter ſur vn liure
de factures,ou ſur le brouillard,ſans en paſſer eſcriture ſur le grand Liure, ſinon à meſure qu'elle ſe
vend : comme par exemple, Cicery,& Cerneſio de Veniſe nous ont enuoyé diuerſes marchandiſes,pour
vendre pour leur compte,& au 16. Mars auons commencé à vendre deſdiĉtes marchandiſes à Eſtienne
Glotton. Et pour lors commençons à dreſſer vn compte de temps aux diĉts Cicery & Cerneſio , ſur le
grand Liure f.27. les faiſans crediteurs de la vente de leurs marchandiſes pour receuoir à leurs riſques
des debiteurs & termes ſpecifiez audiĉt compte:paſſant leur rencontre au debit de ceux qui ont acheté
leſdiĉtes marchandiſes.Et pour les frais qu'auons payez pour eux à la reception d'icelles marchādiſes, les
en portons debiteurs à leur compte courant au Carnet des Roys 1625.f.11. & paſſons ſon rencontre en
credit au cōpte de Caiſſe f.3 De laquelle ſomme,ſi bon nous ſemble,nous pouuons preualoir ſur eux en
la prenant à change pour lediĉt Veniſe,ou bien les faire debiteurs du change iuſqu'aux prochains paye-
mens.Et ayant paracheué à vendre toutes leurs marchandiſes , tirons noſtre prouiſion à 2. pour ⅔ de ladiĉte vente & courtagge à ¼ pour ⅔ ſe montant l. 124. 10. de laquelle ſomme les portons debiteurs à
leurdiĉt compte courant au Carnet f.11. En credit à profits & pertes à f. 8. Ce faiĉt , leurs en enuoyons
le compte ſur vn papier à part,ſuiuant qu'il eſt ſur noſtre liure en forme de debit & credit. Les faiſans
crediteurs de ladiĉte vente. Là où eſt ſpecifiée la qualité & quantité de chaque ſorte de marchandiſe,
& à qui elle eſt venduë, & pour quel terme ; Et par contre les faiſons debiteurs des parties qui ſont à
leur

leur compte courant audiᶜᵗ Carnet,comme Voytures, Doüannes,Prouiſion,& Courratage , ſe montant le tout l.538.16.8.auec le change deſdiᶜᵗes parties à 2. pour ⅟₂ iuſqu'aux prochains payemens , pour n'a-uoir treuué occaſion de les leur tirer , ou pour n'auoir vendu aucune de leurs marchandiſes pour con-tant,pour nous pouuoir rembourſer ſur icelle. Et en Payement de Paſques leur donnons aduis d'auoir receu de Glotton, l'vn de leurs debiteurs l. 1745.9.2. pour la partie de l. 1920. qu'il a eſcompté à 10. pour ⅟₂ de laquelle ſomme les faiſons debiteurs au grand Liure à leurdiᶜᵗ compte de temps f. 27. pour les porter crediteurs à leurdiᶜᵗ compte courant au Carnet f. 11. & par contre debiteurs de l'eſcompte en credit à profits & pertes, & treuuons qu'il leur auance audiᶜᵗ compte l. 1195. 17. faiſant v 398. 12.4. que à Ducats 124. pour v. Leur auons remis par lettre de Galiley & Barelly , ſur les heritiers de Ber-nardin Benſio.

Au compte de Beregany de Vincenſe,le meſme ordre a eſté obſerué à la vente de ſes marchandiſes à f.27. & quand leſdiᶜᵗes marchandiſes ſe vendent pour comptāt,apres les en auoir faiᶜᵗ crediteurs à leur-diᶜᵗ compte de temps,& debitrice la Caiſſe ; les en faut faire debiteurs par contre,pour les porter credi-teurs à leur compte courant ſur le Carnet , & leur faire bon le change, iuſqu'à ce qu'ils ayent tiré ou qu'on le leur ait remis,apres s'eſtre rembourſés ſur icelle des frais,prouiſion,& courratage. Ainſi que ſe voit audiᶜᵗ compte de Beregany audiᶜᵗ Carnet f. 11. & s'il arriue que la vente deſdiᶜᵗes marchandiſes ne ſe puiſſe faire dans Lyon, pour n'y eſtre de requeſte ; & qu'il faille les enuoyer ailleurs pour en pro-curer la vente,en faut faire notte ſur lediᶜᵗ liure de faᶜᵗures ou broillard , diſant , marchandiſes d'vn tel enuoyées en tel lieu és mains d'vn tel , pour en faire la vente,doiuent pour les cy-apres , f. 27. pour les ſpecifier par le menu ; & receuant du Commiſſiōnaire le compte de la vente deſdiᶜᵗes marchandiſes ou partie d'icelles, en faiſons crediteur celuy à qui les marchandiſes appartiennent. Comme par exemple ſi elles ſont deſdiᶜᵗs Cicery & Cerneſio de Veniſe,les en portons crediteurs ſur lediᶜᵗ compte de temps f.27. en l'ordre de la vente precedente,baillant le rencontre en debit au Commiſſiōnaire qui en a faiᶜᵗ la vente:pourtant qu'il aſſigne à receuoir eſdiᶜᵗs Cicery & Cerneſio , des debiteurs és termes ſpecifiez au-diᶜᵗ compte : & pour les frais, prouiſion & courratage , lediᶜᵗ Commiſſionnaire s'en peut preualoir ſur nous,& nous ſur leſdiᶜᵗs Cicery & Cerneſio:Ou bien les faire debiteurs du change, iuſqu'à ce qu'on ait vendu deſdiᶜᵗes marchandiſes au contant,pour ſe rembourſer ſur icelles , ou que quelque debiteur paye par eſcompte,comme a eſté demonſtré cy-deuant.

La pluſpart de ceux qui tiennent les eſcritures euſſent dreſſé vn compte ſur le grand Liure des mar-chandiſes appartenantes eſdiᶜᵗs Cicery & Cerneſio, ſur lequel euſſent faiᶜᵗ creditrices leſdiᶜᵗes mar-chandiſes de la vente d'icelles,& par contre debitrices des frais, prouiſion du vendu , & courratage , en faiſant deux parties en debit de la vente au contant,& à terme : ſur celle du contant euſſent diſtrait les frais,& du reſtāt en euſſent porté crediteurs leſdiᶜᵗs Cicery & Cerneſio à compte courant,& de la ven-te à terme à compte de temps, pour receuoir à leurs riſques des debiteurs & termes comme en iceluy:& pour leur prouiſion,& courratage , l'euſſent diſtraiᶜᵗe ſur la premiere partie à eſchoir de ladiᶜᵗe vente à terme.Et quand on n'a rien vendu pour contant, on fait crediteur lediᶜᵗ compte deſdiᶜᵗs frais, pour les porter debiteurs à compte courant ; qu'eſt le ſtyle que la pluſpart tiennent, lequel ie n'ay voulu imiter, pour eſtre trop prolixe.Et cecy ſuffira pour concluſion de ceſte inſtruction.

Inſtruction ſur les marchandiſes achetées en Compagnie,& icelles enuoyées à vn Commiſſionnaire , pour en faire la vente , lequel employeroit partie du prouenu d'icelles à l'achept d'autres mar-chandiſes , & remettroit le reſte en diuers lieux , ſuiuant noſtre ordre.

AVons fait vne aſſociation auec Boloſon d'achepter diuerſes ſortes de draps de ſoye , & iceux en-uoyer à Conſtantinople és mains de Iean Scaich,pour en faire la vente en participation dudiᶜᵗ Bo-loſon pour ⅟₃ aux profits ou pertes qu'il plaira à Dieu y mander ; & nous pour les ⅟₃ Et par exemple en Roys 1625. Auons achepté de Iean Iacques Manis diuerſes ſortes de draps de ſoye , comme ſe voit à f. 20. pour payer en Aouſt 1626. ou eſdiᶜᵗs payemens des Roys 1625. en rabbatant 15 pour ⅟₂ ce qu'a-uons fait ; Et pour ne faire double eſcriture,auons tiré au debit deſdiᶜᵗes marchandiſes la valeur d'icel-le,l'eſcompte diſtraiᶜᵗ en credit audiᶜᵗ Manis , audiᶜᵗ Carnet des Rois 1625. f. Et outre ce auons pris des marchandiſes de noſtre compte , eualüées au prix courant en argent contant,deſquelles en auons fait debiteur lediᶜᵗ compte des marchandiſes en compagnie de Boloſon pour le contant f. 20. en credit aux noſtres f.8.Lequel compte faiſons debiteur des frais d'embalage montant à l.6.en à credit à deſpen-ſes,& de l. 17. 15. pour le port de Lyon à Marſeille,& ſortie dudiᶜᵗ Marſeille , en credit Benoiſt Robert dudiᶜᵗ Marſeille f.3. ſuiuant l'aduis qu'il nous a donné de la reception deſdiᶜᵗes marchandiſes, leſquel-les il a chargées pour Conſtantinople ſur le Vaiſſeau S.Hilaire,Capitaine Boutin. Ce faiᶜᵗ,adiouſtons le debit deſdiᶜᵗes marchandiſes qui ſe montent l. 3072.7. 6. de laquelle ſomme en prenons ⅟₃ reuenant à l.1024.2.6.que lediᶜᵗ Boloſon nous doit payer pour ſa part , & partant faiſons crediteur lediᶜᵗ compte de ladiᶜᵗe partie en debit audiᶜᵗ Boloſon au Carnet des Roys 1625.f.6. Lequel compte demeure ainſi ouuert, iuſques à ce que ledict Scaich de Conſtantinople nous enuoye le compte de la vente par luy faicte;lequel receu, en faiſons creditrices leſdictes marchandiſes,ſuiuant la meſure & monnoye dudict lieu,& treuuons qu'elle monte tant au contant, qu'en trocque de Camelots à Aſpres 178311. ſur laquelle partie faiſons diſtraction des frais y enſuiuis & prouiſion : & treuuons en reſte aſpres 161769, faiſans piaſtres 1470. $\frac{1}{2}$ à 110. aſpres,la piaſtre calculant à ₰.47.pour piaſtre ſont l.3455.19.4.de laquel-le ſomme faiſons debiteur ledict Scaich f. 20. pour le net procedit de ladicte vente: & pour contre le faiſons crediteur de 4.tables Camelots. De laquelle vente prenons le $\frac{1}{3}$ ſe montant aſpres 53923. que faiſons debitrices leſdictes marchandiſes f.20.en credit audict Boloſon pour ſon $\frac{1}{3}$ de ladicte vente à luy appartenant,ſçauoir de aſpres 8255. $\frac{1}{2}$ valât l.206.2.2. pour ſon $\frac{1}{3}$ de la remiſe faicte en Alep en credit au Carnet de Paſques 1625.f.6. & de aſpres 45667. $\frac{1}{2}$ pour ſon $\frac{1}{3}$ de l'achapt deſdictes 4. bales Came-lots euës en trocque deſdictes marchandiſes,paſſant ſon rencontre en credit à Camelots en compagnie dudict Boloſon f.21.Lequel compte de Camelots faiſons debiteur des frais y enſuiuis : & par ce moyen ledict Boloſon demeure libre de prendre ſon $\frac{1}{3}$ deſdicts Camelots ou de les laiſſer entre nos mains,pour en faire la vente : que ſi bon luy ſemble de les retirer,il n'eſt beſoin de dreſſer autre eſcriture,ſinon luy faire payer le $\frac{1}{3}$ des frais y enſuiuis. Et d'autant que nous auons fait la vente du tout, nous prenons no-ſtre prouiſion d'icelle à 2.pour $\frac{1}{3}$ & courratage à $\frac{1}{3}$ pour $\frac{1}{3}$ en apres faiſons debiteur ledict côpte du tiers de la vente au contant , ſur laquelle faiſons diſtraction de tous les frais, prouiſion,& courratage ; & du reſte portons crediteur ledict Boloſon à ſon compte courant de Paſques 1625.f.6. & du tiers de la ven-te à terme à ſon compte de temps au grand Liure f.21. pour receuoir à ſes riſques des debiteurs , & ter-mes ſpecifiez en iceluy. Et treuuons qu'il nous auance l.803. 16.5. de laquelle ſomme portons creditri-ces leſdictes marchandiſes enuoyées à Conſtantinople f. 20. & par ce moyen le compte deſdicts Came-lots ſe treuue ſoudé,en apres venons , à faire le rencontre de la vente deſdictes marchandiſes enuoyées à Conſtantinople,& treuuons qu'il a encor de reſte entre ſes mains vne piece ſatin canelé 5. coleurs nº 1300.aulnes 32. $\frac{1}{2}$ à l.8.ſont l.258.13.4.tournois, de laquelle ſomme faiſons crediteur ledict compte en debit à autre,& adiouſtons les parties du debit & credit dudict compte ; & ce qui ſe treuue de plus en credit,qu'en debit , eſt noſtre part du profit. Voilà en brief l'ordre qu'il faut tenir ſur l'achapt & vente des marchandiſes en participation. Quoy que pluſieurs l'euſſent dreſſé autrement. Sçauoir, en faiſant l'achapt deſdictes marchandiſes euſſent dreſſé vn compte à part de l'achapt d'icelles, y mettant tous les frais; & pour ſoude d'icelluy,auroient fait crediteur ledict compte du tiers de l'achapt & deſpens en de-bit audict Boloſon,& apres de nos $\frac{1}{3}$ en debit à marchandiſes de noſtre compte enuoyées à Conſtanti-nople,ſur lequel euſſions eſcrit nos $\frac{1}{3}$ de la vente,en debit audict Scaich,lequel Scaich euſſions fait cre-diteur des $\frac{1}{3}$ de l'achapt deſdicts Camelots,en debit à Camelots de noſtre compte.Lequel ordre ie n'ay voulu enſuiure pour n'eſtre ſi brief ny intelligible , comme le precedent,qui ſera pour donner fin à cet-te inſtruction.

Inſtruction ſur les marchandiſes à nous enuoyées, pour vendre en participation.

A Vons receu de Laurens Fiorauanty de Boloigne vne Caiſſe ſatins diuerſes coleurs,pour vendre de compte à $\frac{1}{2}$ auec luy ; & pource faire dreſſons vn compte deſdicts Satins ſur le grand Liure f.18. que treuuons ſe monter à l.6191.9.3. monnoye de Boloigne reuenant pour noſtre $\frac{1}{2}$ à l.3095. 14.7. que ledict Fiorauanty à tirez à Plaiſance : & de ce lieu nous ont tiré à Lyon par leur lettre en v 604. 19. 8. d'or ſol,valant l. 1814. 19. payables à Lumaga & Maſcranny : partant contre leſdicts l.3095.14.7.de Bo-loigne tirons en monnoye de France leſdicts l. 1814. 19. baillant ſon rencontre en credit eſdicts Luma-ga & Maſcranny au Carnet des Roys 1625. f. 5. En apres commençons à faire vente deſdicts ſatins à Iean des Lauiers,leſquels ſont eſcrits audict compte en credit. f.18.par le menu,y ſpecifiât le nº, anna-ge,& coleur de chaque piece,& à quel prix,paſſant ſon rencontre en debit audict des Lauiers f. 17. & au 20. Mars auons vendu le reſtant deſdicts ſatins à Herue & Sauary , dont leſdicts ſatins ſont faicts credi-teurs à f. 18.& leſdicts Herue & Sauary debiteurs à f.18.Ce faict,faiſons debiteurs leſdicts ſatins de tous les frais ; & d'autant que ſommes d'accord auec ledict Fiorauanty de luy demeurer du croire des debi-teurs de ladicte vente,en prenant noſtre prouiſion à 4.pour $\frac{1}{3}$ du vendu , c'eſt pourquoy luy payons par eſcompte ſa moitié de ladicte vente,rabbatu ſur icelle,leſdicts frais, prouiſion,courratage,& eſcomptes; & treuuons luy eſtre deu de reſte l. 1900. 2. 8. d'autant que toute ladicte vente ſe monte l. 4853. 11. 4. reuenant pour ſa $\frac{1}{2}$ à l.2426.15.8.De laquelle partie faut diſtraire la $\frac{1}{2}$ des frais montant l.1053.6.qu'eſt pour ſa $\frac{1}{2}$ l.526. 13. leſquels diſtraicts de ladicte partie de l.2426.15.8. Reſte l.1900. 2.8. Laquelle ſom-me luy auons remis de ſon ordre, à Plaiſance , en foire de S. Marc 1625. ſur Hieroſme Turcon , & treu-uons pour noſtre moitié du profit l. 85.3. 8. que portons en credit à profits & pertes, pour ſoude dudict compte ; qu'eſt le vray ordre qu'on doit tenir à la vente des Marchandiſes en participation.

Inſtruction ſur les marchandiſes enuoyées dehors,pour vendre en participation.

PAr exemple,auons remis és mains de Iean,& François du Soleil 7393. bandes fer doux & rompant, pour en faire la vente de compte à ½ auec eux, partant en faiſons crediteur fer de noſtre compte f.7. à raiſon de l. 5. le ½ peſant. Ainſi accordé auec eux, & paſſons ſon rencontre à vn compte à part de fer de compte à ½ auec eux f.37. Lequel compte faiſons crediteur de la ½ du monter dudict fer en debit eſdicts du Soleil, au Carnet d'Aouſt 1625. f. 16. En apres leſdicts du Soleil nous donnent compte de la vente dudict fer,& ſuiuant icelle faiſons crediteur ledict compte f. 37. de toutes les bandes & poids, que treuuons rencontrer auec les bandes & poids du debit; ce qui denote que ledict compte eſt en ſon deuoir: & paſſons le rencontre de ladicte vente en debit eſdicts Iean,& François du Soleil, pour noſtre moitié d'icelle f.38. pour receuoir à nos riſques des debiteurs & termes ſpecifiés en iceluy. Et d'autant que leſdicts du Soleil ſont tenus d'en procurer le payement: A meſure qu'ils reçoiuent deſdicts debiteurs,en faiſons crediteur ledict compte, & debiteurs leſdicts du Soleil,à compte courant. Ce faict,faiſons debiteur ledict compte dudict fer de la prouiſion de la moitié de ladicte vente à 2. pour ½ en credit eſdicts du Soleil; En apres ſoudons ledict compte que treuuons auancer de l.604. 2.6. pour noſtre moitié du profit,que portons en credit à profits & pertes de noſtre compte. Auons auſſi faict autre achapt de 1536. Sacs riz,de compte à ½ auec Iean Oort d'Amſterdam, chargez à final ſur le Vaiſſeau le Cheualier de Mer,lequel Vaiſſeau faiſons debiteur dudict chargement f. 17. & crediteurs ceux de qui leſdicts riz ont eſté achetez,& par contre crediteur de la ½ dudict chargement que treuuons ſe monter à 14848.1.4. En debit audict Oort pour ſa ½ dudict achapt f. 14. Sur lequel compte ſe verront les traictes & remiſes faictes à compte deſdicts riz.En apres receuons le compte de la vente deſdicts riz par luy faicte audict Amſterdam en diuers termes, & ſuiuant icelle, en faiſons crediteur ledict Vaiſſeau f. 17. que treuuons ſe monter à l. 8433.-ſur quoy faiſons diſtraction de l.1500.17.-que montent tous les frais enſuiuis,prouiſion dudict Oort,& eſcomptes rabbatus: reſte l.6932. 3. -que monte le net procedit de ladicte vente,qu'eſt pour noſtre ½ l.3466,1.6.monnoye de gros,calculé à l.6.tournois, pour vne liure de gros,ſont l 20796.9.-de laquelle ſomme faiſons crediteur ledict Vaiſſeau,& debiteur ledict Oort f.14.& par contre crediteur des remiſes & traictes faictes à cõpte deſdictes l.20796.9. -ſur leſquelles auons eu de perte l.625.14 3.de laquelle ſomme en auons faict debiteur ledict Vaiſſeau, & crediteur ledict Oort, pour ſoude de compte Ce faict,adiouſtons le compte dudict Vaiſſeau, que treuuons auancer du coſté du credit,de l.5322.13 5. qu'eſt pour noſtre moitié du profit qu'il a pleu à Dieu y enuoyer: de laquelle ſomme en faiſons debiteur ledict compte,& crediteurs profits & pertes; qu'eſt le vray ordre qu'on doit tenir en pareille negociation.

Inſtruction ſur les marchandiſes acheptées en participation auec pluſieurs, dont la vente en ſeroit faicte par chacun d'iceux, & vn ſeul donneroit raiſon du tout à chacun des participans,eſtans les debiteurs aux riſques de ladicte Compagnie.

AVons faict vne aſſociation auec Philippe,& Luc Seue, & Veſpaſian Boloſon, pour faire achapt de Doppions en Italie;& pour ceſt effect faiſons vn fonds de l.75000.-Sçauoir l.25000.-fournies par leſdicts Seue,l.25000 -par ledict Boloſon,& les autres l.25000.- par nous,pour participer aux profits & pertes qu'il plaira à Dieu y mander,chacun pour ⅓ Et en payemens de Paſques leſdicts Seue,& Boloſon nous payent l.25000.-chacun pour leur tiers dudict fonds: de laquelle ſomme les faiſons crediteurs audict Carnet de Paſques à compte à part f.16. en debit à leur compte courant audict Carnet f. 9. & 6. Et ce faict,donnons ordre aux noſtres de Milan, d'employer en achapt de Doppions,iuſqu'à la valeur de l. 150000.-Imperiales que à ₰ 120.pour V valent l.75000.-pour fonds de ladicte aſſociatiõ. Apres dreſſons vn cõpte à part ſur ledict Carnet aux noſtres de Milan f.16.les faiſans debiteurs dudict fonds,paſſant ſon rencontre en credit à leur compte courant f. 10. Et commençant à receuoir deſdicts Doppions, venons à dreſſer vn compte ſur le grand Liure à f.23.l'intitulant Doppions en compagnie deſdicts: lequel compte faiſons debiteur de tout l'achapt & deſpens deſdicts Doppions, en credit à negoce de Milan, compte à part f.24. que treuuons monter à l.43055 1.de laquelle ſomme prenons le ⅓ & en faiſons crediteur ledict compte,pour en porter debiteurs leſdicts Seue à leur compte de miſe,ſur le Carnet f. 16. & de meſme à Boloſon.Apres chacun baille compte des frais par eux auancez,tant pour voytures, doũannes,que courratage du vendu; & ſuiuant iceux, les en portons crediteurs à leur compte courant audict Carnet f.9.& 6. en debit au grand Liure f.23. à compte deſdicts Doppions; Tous leſquels frais fournis tant par nous,que par eux(deſquels ledict compte de Doppions eſt faict debiteur) ſe montent l. 2412. 5. 2. de laquelle ſomme (pour eſgaliſer à chacun leſdicts frais) prenons le ⅓ pour en faire crediteur ledict compte f.23.& debiteurs leſdicts Seue,& Boloſon, à leurdict compte courant au Carnet f. 9. & 6. Apres chacun des aſſociez prend la quantité deſdicts Doppions qu'il iuge en pouuoir vendre,nous donnant compte de

ladicte

ladiĉte vente , & fuiuant icelle faifons crediteur lediĉt compte defdiĉts Doppions f. 2 3. en fuitte de la vente par nous faiĉte, fçauoir de 9.bales venduës par lefdiĉts Seue , & 7. bales par Bolofon ; paffant fon rencontre en debit efdiĉts Seue à compte des debiteurs qu'ils affignent à ladiĉte Compagnie,fur lequel chaque debiteur eft fpecifié,& le terme du payement ; faifant le mefme audiĉt Bolofon. Ce faiĉt,adiouftons toute ladiĉte vente,que treuuons fe monter à l. 54482.15.- faifans debiteur lediĉt compte f.2 3. du tiers d'icelle fe montant l.18160.18.4. en credit éfdiĉts Seue à compte des debiteurs que leur affignons à f.24. faifant le mefme audiĉt Bolofon ,qu'eft pour foude de l'achapt , & vente defdiĉts Doppions. En apres venons au compte à part du negoce de Milan au Carnet f. 16. & treuuons que de l.150000. Imperiales qu'ils deuoient employer audiĉt achapt, n'en a efté employé, pour diuerfes confiderations , que à l.86110.2.-- ainfi qu'appert audiĉt compte au grand Liure f.24.partant lediĉt negoce refte reliquataire à ladiĉte compagnie de l. 63889.18. --Imperiales , dont lefdiĉts Seue leur donnent ordre de remettre leur tiers de ladiĉte partie àPlaifance,ce qu'ils auifent auoir faiĉt en v 2927.13.5.d'or de marc à ♂ 145.pour v; partant en faifons crediteur lediĉt negoce , & debiteurs lefdiĉts Seue à compte de mife audiĉt Carnet f.16. qu'eft pour foude dudiĉt compte.Pour la partie de Bolofon , la luy remettent fur nous à ♂ 119.-̣ pour v, qu'eft auffi pour foude de fondiĉt compte de mife f.16. Faifons auffi crediteur lediĉt compte au Carnet f.16. pour foude d'iceluy , de noftre tiers en debit à compte du contant f. 10. Et en payement d'Aouft lefdiĉts Seue nous auifent que les debiteurs par eux affignez payent par efcompte, & fuiuant iceux faifons crediteur lediĉt compte des debiteurs qu'ils nous affignent au grand Liure f.24. pour les -̣ en debit à eux-mefmes au Carnet d'Aouft 1625. f. 17. & pour le tiers reftant faifons crediteur lediĉt compte en debit à eux-mefme,compte des debiteurs que leur affignons f.24. Dont il eft à noter que lefdiĉts Seue font portez debiteurs des -̣ d'autant que c'eft à nous à en faire bon le -̣ à Bolofon : ne fe prenant lediĉt Bolofon fur lefdiĉts Seue,ains fur nous;Tout de mefme que lefdiĉts Seue fe preuaudront fur nous de leur tiers des parties qui feront payées à compte des debiteurs affignez par lediĉt Bolofon. Et c'eft afin de ne tenir tant d'efcriture. Lediĉt Bolofon nous donne auffi aduis des debiteurs par luy affignez qui payent par efcompte , faifant crediteur fondiĉt compte f. 24. en y obferuant le mefme ordre qu'au precedent defdiĉts Seue.Et parce que fur lediĉt compte y a eu vn debiteur qu'a faiĉt faillite, nous donnerons cy-apres vne particuliere inftruction pour accommoder l'efcriture d'vne banqueroute.Nous leur donnons auffi compte des debiteurs qui nous payent par efcompte efdiĉts payemens d'Aouft , partant faifons debiteur lediĉt compte des debiteurs que leur affignons f.24.& 25.pour les porter crediteurs fur lediĉt Carnet à f.17.Comme plus à plein eft fpecifié efdiĉts comptes,qu'eft le vray ordre qu'on y doit obferuer.

Jnftruction pour dreffer vn compte de marchandifes acheptées en compagnie de plufieurs & enuoyées en diuers lieux , pour en faire la vente ; & du prouenu d'icelle en employer partie à l'achapt d'autres marchandifes auffi en compagnie des mefmes.

PAr exemple, auons faiĉt vne emplette de 11283. afnées bled en compagnie de Picquet , & Straffe, pour -̣ Iacques de Pures,pour -̣ Leonard Berthaud,pour -̣ & nous,pour le -̣ dôt lefdiĉts bleds font faiĉts debiteurs à f.32.& la Caiffe creditrice au Carnet,f.3.pour auoir efté acheptez contant,fe montant l.99660.--de laquelle partie lefdiĉts Picquet, & Straffe nous ont fait bon pour leur tiers à 3771.13.4. en Roys 1625.Depures pour fon -̣ l.25328.-& Berthaud pour fon -̣ l.16885.16.8. de toutes lefquelles parties faifons crediteur lediĉt compte f.32.en debit efdiĉts f.40.& commençons d'enuoyer 1283.afnées defdiĉts bleds en Arles,és mains de Girard Pillet, pour en faire la vente ; dont lefdiĉts bleds font faiĉts crediteurs f.32.&debiteurs bleds és mains dudiĉt Pillet f.32.enfêble des frais que lediĉt Pillet nous mâ-de auoir fourny,dont il nous en fait traiĉte en Roys 1625.fur Verdier,& côpagnie crediteurs au Carnet f.7. de tous lefquels frais en portons debiteurs Picquet,& Straffe,pour leur -̣. Depures pour fon -̣ & Berthaud pour fon -̣. f. 40. en credit efdiĉts bleds és mains dudiĉt Pillet f.32. Apres auons aduis dudiĉt Pillet comme il a vendu audiĉt lieu 462.faumées dudiĉt bled fe montar (rabbatu les frais & prouifion) à l.6344.--qu'il a payées de noftre ordre à Benoift Robert de Marfeille ; partant lefdiĉts bleds en font crediteurs à f.32.& lediĉt Robert debiteur à f.3.& par contre faifons debiteurs lefdiĉts bleds du tiers de ladiĉte vente appartenant à Picquet,& Straffe crediteurs à f. 40. & du -̣ appartenant à Iacques Depures,& du -̣ à Berthaud ; & la foude dudiĉt compte,qu'eft l.321.19.9. eft pour noftre -̣ du profit faiĉt fur ladiĉte vente,que paffons en credit à bleds diuers f.32. Auons auffi aduis dudiĉt Pillet, côme il a chargé pour Genes fur le Galion S.Martin 1000. faumées bled qu'il auoit de noftre ordre,pour icelles configner à Lumaga,fuiuant noftre ordre : partant faifons crediteur lediĉt compte de Pillet,& debiteurs bleds és mains defdiĉts Lumaga de Genes.Lefquels nous auifent de la vente par eux faiĉte audiĉt lieu au contant,rabbatu fur icelle les nolis,frais,& prouifion,fuiuant le compte qu'ils en ont enuoyé,que treuuons fe monter à l.22400. --monnoye courante dudiĉt Genes: de laquelle fomme faifons crediteur lediĉt compte f.32.& debiteurs lefdiĉts Lumaga au Carnet de Pafques 1625.f.4 & par contre faifons debiteurs lefdiĉts bleds

bleds du tiers de ladiʄte vente,& crediteurs Picquet,& Straʃʃe pour le ⅛ à eux appartenant, f.20. & du quart à Depures,& du ⅛ à Berthaud : & portons la ʃoude dudiʄt compte, qu'eʃt l. 6679. 16. en debit à bleds de noʃtre compte f.32. afin que ʃur iceluy nous puiʃʃions voir generalement tout le profit qui nous eʃcherra pour noʃtre quart,de ladiʄte negociation. Et pour les 10000. aiʃnées reʃtantes dudiʄt bled, les auons remiʃes és mains & puiʃʃance de Pierre Sauʄet noʃtre faʄteur, pour iceux faire conduire à Marʃeille , & charger ʃur Mer, pour faire voile és villes d'Eʃpagne & Portugal, qu'il entendra en auoir plus grande diʄette.Et partant faiʃons crediteurs leʄdiʄts bleds f.32. deʄdiʄtes 10000. aiʃnées en debit à bleds és mains dudiʄt Sauʄet f.34.Ce faiʄt,luy donnons de conʃtat l.50000.-pour payer les peages,nolis,& autres frais:de laquelle ʃomme le faiʃons debiteur à compte dudiʄt voyage f.33. & creditrice la Caiʃʃe au Carnet des Roys 1625.f.3. Faiʃons auʃʃi debiteurs leʄdiʄts Picquet,& Straʃʃe du tiers deʄdiʄtes l.50000. Depures pour le ⅛ & Berthaud pour le ⅛ à f.40.& crediteur le compte deʄdiʄts bleds f.34.Ce faiʄt,auons aduis dudiʄt Sauʄet des frais par luy faiʄts pour les peages , & nolis payez de Lyon iuʃqu'à Marʃeille,ʃe montant l.39700.& de Marʃeille à Seuille l.7500.--deʄquelles ʃommes le faiʃons crediteur,& debiteur leʄdiʄts bleds f.34.Nous donne auʃʃi aduis de Seuille, de la vente par luy faiʄte audiʄt lieu de 6000. fanegues,ʃe montant marauedis 13800000. de laquelle ʃomme le faiʃons debiteur audiʄt compte f. 33. & crediteurs leʄdiʄts bleds f.34. & de Liʃbône nous eʃcrit auoir faiʄt fin audiʄt lieu deʄdiʄts bleds,ʃe montant raix 12600000.-- dont il en eʃt faiʄt debiteur, & crediteurs leʄdiʄts bleds. A bon compte deʄdiʄtes ventes nous a remis de Seuille v 8000.-d'or ʃol à marauedis 398.pour v ʃur Lumaga,& Maʃcranny & v 6795. à marauedis 400. pour v ʃur Guerton,deʄquelles parties il en eʃt faiʄt crediteur à ʃondiʄt compte f.33.& debiteurs leʄdiʄts Lumaga,& Maʃcranny f. 15. & Guerton f.8. ʃe montant leʄdiʄtes remiʃes à l. 44385.-dont en faiʃons bon le ⅛ à Picquet,& Straʃʃe, à Depures le ⅛ & à Berthaud le ⅛ deʄquelles parties ils ʃont faiʄts crediteurs chacun à leur compte au grand Liure f.40. en debit eʃdiʄts bleds f.34.Et le reʃte de l'argent,qui demeure entre les mains dudiʄt Sauʄet , a eʃté changé de delà en reaux, piʃtoles , & autres eʃpeces de poids & miʃe,ʃuiuant l'aduis qu'il nous en a donné, & mis le tout dans vn coffre ʃur la Nauire Eʃpagnole, Capitaine Diego Laynes, en laquelle il s'eʃt embarqué : & arriué qu'il eʃt à Roüan, nous donne aduis du ʃuccez de ʃon voyage , & des effeʄts qu'il a entre ʃes mains , que luy ordonnons d'employer partie en marchandiʃes , & en remettre partie à Paris,pour le nous faire tenir par lettre de change à Lyon : & ʃuiuant ʃon compte,le tenõs debiteur de l.136377.16.-à f.33.pour ʃoude de ʃon vieux compte f.33.rabbatu les frais ; & faiʃons crediteur lediʄt compte des marchandiʃes par luy acheptées audiʄt Roüan en debit à marchandiʃes en Compagnie deʄdiʄts f.34.deʄquelles, la vente en eʃtant faiʄte, en faiʃons bon ⅛ à Picquet,& Straʃʃe,⅛ à Depures, & ⅛ à Berthaud , & la ʃoude dudiʄt compte qu'eʃt l.21657. 14. 4. la portons en debit à Bleds de noʃtre compte f. 32. d'autant que leʄdiʄtes marchandiʃes procedent des effeʄts deʄdiʄts bleds.Nous remet auʃʃi lediʄt Sauʄet de Paris, ʃur Lumaga,& Maʃcranny l.50000.-- pour valeur comptée aux leurs de par delà: de laquelle ʃomme il en eʃt faiʄt crediteur à ʃondiʄt compte f.33. & debiteurs leʄdiʄts Lumaga , & Maʃcranny au Carnet d'Aouʃt f. 15. & à ʃon retour nous remet de comptant l.53187.18.-pour ʃoude de ʃondiʄt voyage , rabbatu les frais. De toutes leʄquelles parties en faiʃons bon le ⅛ à Picquet , & Straʃʃe , & le ⅛ à Depures , & le ⅛ à Berthaud , & leurdiʄt compte f.40. paʃʃant ʃon rencontre en debit à bleds és mai.ıs dudiʄt Sauʄet f.34. leʄquels bleds ʃont auʃʃi faiʄts debiteurs de tous les frais & enʃuiuis,& crediteur lediʄt Sauʄet.Ce faiʄt,ʃoudons lediʄt compte des bleds és mains dudiʄt Sauʄet , le faiʃant crediteur pour ʃoude dudiʄt compte de l.43496.17.6. en debit à bleds de noʃtre compte f. 32. Sur lequel compte nous voyons les profits qu'il a pleu à Dieu enuoyer en ladiʄte negociation, que treuuons ʃe monter , pour noʃtre quart , à l.11422. 16. 11. deʄquels ils ʃont faiʄts debiteurs , & crediteurs profits & pertes à f. 41. Comme plus à plein eʃt ʃpecifié eʃdiʄts comptes; qu'eʃt le vray ordre qui ʃe doit obʃeruer en pareil negoce.

L'ordre qu'on doit tenir en enuoyant ʃ.ın Faʄteur à l'achapt.

PRemierement faut faire debiteur lediʄt Faʄteur de l'argent comptant qu'on luy donne à ʃon deſpart,enʃemble des lettres de change qu'il tirera,ou que luy ʃerõt remiʃes. Et par contre,le faire crediteur du montant de tout l'achapt qu'il aura faiʄt,tant au contant,que à credit, y compris les frais, & faire vn abregé de la marchandiʃe par luy acheptée à terme , pour l'en porter debiteur à ʃondiʄt compte , & crediteurs ceux de qui leʄdiʄtes marchandiʃes auront eʃté acheptées. D'où il faut noter que lors qu'on a achepté de diuers creanciers pour payer en diuers termes, on peut paʃʃer le rencontre en compte à compte de partimens,ʃans aller dreʃʃer vn compte à part à chacun des crediteurs, veu que (peut-eʃtre) on n'aura plus à faire auec telles perʃonnes. Sur lequel compte les diʄts creanciers ʃeront ʃpecifiez,& en quel terme ils ʃont à payer:& moyennant ce,le compte dudiʄt Faʄteur ʃoudera,ou bien il doit rendre la ʃoude en argent contant, ou l'en porter debiteur à ʃon compte propre. Comme par exemple,auons enuoyé Claude Catillon noʃtre Faʄteur en Dauphiné,& Languedoc, pour faire achapt de draperie , & luy auons baillé contant l. 1000. — de laquelle ʃomme l'auons porté debiteur ʃur le

B   Carnet

Carnet f.**7**. en credit à Caiffe f. 3. Enfemble d'vne lettre de change de l. 500. -- que luy auons remis fur Gerand Viguyer de Limoux,pour valeur comptée à fon homme dont la Caiffe en eft creditrice à f. 3. le faifons auffi debiteur fur lediĉt compte de l. 500. -- qu'auons payé fuiuant fa lettre à Nicolas Boc-quet,d'ordre de Gafca & Deldon,en credit à Caiffe,& par contre le faifons crediteur audiĉt compte f. 7. de tout l'achapt & defpens , tant au contant , qu'à credit , fe montant l. 4088. 13. Sçauoir , le contant l. 1984.5.9.& le credit l.2 104.7.3.& paffons fon rencontre en debit à draps au liure à f. 29. là où eft fpe-cifié par le menu tout lediĉt achapt , en apres le faifons debiteur defdiĉtes l. 2104. 7. 4. pour tant qu'il nous affigne à payer à diuers par cedules qu'il a faiĉtes en noftre nom , & lettres de change ; & en por-tons crediteur le compte de repartimens au grand Liure à f. 28. fur lequel fpecifions chaque debi-teur, & le terme du payement.Apres foudons le compte dudiĉt Catillon,audiĉt Carnet f.7. moyennant l. 15.4.3. qu'il nous donne de contant,que faifons crediteur lediĉt côpte,& debitrice la Caiffe.Le mefme ordre a efté obferué en l'achapt des draps de France,& Poiĉtou , au grand Liure f.30. A efté faiĉt autre achapt en Flandres par André Montbel , ainfi qu'appert au grand Liure f. 35. 36. fur lequel ie ne don-neray autre inftruĉtion,puis que le mefme ordre y a efté obferué , qui fera pour fin & conclufion de ce difcours.

L'ordre qu'on doit tenir en enuoyant vn feruiteur dehors , pour aller faire vente de marchandife.

PAr exemple,auons enuoyé Claude Catillon noftre homme au pays de Suiffe , pour aller tenir les foires de Sourfach ; & pour ceft effeĉt auons enuoyé audiĉt Sourfach en foire de Pentecofte,diuer-fe draperie dont les marchandifes enuoyées audiĉt lieu font faiĉtes debitrices à f.31. & crediteurs draps de laine à f.29.& 30. & par contre creditrices de la vente d'icelles faiĉte audiĉt lieu , en debit à Claude Catillon,compte de voyages,f.31. pour debiteurs qu'il nous affigne , & crediteur des frais par luy faiĉts audiĉt voyage en debit à marchandifes enuoyées audiĉt lieu. Le portons debiteur de la vente par luy faiĉte au contant à fon compte courant au Carnet f.14.fe montant fl.619.2.rabbatu les frais ; & nous en remet fl.611.1.2.par lettre de Chriftophle Cromps,fur Salicoffre à 110.Cruchers pour v valât l.1000.-- tournois,de laquelle fomme il eft faiĉt crediteur audiĉt compte f.14. & debiteurs lefdiĉts Salicoffre au-diĉt Carnet f.15. & nous donne de contant pour foude de fondiĉt compte l. 13.7. 6. pour la valeur de florins 8. & 2.cruchers:& pour les marchandifes reftantes à vendre de ladiĉte Foire,ont efté renifes par lediĉt Catillon és mains de Rodolphe Leon,de Surich, iufqu'à la prochaine foire de fainĉte Frenne ; la-quelle venuë,y enuoyons d'autres marchandifes,pour affortir les precedentes,& y renuoyons lediĉt Ca-tillon pour faire vente finale du tout , & fe faire payer des debiteurs qui doiuent audiĉt temps, & faire l'efcompte à ceux qui voudront payer par auance,pour terminer ce negoce. Ce qu'il nous aduife auoir faiĉt ; & parce luy tirons lettre de v 535.14.3 que à 112.cruchers pour efcu valent fl.1000.-- payables à Rodolphe Leon,pour valeur receuë de Salicoffre : de laquelle fomme l'en portons crediteur à fondiĉt compte courant au Carnet f.14. & debiteurs lefdiĉts Salicoffre f. 15. & pour ce qu'il aura de refte , luy donnons ordre que fe treuuant à le remettre , il change de delà toute fa monnoye en Piftoles & Se-quins ; Ce qu'il a faiĉt , & nous a baillé de contant à fon retour dudiĉt voyage 500.doublons d'efpagne changés à Bachs 65.l'vn,& 376.Sequins à Bachs 36.faifant en tout fl.3069.1.& fl.5154.-- tournois,nous donnant compte de tout ce qu'il a negocié : & fuiuant iceluy en faifons creditrices lefdiĉtes marchan-difes f.31. en debit à luy-mefme f.31. & par contre , l'auons faiĉt crediteur des frais par luy faiĉts audiĉt lieu,& debitrices lefdiĉtes marchandifes. Faifons auffi crediteur de compte des debiteurs qu'il nous affigne de tous ceux qui ont payé, & debiteur lediĉt Catillon à compte courant au Carnet f. 14. & par contre crediteur de fl.42.7. pour efcomptes qu'il a rabbatus , fur laquelle partie ne tirons aucune mon-noye de France dehors,la laiffans fans rencontre ; d'autant que la difference qu'il y aura à la foude du-diĉt compte fe portera en vn article en debit efdiĉtes marchandifes,qu'eft pour éuiter prolixité. Telle-ment qu'il fe treuue debiteur à fondiĉt compte courant de fl. 4730. 10. de laquelle fomme il fe treuue crediteur par contre pour foude dudiĉt compte ; Excepté en monnoye de France, fur laquelle treuuons de difference l.112.9.3. tournois qu'eft tant pour perte de remife , change de diuerfes efpeces , que ef-comptes par luy faiĉts:de laquelle fomme faifons crediteur lediĉt compte, & debitrices les marchâdifes enuoyées audiĉt Sourfach, au grand Liure f.31. Comme fe voit plus particulierement efdiĉts comptes.

Inftruĉtion pour dreffer les comptes d'vn Faĉteur qui feroit enuoyé dehors pour negocier , lequel participe-
roit pour quelque portion,aux profits & pertes de ladiĉte negociation.

A Vons eftabli negoce en Piedmont, fous l'adminiftration de Pierre Alamel noftre Faĉteur , lequel auons affocié pour ⅓ aux profits & pertes,qu'il plaira à Dieu y enuoyer fur le fonds de l.30000.-- qu'auons promis fournir en iceluy en marchâdifes.Et du 6.Mars,auons donné de contant audiĉt Alamel

à fou

à ſon deſpart pour ledict lieu 1000. doublons d'Eſpagne à l.7.6. l'vn,& à florins 46. Sont fl.46000.-- que
tant valent audict Piedmont : de laquelle ſomme le faiſons debiteur au grand liure f 9. & creditrice la
Caiſſe au Carnet f.3. Ce faict, dreſſons vn compte de negoce de Piedmont au grand Liure f.11. Lequel
faiſons debiteur de toutes les marchandiſes y enuoyées, & par contre crediteur de la vente d'icelles,
paſſant ſon rencontre, ſçauoir de la vente à terme à vn compte intitulé. *Debiteurs de Piedmont* f. 10. ſur
lequel compte chaque debiteur eſt ſpecifié,& le terme du payement : & pour la vente au contant, faiſons debiteur ledict Alamel à ſondict compte à f.9. enſemble de ce qu'il reçoit de nos debiteurs paſſant
ſon rencontre en credit au compte des debiteurs de Piedmont f. 10. 16. & 9. Le faiſons crediteur par
contre de l'achapt de riz,& filages par luy faict pour noſtre compte, enſemble des frais y enſuiuis ; paſſant ſon rencontre en debit és comptes qui ſont marquez par le fueillet dudict compte. Et ne ſe treuuant aſſez d'argent pour fournir audict achapt,en prend partie à Genes, & partie de delà, dont il nous
en fait traicte, ainſi qu'appert par ſondict compte. Et ayant faict la vente de toutes les marchandiſes y
enuoyées, ſoudons ledict compte de negoce de Piedmont f. 11. & treuuons qu'il auance du coſté du
credit de l.13022.3.1. qu'eſt le profit qui s'eſt faict audict lieu ; de laquelle partie faiſons debiteur ledict
compte pour ſoude d'iceluy, paſſant ſon rencontre en credit à profits & pertes dudict negoce f.10. lequel
compte de profits & pertes, eſt auſſi faict crediteur des prouiſions des marchandiſes acheptées par ledict
Alamel,& d'autres auancées tant en remiſes, que benefice de monnoye. Que ſi ledict Alamel euſt eſté
participant au profit des marchandiſes par luy achetées de delà, n'euſt eſté beſoin prendre prouiſion,
ains euſt fallu tenir compte à part d'icelles. Et deſirant finir ledict negoce, luy donnons ordre receuoir
tout ce qui nous eſt deu de delà, & remettre à Genes partie de l'argent qu'il ſe treuuera ; ce qu'il nous
aduiſe auoir faict. Nous donnant de contant à ſon retour dudict voyage 791 doublons d'Eſpagne, ainſi
qu'il eſt amplement ſpecifié à ſondict compte f.9. Ce faict, venons à ſouder ledict compte des profits &
pertes que treuuons ſe monter à l.18335.10.11. de laquelle ſomme en faiſons bon le ⅓ audict Alamel,
pour ſa part dudict profit à luy appartenant, ſuiuant nos conuentions ; qu'eſt le vray ordre qu'on doit
tenir en pareille negociation.

Jnſtruction pour dreſſer les comptes d'vn negoce, & maiſon qu'on auroit eſtably en quelque lieu, pour
i enuoyer marchandiſes, de part & d'autre ; & faire traictes, & remiſes : ſuiuant la
neceſſité, tenant correſpondance en diuers lieux.

PAr exemple, nous auons introduit negoce & maiſon à Milan, pour illec faire fabriquer diuerſes
ſortes de draps de ſoye, & faire achapt par toute l'Italie des marchandiſes que iugerons propres
pour la France ; leur en renuoyant d'autres par contre, ſelon qu'ils iugent eſtre de requeſte. Commençant à dreſſer vn compte ſur le grand Liure à f.6. l'intitulant *Negoce de Milan*, lequel compte faiſons debiteur des marchandiſes qui leur ſont enuoyées, paſſant ſon rencontre en credit és comptes qui ſont
marquez par le fueillet, & par contre crediteur des marchandiſes qui nous ſont enuoyées, & debitrice
chacune d'icelles à leur compte. Et en payement des Roys commencent à nous tirer par leurs lettres diuerſes parties, deſquelles les faiſons debiteurs à leur compte courant, au Carnet deſdicts payemens f.10.
ſur lequel compte ſe voyent generalement toutes les traictes & remiſes faictes de part & d'autre en diuers lieux, ſuiuant la neceſſité. Et pour finir ledict negoce, adiouſtons le compte de Marchandiſes du
grand Liure f.6. que treuuons ſe monter l. 80353.0.5. pour la valeur de marchandiſes y enuoyées &
l.60378.8.6. pour le monter de celles qu'ils nous ont enuoyé ; baillant le rencontre à chacune deſdictes
parties à vn compte general dudict negoce, que dreſſons à f. 40. lequel compte faiſons auſſi debiteur de
l.25881.0.4. Imperiales valant l.12403.2.11. qu'eſt pour ſoude de leur compte courant du Carnet f.10.
& nous enuoyent dudict Milan l'inuentaire par eux faict, auec le liure de raiſon exactement tenu audict
lieu, cotté A,& ſuiuant iceluy faiſons crediteur ledict compte general de l. 130500.-- monnoye Imperiale, valant l.65250. --tournois, pour le monter de tous les effects reſtans en nature audict lieu, paſſant
ſon rencontre en debit à vn compte des effects & facultez reſtans audict Milan, tant en marchandiſes,
argent contant, que debiteurs ſpecifiés audict compte f. 38. Apres faiſons debiteur ledict compte general f.40. des creanciers qu'ils nous aſſignent à payer,& crediteur ledict compte des effects f.38. Ce faict,
treuuons que ledict compte general auance du coſté du credit de l.39669.2.6. Imperiales, valant
l.20372.5.2. tournois. Qu'eſt le profit qu'il a pleu à Dieu enuoyer audict negoce, de laquelle partie faiſons debiteur ledict compte pour ſoude d'iceluy, & crediteurs les profits & pertes f. 41. Apres venons
audict compte des effects & facultez de Milan f.38. Lequel faiſons crediteur de la vente des marchandiſes reſtantes audict lieu qu'ils nous ont mandé auoir vendu à Picquet, vne partie ; que portons debiteurs au Carnet des Roys 1626 f.18. Et pour l'argent contant qu'ils ont en Caiſſe, le nous ont remis par
leur lettre ſur Galiley & Barelly, dont ledict compte en eſt faict crediteur, & debiteurs leſdicts Galiley & Barelly audict Carnet f. 11. pour les debtes qui nous ſont deubs audict lieu ; Nous en a eſté
faict remiſe d'vne partie, & l'autre partie leur auons tiré par nos lettres. Lequel compte eſt auſſi
B 2   faict

faict debiteur des traictes qui nous ont eſté faictes par les Creanciers reſtans dudict negoce , qu'eſt pour fin & concluſion d'iceluy,renuoyant le lecteur eſdicts comptes pour plus claire intelligence.

Jnſtruction ſur le compte de Repartimens.

Vons dreſſé vn compte de Repartimens à f.28.Et ce,pour éuiter de remuer les comptes des Debi-teurs,& Crediteurs ſi ſouuent,d'autant que s'il arriue qu'ayons vendu à vn Debiteur diuerſes ſor-tes de marchandiſes, ſeroit beſoin faire autant de parties à ſon compte , comme il y auroit de ſortes de marchandiſes : afin de bailler rencontre à chacune d'icelles ; & par le moyen dudict compte le faiſons debiteur en vne partie du monter de toutes leſdictes marchandiſes , paſſant ſon rencontre en credit au-dict compte de repartimens , lequel credit venons à ſouder quant & quant , en le faiſant debiteur par contre du monter de chaque ſorte de marchandiſe en autant de parties comme il y aura de ſortes de marchandiſes , baillant rencontre en credit à chacune d'icelles comme ſe voit au compte d'Eſtienne Glotton f.16. lequel a eſté faict debiteur de l.3557. 11.8. pour diuerſes marchandiſes à luy vendues , & crediteur ledict compte de repartimens f.28. Lequel compte auons quant & quant ſoudé , en le faiſant debiteur par contre de cinq ſortes de marchandiſes,paſſant leur rencontre à chacune d'icelles. A eſté faict le meſme au compte de Robert Gehenaud f. 16. ſur la partie de l. 1418. 9. 9. Auſſi faut noter que nous-nous ſommes ſeruis dudict compte de repartimens,pour y faire paſſer les crediteurs qui nous ont eſté aſſignez à payer par Claude Catillon noſtre homme à compte de voyages,par cedulles,ou lettres de change qu'il a faictes en noſtre nom , à diuerſes perſonnes ſpecifiées audict compte de repartimens. Et ce, pour éuiter de bailler vn compte à chacun d'iceux, puis qu'on iuge n'auoir plus à faire auec telles perſonnes : car en ce cas on le peut faire crediteur en ce compte , & non autrement,que ſi l'on auoit ac-couſtumé de negocier auec quelqu'vn d'iceux,ſeroit de beſoin luy dreſſer vn compte à part. Leſquels crediteurs venans à eſtre payez , on faict debiteur par contre ledict compte , & creditrice la Caiſſe s'ils ont eſté payez contant,que ſi l'on a reſpondu pour eux à quelqu'vn, on le faict crediteur ſur le Carnet, pour le ſouder en virement de parties. A eſté paſſé ſur ledict compte les marchandiſes qu'ont eſté ven-dües contant au Carnet f.14.ſe montant l.11776.19.10. de laquelle ſomme ledict compte eſt faict cre-diteur f.28. & par contre debiteur en huict parties , paſſant le rencontre de chacune d'icelles à leur compte propre.Et pluſieurs autres parties ſe peuuent paſſer par ledict compte de repartimens ; deſquel-les,pour éuiter prolixité,n'en ſera faict plus long diſcours.

Jnſtruction pour accommoder les eſcritures d'vne banqueroute.

S'Il arriue que quelqu'vn des debiteurs(n'ayant dequoy payer)demande delay pour ſatisfaire à cha-cun de ſes creanciers , & qu'il luy ſoit accordé, en payant neantmoins les changes. Cela s'appelle attermoyement : & partant en faut faire note au grand Liure ſur ſon compte , & ſpecifiant le terme du payement auec les changes qu'il doit payer à chaſque payement : le tout ſuiuant ſon contract d'accord receu par tel Notaire:& en cas que ledict debiteur baillaſt quelqu'vn pour caution,dire ſous caution de tel. Quand ledict debiteur fait perdre à ſes creanciers, le faut faire crediteur par contre de ce qu'il faict perdre , & debiteurs profits & pertes. Et de ce qu'il reſte à payer, le faire crediteur ſur ſoudict compte pour ſoude, en le portant debiteur à autre compte, ſur lequel ſera ſpecifié le terme qui luy a eſté donné, conformement au contract d'accord. Et s'il arriue que quelqu'vn faſſe banqueroute de quelque ſomme qui ſeroit en participation auec pluſieurs , faut faire comme cy-apres : Par exemple , a eſté faict ban-queroute par Rouier à compte des debiteurs aſſignez par Boloſon f.24. de l.1617. 3. 9. en participation de luy, Seue, & nous, lequel fait perdre à ſes Creanciers les ¾ & le quart reſtant à payer dans vn an. L'eſcompte à ſa volonté, ſuiuant ſon accord ; partant prenons les ¾ de ladicte ſomme ſe montant l.1212.17.10. & faiſons crediteur ledict côpte des debiteurs aſſignez par Boloſon f.24.du tiers de ladicte partie appartenant audict Boloſon,pour ſa part de ladicte perte, paſſant ſon rencôtre en debit audict Bo-loſon f. 25. compte des debiteurs que luy aſſignons , l'autre tiers en debit eſdicts Seue,compte dict f.24. & l'autre tiers eſt pour noſtre compte,que portons en debit à Doppions f.23. Ce faict, ledict Rouier pa-ye audict Boloſon en payement d'Aouſt 1625. par eſcompte tout ce qu'il doit. Et partant luy a eſté rabatu 35 pour ¾ d'autant que la partie par luy deuë eſtoit payable en Roys 1628.Et ſuiuant ſon contract a eu vn an de ſurplus de ſes creanciers, tellement que ladicte partie n'eſcherroit qu'en Roys 1629.& pa-yant en Aouſt 1625.ſont de 3.ans & ¾ qu'on luy faict l'eſcompte, à raiſon de 10. pour ¾ par an,eſcompté à 35 pour ¾ & parce ledict compte a eſté fait crediteur à f. 24. des ¾ de l.404.6.--montant l.269.10.8.& debiteur ledict Boloſon au Carnet d'Aouſt 1625. f. 17. & par contre crediteur de l'eſcompte ; & pour l'autre tiers reſtant,ledict compte en eſt auſſi crediteur , & debiteur ledict Boloſon à compte des debi-teurs à luy aſſignez f 25.Ce faict,faiſons crediteurs leſdicts Seue du tiers de ladicte partie à eux appartie

ınt au Carnet d'Aouſt 162 5.f.17.paſſant ſon rencontre en debit eſdicts Seue à compte des debiteurs à
ıx aſſignez au grand Liure f.24.Les faiſans debiteurs auſſi de l'eſcompte de ladicte partie à 3 5. pour ÷
.ı'eſt le vray ordre qu'on doit obſeruer en accommodant les eſcritures d'vne banqueroute.

NOus a eſté remis de Plaiſance par Hieroſme Turcon vne lettre de change de v 2254. 8. 2. d'or ſol
tirez en payement des Roys 162 5.Sur Dominique,Hugues, & Octauio May ; de laquelle ſomme
.ſ ſont faicts debiteurs, & crediteur ledict Turcon audict Carnet des Roys 162 5. f. 9. & parce que leſ-
.ıcts May n'ont voulu accepter ladicte lettre au iour des acceptations, & ont laiſſé faire le proteſt. Con-
.reſcriuons ladicte partie en les faiſant crediteurs d'icelle, & debiteur ledict Turcon à leur dict compte
9.lequel Turcon faiſons auſſi debiteur de l.24.0.9.tant pour noſtre prouiſion de ladicte partie à ÷ pour
que pour l'expedition du proteſt paſſant ſon rencontre en credit à profits & pertes f. 9. Et pour nous
reualoir d'icelle ſomme de l. 24. 0. 9. La luy auons tirée à payer aux noſtres de Milan à 120.pour ÷ va-
ınt v 6. 13. 7. d'or de marc, que à ⊕ 1 50. Imperiaux pour v valent l.50.1.10. monnoye imperiale , de la-
.uelle ſomme il eſt faict crediteur,& debiteurs les noſtres f.9.& 10.pour ſoude de compte. Nous a eſté
.ıict lettre pour Plaiſance,par Euſtache Rouiere de v. 813. d'or de marc , que à 123. pour ÷ valent v
ooo.d'or ſol,tirez ſur Iean Baptiſte Paulin,payable en foire de S.Marc à Hieroſme Turcon, dequoy l'a-
ons faict debiteur au Carnet des Roys f.13.& crediteur ledict Rouiere f.4.En apres auons aduis dudict
.ʼurcon comme ledict Paulin n'a voulu accepter ladicte lettre,& a laiſſé faire le proteſt,& partant ledict
.ʼurcon nous fait remiſe pour leſdicts v 813. d'or de marc, de v.816.12.6. y compris la prouiſion & pro-
.eſt,changez pour Lyon à 79. ÷ pour ÷ font v 1023.18.11.valût l.3071.16.9.tournois,de laquelle ſomme
.auons faict crediteur audict Carnet f.13. & debiteur ledict Rouiere f.4. remettant le proteſt és mains
.udict Rouiere , pour auoir action contre ledict Paulin. Qu'eſt l'ordre qui ſe doit tenir en dreſſant les
.arties d'vne lettre de change proteſtée.

LOrs qu'on veut negocier ſur Mer, ceux qui ne veulent encourir aucun riſque,ſe font aſſeurer l'argent qu'ils deſirent y foncer,moyennant 10.15.ou 20.pour ÷ plus ou moins qu'ils donnent de pro-
.t aux aſſeureurs ; que ſi le Vaiſſeau vient à ſe perdre leſdicts aſſeureurs doiuent payer la partie par
ux aſſeurée , comme par exemple , a eſté faict vn chargement en Amſterdam ſur le Vaiſſeau S. Pierre
.14. pour deſcharger à Marſeille,ſe montant l.2175.7.4. monnoye de gros, ſur quoy en auons faict aſ-
.euret en Anuers l.1450. -- de gros à 8.pour ÷ ſe montant l. 116.-- qu'ont eſté payez contant aux aſ-
.eureurs par Iean Oort noſtre commiſſionnaire, de laquelle ſomme en auons faict debiteur ledict Vaiſ-
.eau,& crediteur ledict Oort,en plus grand ſomme à f. 14. En apres auons aduis que ledict Vaiſſeau a
.ſté pris ſur mer au Cap de Gab en Eſpagne,par les Corſaires d'Argers.Et ſuiuãt ceſt aduis,ledict Oort
.etire deſdicts aſſeureurs leſdicts l.1450. -- de laquelle ſomme en faiſons crediteur ledict Vaiſſeau , &
.debiteur ledict Oort. A eſté pris autre aſſeurance à Chambourg de l. 2000. de gros à 10. pour ÷ ſur le
.hargement du Vaiſſeau,le Cheualier de Mer chargé en Angleterre pour deſcharger audict Marſeille,
.equel eſt arriué à bon port ; & partant leſdicts aſſeureurs ont eu de bon l.200. -- de gros pour l'aſſeu-
.ance deſdictes l.2000. --comme ſe voit à f.15. Et quand nous voudrions faire des aſſeurances à diuer-
.es perſonnes,& encourir le riſque de la Mer,faudroit dreſſer vn compte d'aſſeurance , & le faire credi-
.eur de l'argent que nous receurions pour les parties aſſeurées à diuers ; Et cas aduenant que quelque
.Vaiſſeau ſe perdiſt,& qu'il faluſt payer la partie aſſeurée,en faudroit faire debiteur ledict compte,& cre-
.diteur celuy à qui la partie auroit eſté aſſeurée, n'en ayant produit aucun exemple , d'autant que cela
.ı'eſt en practique à Lyon ; n'y ayant que la Flandre qui faſſe valoir le plus ce negoce ; qui ſera pour
.donner fin à ceſte inſtruction.

NOus auons dreſſé vn liure intitulé , *Carnet des payemens des Foires de Lyon* , auec ſon Bilan. Afin
d'alleger le grand Liure de beaucoup de parties qui le rendroient incontinent plein,paſſant ſeule-
.ment en iceluy les comptes de temps , & ſur ledict Carnet les comptes courants. or la difference qu'il y
.a de compte de temps à compte courant , eſt que lors qu'on vend de marchandiſes à vn debiteur paya-
.ble à certain temps,on le faict debiteur à ſon compte de temps ; que ſi c'eſt pour contant, on le porte à
.ſon compte courant audict Carnet. Auſſi toutes parties priſes , & baillées à change ſont eſcrites ſur

B 3   ledict

ledict Carnet,enſemble le compte de Caiſſe,ventes au contant,& toutes parties virées ſur la place,comme ſe voit diſtinctement en iceluy. Et premierement pour dreſſer ledict Carnet faiſons vn petit liuret, l'intitulant *Bilan d'acceptations*,ſur lequel eſcriuons au iour des acceptations toutes les lettres de change à nous tirées & remiſes,& faiſons vne petite croix à coſté, lors qu'elles ſont acceptées ; ou bien ſi celuy auquel elle a eſté preſentée eſt en doute s'il la doit accepter, ou non,& demande temps d'en deliberer, on met vn V,qui ſignifie voir la lettre ; & s'il refuſe la receuoir,ſoit qu'il ne treuue celuy qui la luy a tirée à payer,bon & ſoluable,ou pour autre occaſion,on met à coſté vn S,& vn P,qui ſignifie ſous proteſt. Cela faict,faiſons vn extraict ſur vn papier à part des Debiteurs & Crediteurs , qui ſe treuuent eſcheus ſur le grand Liure en payemens des Roys 1625. Puis dreſſons vn compte au premier fueillet dudict Carnet,l'intitulant le grand Liure A,doit pour les crediteurs qui ſe treuuent eſcheus en iceluy, paſſant ſon rencontre en credit à chacun d'iceux ; & par contre faiſons crediteur ledict compte du grand Liure, au Carnet f.1.des debiteurs extraicts dudict grand Liure,dreſſant vn compte en debit à chacun d'iceux. En apres prenons ledict Bilan d'acceptations, faiſans debiteur , & crediteur vn chacun des lettres de change contenuës en iceluy. Cela faict,faiſons vn extraict des Debiteurs & Crediteurs dudict Carnet, dreſſant vn autre liuret intitulé *Bilan des payemens des Roys* , ſur lequel eſcriuons au premier fueillet leſdicts debiteurs,& par contre les crediteurs ; & s'il ſe treuue plus de crediteurs,que de debiteurs,& qu'il faille prendre d'argent à change, on eſcrit en debit audict Bilan ceux de qui on a arreſté les parties qu'on veut à change.

Et au 6.iour du mois deſdicts payemens , portons ledict Bilan ſur la place , nous adreſſans à ceux à qui nous deuons,leur preſentant de virer partie,& leur donner pour debiteurs vn ou pluſieurs qui nous doiuent ſemblable partie ; ce qu'accepté par nos creanciers , l'eſcriuons reſpectiuement ſur ledict Bilan,mettant la datte en chef,comme plus à plein eſt ſpecifié en iceluy. En apres prenons ledict Carnet ſur lequel eſcriuons toutes les parties virées , chacune à ſon compte , en cottant le fueillet du debit & credit dudict Carnet en marge de chacune partie. Et lors que la partie n'a eſté virée toute entiere tant d'vn debiteur,que crediteur,nous mettons à coſté audict Bilan la partie reſtante, iuſqu'à ce qu'elle ſoit entierement ſoudée,& puis y faiſons vne raye ſur les chiffres de la ſomme totale,pour demonſtrer qu'elle eſt entierement payée ; Continuant de virer , & rencontrer , payer , & receuoir,iuſqu'à la fin deſdicts payemens ; Obſeruant és payemens enſuiuans le meſme ordre qu'en iceluy.Puis venons au grand Liure f.5. y dreſſant vn compte intitulé *Carnet des payemens des Roys doit*,& par contre *a d'auoir* : Mettant en debit toutes les parties qui ſont en credit audict Carnet f.1. & en credit audict grand Liure les parties du debit dudict Carnet , paſſant le rencontre deſdictes parties à leur compte audict grand Liure, & celles qui n'ont point de compte audict liure,leur en dreſſer vn nouueau , portant la ſoude deſdicts payemens des Roys en Paſques,& de Paſques en Aouſt,& Touſſaincts. Il y en a beaucoup qui tiennent vn Carnet à part ſur chaque payement,lequel ordre ie n'ay voulu imiter , pour eſtre trop prolixe ; Ains ay voulu mettre les quatre payemens de l'année en vn liure,afin de n'eſtre obligé à remuer ſi ſouuent les comptes,& à ſouder leſdicts Carnets,tous les payemens.Me contentant d'en faire vne ſoude des 4. payemens à la fois : & auant que ce faire , ponctuë toutes les parties, pour recognoiſtre ſi les ſommes qui ſont en debit ont leur rencontre de meſme ſomme en credit Enſemble ſi les ſommes du credit ont leur rencontre en debit.Et apres ſoudons tous les comptes ouuerts dudict Carnet , paſſant leur rencontre en debit & credit au compte du grand Liure ſur ledict Carnet f. 20. & treuuons à la ſoude d'iceluy les ſommes ſemblables tant du credit,que du debit ; ce qui denote que ledict Carnet a eſté tenu en bon ordre. Et faut noter que ſur ledict compte du grand Liure on n'y doit paſſer que les parties qui doiuent aller en en iceluy;& pour les autres,en dreſſe à la ſortie dudict Carnet , vn compte du Carnet des payemens enſuiuans,là où ſe paſſent les parties qui doiuent aller au nouueau Carnet, & y obſeruant l'ordre qui ſera donné cy-apres de ſouder le liure A,& commencer vn liure B.

Inſtruction pour tirer vn Bilan general du grand Liure , & voir les profits qui ſe ſont faicts en vne Année : & par meſme moyen ſouder ledict grand Liure A, pour commencer vn liure B.

LA pluſpart des Marchands qui negocient,tant en compagnie,que en particulier,ont accouſtumé de faire Inuentaire tous les ans , pour voir les profits qu'il a pleu à Dieu leur mander en ladicte année. Or pour ce faire, ie ponctuë toutes les parties dudict liure;pour recognoiſtre ſi les parties qui ſont en debit ont leur rencontre de ſemblable ſomme en credit,ſemblablement ſi les parties du credit auront rencontre de meſme ſomme en debit. Ce faict , tire vn Inuentaire dudict liure ſur vn papier à part de chaſque ſorte de marchandiſe ; & pour ce faire , confronte la vente auec l'achapt , faiſant vn petit poinct à coſté du Nº du debit de l'achapt , & credit de la vente , ou des ℔. & bales , lors que la marchandiſe ſe treuue venduë ; & ayant ainſi ponctué chaque partie de la vente auec l'achapt, ie commence à faire note ſur ledict papier à part des marchandiſes que ie treuue n'eſtre ponctuées, qui ſont celles qui ſe doiuent treuuer en reſte dans la boutique & magaſins ; deſquelles en fais crediteur ledict compte pour ſoude,

foude,paffant fon rencontre en debit à vn compte de marchandifes en general f. 43. (fi mieux on n'ay-
me bailler rencontre à autre compte és mefmes marchandifes) & ce qui auance du cofté du credit eft le
profit qui s'eft faict fur la vente defdictes marchandifes,duquel profit en fais vne partie en debit,paffant
fon rencontre en credit à profits & pertes f.41. Et ayant ainfi verifié & foudé chaque forte de marchandifes, viens à fouder le compte des defpenfes generales, faifant vne partie de fon refte en credit audict
compte,paffant fon rencontre en debit à profits & pertes. En apres fais vn extraict fur vn papier à part
de tous les debiteurs,des marchandifes reftantes, & de l'argent contant qui fe treuue en Caiffe ; faifant
vne addition de toutes lefdictes parties,qui treuue fe montet l. 40578 5. 4. 5. & par contre fais vn autre
addition de tout le credit dudict liure confiftant au capital de chaque forte de marchandifes, profit enfuiuy au
negoce, & creanciers : toutes lefquelles parties adiouftées, treuuons fe monter à ladicte fomme de
l.40578 5.4.5.conforme au debit,ce qui denote que le liure eft en fon deuoir.Et en cas que la fomme du
debit n'euft efté femblable à celle du credit,falloit recommencer à repomctuër & readioufter tout ledict
liure,iufqu'à ce qu'on euft trouué la faute.Car il ne fe peut faire que le credit ne foit toufiours efgal au
debit,d'autât que toutes les parties qui font mifes en debit fe doiuent rencontrer en credit,& partant il
fe treuue autât eferit en debit,qu'en credit.Et fuiuât ceft extraict fe treuue qu'ô a profité l.16271 3.15.4.
depuis le 3. Ianuier 1625. fins au 3. Auril 1626. Lequel profit confifte, tant en marchandifes , argent
contant,que debiteurs , payables en diuers termes : & qui voudroit faire le compte au iufte des profits
faicts pour le contant, fins audict iour 3. Auril 1626. faudroit rabbatre l'efcompte de toutes les parties
qui font payables en diuers termes rabbatant 2. ⅟ pour ⅟ pour chaque payement. Et par ainfi on treuueroit au iufte le net profit faict en ladicte année ; en prefuppofant que les debtes fuffent bons & folua-
bles : & c'eft l'ordre qu'il faut tenir toutesfois & quantes qu'on voudra faire Inuentaire pour fçauoir ce
que l'on a profité ; ne foudant aucun compte fur ledict liure,que celuy des marchandifes, qu'il faut remuer à compte nouueau , & porter toutes les defpenfes à compte de profits & pertes ; foudant ledict
compte de profits & pertes,pour le porter à autre nouueau , afin que fur iceluy on voye en vn article le
profit faict en vne année. Et ainfi pourfuiure toutes les années enfuiuantes iufqu'à ce que le liure foit
plein. Lequel eftant rempli, fi la compagnie fe continué, faut commencer vn liure nouueau qui fera
marqué à la lettre B, Et pour ce faire venons à fouder tous les comptes qui font ouuerts audict grand
Liure , pour paffer leur refte au compte du liure B , dreffé à f.44. En apres venons à eferire fur ledict liure B, fur lequel nous dreffons vn compte du liure A, à f.1. le faifant debiteur de ce qu'il nous affigne à
payer,paffant fon rencontre en credit,à vn compte dreffé à chacun des creanciers, fur lequel eft fpecifié
le terme du payement,& le fueiller du liure A,d'où la partie a efté extraicte ; & par contre,faifons crediteur ledict compte f.1.des debiteurs qu'il nous affigne à receuoir en debit à chacun d'iceux. Tous lefquels comptes eftans dreffés, nous pourfuiuons ledict liure en l'ordre du precedent. Et parce que
beaucoup de gens treuuent penible de tenir compte à part fur chaque forte de marchandife,ils fe pourront feruir du compte des marchandifes en general,dreffé à f.6. paffant fur iceluy toutes fortes de marchandifes : Bien eft vray que tenant ledict compte,faut tenir liure de Nᵒ,afin de donner raifon de tout.
Et le temps de la Compagnie eftant expiré,ne defirans la continuer d'auantage , ils font le defpart d'i-
celle d'vn commun confentement en la forme que s'enfuit.

Inftruction fur le defpart de la Compagnie.

PRemierement faut voir combien fe monte la part des profits de chacun des affociez ; & pource
nous venons au compte des profits & pertes à f. 3. que treuuons eftre crediteurs de l. 16271 3.15.4.
pour tout le profit de ladicte Compagnie ; de laquelle fomme en prenons ⅟ valant l.813 56.17 8. appartenant à Gabriel Alamel , & les ⁷⁄₁₀ à Iean Fontaine, montant l. 56949.16.4. & à Iean Pontier pour les ⁴⁄₁₀
l.24407.1.4.tournois,de toutes lefquelles fommes en fais trois parties en debit audict compte de profits
& pertes pour foude d'iceluy , paffant leur rencontre en credit efdicts affociez à compte de fonds , Sçauoir au compre de Gabriel Alamel f. 2. les l. 813 56. 17. 8. au compte de Iean Fontaine f. 2. lefdictes
l.56949.16.4.tournois, & à celuy de Iean Pontier f.2. l'autre partie de l. 24407.1.4. pour leur part dudict profit. Apres fais le mefme defpart des marchandifes reftantes f. 6. Et pour l'argent contant treuué
en Caiffe a efté defparty d'vn commun confentement à chacun d'eux , ainfi qu'il eft fpecifié au compte
de Caiffe f.6. Bien eft vray que ledict argent contant deuoit eftre employé pour payer les creanciers de
ladicte compagnie. N'eftant pas mefme loifible à aucun des affociez de retirer leur part des profits, ny
mefme fon capital, iufqu'à ce que les creanciers fuffent entierement fatisfaits, demeurant ledict liure
ouuert iufqu'à ce temps-là ; neantmoins pour conclurre ce liure i'ay chargé chacun des affociez de leur
part des creanciers,& debiteurs de ladicte compagnie,en la forme que s'enfuit , demeurans neantmoins
garants les vns des autres.

Premierement faifons le calcul de ce que montent tous les crediteurs prenant charge entre eux de
les payer, fçauoir ledict Alamel, pour la fomme de l.25172.8.10. Iean Fontaine l. 20630.7.6. & Iean
Pontier

Pontier pour l. 268. 12. 9. de toutes leſquelles parties ils ſont faiéts crediteurs à leurdiét compte de fonds, & leſdiéts creanciers debiteurs pour ſoude de leur compte, pour tant que leur aſſignons à rece-uoir deſdiéts aſſociez. En apres fais le meſme deſpart des debiteurs de ladiéte compagnie dont lediét Alamel en a pris à ſes riſques d'vn commun accord à l. 181992. 13. 4. Lediét Fontaine à l. 129929. 1. 6. & lediét Pontier à l.48048. 11.3. de toutes leſquelles parties les faiſons debiteurs à leur compte de fonds f.2. en ſpeciſiant les parties,& les debiteurs qui les doiuent payer,paſſant le rencontre deſdiétes ſommes en credit à chacun deſdiéts debiteurs pour ſoude de leur compte, pour tant que leur aſſignons à payer eſdiéts aſſociez ſuiuant le partage entre eux faiét,leſquels comptes de fonds ſe treuuent ſoudez,d'autant que les ſommes totales du debit & credit ſont ſemblables : ce qui denote que leſdiétes parties ont eſté miſes en leur deuoir. Et cecy ſuſſira pour entiere inſtruétion de tout ce qui concerne l'Art de tenir Liures de raiſon. Renuoyant le Lecéteur à l'œuure meſme,pour y voir beaucoup d'autres comptes diffe-rents, qui ne requierent aucune inſtruétion.Faiſant ſuiure cy-apres diuerſes inſtruétions ſur les negoces qui ſe font és principales villes de la Chreſtienté.

NEGO

NEGOCE DE MILAN.

℔. 100.—de Milan rendent à Lyon——————————℔. 69.——
La braſſe des draps de Soye rend à Lyon $\frac{4}{9}$ & parce faut prendre $\frac{1}{3}$ & $\frac{1}{3}$ dudict.
La braſſe des draps de laine rend à Lyon $\frac{4}{7}$ d'aune, & parce ſe multiplie par 4. & partit par 7.
ʃ 20.——de Milan ſe calculent pour Lyon à ʃ 10.——tournois.

A Milan on tient les eſcritures à liures, ſols, & deniers, qui ſe somment en 20. & en 12. parce que ʃ 20. font vne liure, & 12. deniers vn ſol. Laquelle liure peut valoir enuiron ʃ 10. -- tournois, vn peu plus ou moins, ſelon la varieté de l'argent ; & à ce prix nous auons aualué tous les comptes dudict Milan, y ayant fort peu de difference du prix du change à ceſte reduction ; d'autant que la plus part du temps Milan change pour Lyon à ʃ 119. ou 121. vn peu plus ou moins, touſiours approchant de ʃ 120. pour v, qu'eſt le pair. Et ſe fait venir à Lyon dudict Milan diuerſes ſortes de draps de Soye façonnez, Or filé, Sargettes, Soyes ouurées, Doppions, Bas de ſoye, Toiles d'or, & argent, & autres marchandiſes : Et par exemple, ſi vn Marchand veut faire venir de l'or filé, & deſire ſçauoir à combien luy reuiendra le marc peſant 9. onces dudict Milan, à raiſon qu'il couſte audict Milan, pour contant ʃ 98. -- l'once. Pour le plus brief faut voir à combien reuient le marc, multipliant les ʃ 98. par 9. onces (valeur du marc) feront ʃ 882. -- qui font l. 44.2. monnoye dudict Milan, & l. 22.1. monnoye de France, ſurquoy faut adiouſter pour frais d'embalage, dace de Milan, & Suſe, & Doüanne de Lyon, ſuiuant le calcul que i'en ay fait au iuſte l. 2.6. -- tournois pour marc, ſont l. 24.7. -- tournois, & à ce prix reuient le marc de la premiere ſorte en monnoye de France, quand l'once couſte ʃ 98. de Milan ; & les autres ſortes ſe vont augmentant touſiours de ʃ 5. pour once, & à Lyon de ʃ 20. -- pour marc, qu'eſt ʃ 103. -- l'once, la ſeconde ſorte reuenant à l. 46.7. le marc, monnoye de Milan, que ſont l. 23.3.6. ſurquoy adiouſté ʃ 46. -- ſont l. 25.9.6. le marc de la ſeconde ſorte, & ainſi faire de toutes les autres ſortes. Car ſi l'on croyoit, apres auoir treuué le prix de la premiere ſorte, aller augmentant de ʃ 20. -- pour marc, toutes les autres, comme c'eſt la couſtume, on ne treuueroit pas ſon compte : car il y importe plus à ʃ 5. Imperiaux d'auantage pour once, que à ʃ 20. -- tournois pour marc.

Pour faire le compte des ſoyes ouurées dudict Milan, faut ſçauoir que ℔ 100. -- dudict Milan rendent à Lyon ℔ 69. -- & ſe paye pour frais d'embalage l. 18. -- dace de Milan l. 175. -- monnoye Imperiale pour chacune bale de ℔ 300. -- & pour le port de Milan à Lyon, & dace de Suſe l. 46.10.-- Doüanne de Lyon l. 26. -- tout l. 72.10. -- par exemple, ſur vne bale trame de Milan, de ℔ 300.-- à l. 14.10. la ℔. montant l. 4350. -- faut adiouſter l. 193. pour embalage, & dace de Milan, feront l. 4543. -- monnoye dudict Milan, faiſant l. 2271. 10. -- tournois, & auec l. 72.10. -- pour port, dace, & doüanne de Lyon, ſont l. 2344. -- leſquelles faut partir par ℔ 207 (valeur de l. 300. poids de Milan) & de la partition en viendra l. 11.6 6. pour la valeur de la ℔ à Lyon. Ou pour le plus facile, & brief faut multiplier leſdictes l. 14.10. -- (valeur de la ℔ dudict Milan de leur monnoye) par 50. & partir le prouenu par 69. viendra l. 10.10.2. ſurquoy faut adiouſter ʃ 16.4. (d'autant que tous les frais qui ſe payent tant à Milan, qu'à Lyon, reuiennent audict prix de ʃ 16.4. pour ℔) & feront l. 11. 6. 6. valeur de la ℔ dudict Lyon au contant pour les Doppions de Milan, il ſe paye audict Milan l. 12.-- pour embalage, & l. 175. pour dace dudict Milan, & pour le port de Milan à Lyon, dace de Suſe, & doüanne dudict Lyon l. 64.3.4. pour bale. Et faiſant le compte comme deſſus on trouuera à combien reuient la ℔ à Lyon, & par exemple, à l. 5.15.-- de Milan la ℔ des Doppions audict Milan, ſçauoir combien de liures tournois vaut la ℔ dudict Lyon poids de la ſoye. Multipliant leſdictes l. 5.15. -- par 50. & partiſſans le prouenu par 69. en viendra l. 4.3 4. Surquoy faut adiouſter ʃ 15.3. pour les frais, & feront l. 4.18.6. pour la valeur de la ℔ dudict Lyon pour contant.

Il y en a qui font la reduction du poids de Milan à celuy de Lyon à 70. pour %, & pour ſçauoir ſuiuant icelle à combien reuient la ℔ en monnoye de France, au plus facile & brief, faut multiplier la valeur de la ℔ dudict Milan de leur monnoye par 5. & partir par 7. adiouſtant au prouenu de la partition les frais reuenant pour les ſoyes ouurées à ʃ 16.4. pour ℔, & les Doppions à ʃ 15.3. & en ce faiſant, viendra la valeur de la ℔ dudict Lyon, en liures tournois.

La raiſon de cecy eſt que la ℔ dudict Milan ne reuient qu'à 10. onces $\frac{2}{7}$, qui ſont des parties de la ℔ ʃ 14. Leſquels ſont contenus en ʃ 10. -- tournois (valeur de la liure dudict Milan) les $\frac{5}{7}$, & pour ceſte raiſon faut prendre les $\frac{5}{7}$ ou multiplier par 5. & partir par 7.

Les draps de ſoye, & toiles d'or & argent ſe vendent à la braſſe, qui ſe reduiſent en aunes de Lyon,

en prenant le tiers , & le $\frac{1}{7}$ du tiers , lefquels adiouftez enfemble font aunes de Lyon : & pour fçauoir à combien reuient l'aune de Lyon en liures tournois , fuiuant le prix de la braffe de Milan de leur monnoye,faut prendre $\frac{1}{7}$ de la valeur de la braffe,& la luy adioufter,fon produit donnera la valeur de l'aune de Lyon,en liures tournois.

Les draps de laine font d'autre mefure plus grande,& fe multiplie par 4. & partit par 7.pour faire aunes ; d'autant que la braffe tire $\frac{1}{7}$ de l'aune de Lyon. Et pour fçauoir à combien reuient l'aune en liures tournois,faut prendre 3.fois $\frac{1}{7}$ l'vne de l'autre de la valeur de la braffe , & les adioufter enfemble , leur produit fera la valeur de l'aune de Lyon en liures tournois.

Toutes lefquelles briefuetez cy-deffus ne peuuent feruir , que tant que la liure dudict Milan vaudra $\mathcal{D}$ 10. -- tournois,fur quoy faut faire confideration des frais qui fe payent, fçauoir vne Caiffe de draps de foye de 16. pieces ou enuirõ payera à Milan pour l'emballage l.24.dace de Milan l.194.-- quelque fois vn peu plus ou moins, felon les couleurs, font l.218. -- valant l. 109. -- tournois, pour le port de Milan à Lyon l.25.10. -- dace de Sufe l.40. -- quelque peu plus ou moins , pour la Doüanne de Lyon les veloux rouge cramoify payent l.3.5.la ₶,canelé cramoify $\mathcal{D}$ 58.8. -- violet cramoify $\mathcal{D}$ 53.9. les autres couleurs ordinaires & noires $\mathcal{D}$ 37.4. pour ₶,Gafes $\mathcal{D}$ 48. la ₶. Les bas de foye $\mathcal{D}$ 18.4.la ₶.Crefpons $\mathcal{D}$ 26.6. La marchandife qui s'achepte dans Milan paye la dace,& celle qui ne fait que paffer,ne paye que le tranfit, qu'eft l.15.-- Imperiales par Caiffe,ou pour bale.Qui fuffira pour l'inftruction de ce negoce. .

NEGOCE DE PIEDMONT.

₶ 100.――de Thurin,& Raconis, rendent à Lyon. ―――――――――― ₶.77.

Le quintal à Thurin fe diuife en 4.Rub,d'autant que chaque Rub pefe ₶ 25.

Le Ras tire demy aune de Lyon.

Le florin fe calcule pour Lyon à $\mathcal{D}$ 3.tournois.

EN Piedmont on tient les efcritures à florins, & gros ; le florin valant 12. gros, lequel florin vaut à prefent $\mathcal{D}$ 3. -- tournois, à raifon que la piftole y vaut fl.48. $\frac{1}{7}$ & à Lyon l. 7. 6. C'eft pourquoy on a aualué tous les comptes fuiuant cefte reduction,d'autant qu'à ce prix là n'y peut auoir , que fort peu de variation. Il fe fait venir à Lyon dudict Piedmont filages de Raconis,Acier,Riz,& autres marchandifes. On y enuoye draps de laine de toutes fortes,femence de vers à foye, Sarges de Londres,bas d'eftame, & autres marchandifes, on vend les draps de laine en trois fortes de mefures ,fçauoir , à canes de Languedoc , aunes de France , & à ras, lequel ras eft la mefure ordinaire dudict Piedmont tirant demy aune. Les Foires de Piedmont fe tiennent en Aft , deux fois l'an ,fçauoir , à la my-Carefme , & à la Sainct Luc 18. Octobre. Chaque bale paye de dace à Thurin fl. 640. -- emballage fl. 35. port de Raconis à Thurin fl. 14.-- peage fl. 14. tout , fl. 703. -- ou enuiron , quelquefois vn peu plus ou moins. Port de Thurin à Lyon l. 20. 10. -- Doüanne dudict Lyon l.26. -- tous lefquels frais reuiennent à $\mathcal{D}$ 14. 6. pour ₶ audict Lyon. Maintenant pour fçauoir à combien reuient la ₶ de Lyon des filages dudict Raconis , fuiuant le prix de la ₶ audict lieu de leur monnoye, au plus facile & brief faut multiplier les florins de la valeur de la ₶ dudict Raconis, par 15. & partir le prouenu par 77. Ce qui en viendra fera la valeur de la ₶ dudict Lyon en liures tournois : Exemple à fl.39. -- la ₶ audict Raconis.Et en les multipliant par 15.& partiffant par 77.viendra l.7.12. & à ce prix reuient la ₶, fans y comprendre les frais & y adiouftant $\mathcal{D}$.14.6. pour tous frais feront l.8.6.6. & à ce prix reuiendroit la ₶ audict Lyon,poids de la foye , tous frais payez fins renduës en Magafin , excepté la prouifion du Commiffionnaire,laquelle n'y eft comprife.

La raifon de cefte briefueté eft que ₶ 100. -- de Raconis rendent à Lyon ₶ 77 reuenant à 11.onces $\frac{11}{24}$ qui font des parties de la liure $\mathcal{D}$ 15. $\frac{1}{7}$ lefquels font contenus en $\mathcal{D}$ 3. -- tournois (prix du florin $\frac{11}{24}$ & pour cefte raifon faut multiplier par 15.& partir par 77.qui fera pour fin & conclufion de ce negoce.

NEGOCE DE GENES.

₶ 100. ――de Genes rendent à Lyon.―――――――――― ₶ 72.――

La Palme de Genes vaut $\frac{1}{24}$ de l'aune de Lyon.

Les 9. Palmes font vne Cane de Genes.

La Piftole d'Efpagne vaut à prefent à Genes l.11.12. & à Lyon l.7.7.

L'efcu d'or en or d'Italie vaut à prefent $\mathcal{D}$ 115. monnoye courante dudict Genes.

A Genes tiennent les efcritures,d'aucuns à l. $\mathcal{D}$. & $\mathcal{G}$. de monnoye courante,& d'autres à l. $\mathcal{D}$.& $\mathcal{G}$. de monnoye d'or. L'efcu d'or en or d'Italie vaut à prefent $\mathcal{D}$ 115. monnoye courante dudict Genes, quelque quelquefois plus ou moins,selon que la monnoye est de requeste,neantmoins ledict escu se donne tousiours pour ℔ 68.monnoye d'or.Il se fait venir dudict Genes des Veloux,Satins,Damas, Taffetas,& Sarges,& se vendent les draps de soye à palmes,& les Sarges à Canes , (dont les 9.palmes font vne cane,)à liures,℔,& ℔,de monnoye courante; si que pour reduire ladicte monnoye en monnoye d'or,la faut premierement reduire en escus de monnoye courante de ℔ 115.-- par exéple,voulant reduire l.18782.8.7. monnoye courante,en monnoye d'or,les faut partir par l.5.⅟ prix de l'escu d'or en monnoye courante, & seront v 3266.10. -- qu'il faut multiplier par l.3.8.prix dudict v en monnoye d'or,& seront l.1106.2.6. monnoye d'or,valeur desdictes l.18782.8.7.monnoye courante. Et pour treuuer la valeur en sols tournois de l'aune de Lyon,suiuant le prix de la palme monnoye de Genes,à raison que la pistole d'Espagne vaut à present audict Genes l.11.12.& à Lyon l.7.7.pour le plus facile & brief faut multiplier par 441. Le prix de la palme,& partir le proueuu par 145. Ce qui en viendra sera la valeur de l'aune de Lyon en monnoye de France.Par exemple à ℔ 58. -- la palme des veloux monnoye courante audict Genes , sçauoir combien de liures tournois , vaut l'aune de Lyon; & en multipliant,comme dict est lesdicts ℔ 58. par 441.& partissant le proueuu par 145.viendra ℔176.5. tournois , & à ce prix reuient l'aune de Lyon, quand la palme couste ℔ 58.& quand la pistole seroit à plus haut ou moindre prix , il ne faut que voir à combien reuient pour liure,& le partir par ℔ 4.2. (qu'est la palme de Genes) & de son produit viendra les parties qu'il faudra prendre du prix de la palme,pour auoir la valeur de l'aune en l.tournoi.

Toutes lesquelles briefuetez ne seruent que d'instruction au Marchand , pour sçauoir comme il se doit gouuerner à la vente , lors qu'il ne sçait comme la traicte en sera faicte. Car si l'on sçauoit à quel prix on doit tirer,l'on pourroit faire son compte au iuste,suiuant icelle. Par exemple , vne Caisse Satins de Genes contenant 3103.palmes à ℔ 41.La palme a cousté l.6361.3.monnoye courante dudict Genes, reduicte en monnoye d'or (faisant comme dessus) font l. 3761.7.2. laquelle somme nous a esté tirée à Noue en v 1106.5.8.à ℔ 68. pour v,& de ce lieu se font preualus à Lyõ auec leur prouisiõ en v 1353.12.5. d'or sol,valant l.4060.17.3.tournois,surquoy faut adiouster pour le port de Genes à Lyon l. 30. -- dace de Suse l.35.& Douenne de Lyon l.252. -- tout l. 4377. 17.3. tournois, & à ce prix reuiennent lesdicts 3103.palmes de Genes en monnoye de France,pour sçauoir à combien reuient l'aune , faut reduire lesdictes palmes en aunes, & seront aunes 646.⅟, & partissant lesdictes l.4377.17.3. par ledict aunage, viendra l.6.15.5 prix de l'aune de Lyon , tous frais payez , comme se voit specifiquement en ce liure à f.19.& sur le Carnet f.4.ou se voyent diuerses parties tirées de Genes à Noue,& de Noue à Lyon, dont la plus grand part des changes que fait Genes sont pour Noué.Faut noter que sur le Carnet au compte de Lumaga de Genes se treuue en debit l.41597.8 monnoye courante dudict Genes, faisant l.26041.5. tournois,& en credit se treuuent les remises qu'ils ont faictes à Noue de nostre ordre pour founde de leur debit,sans que la monnoye de France soit tirée dehors, d'autant qu'ils ne sont tenus , que de founder le debit de leur monnoye, laquelle estant foundée , nous faisons vne auatuation sur chaque article du credit , pour remplir la monnoye de France à raison dicte que les l. 41597.8. ont rendu en monnoye de France l.26041.5.-- Aussi faut noter que la partie de l.22400. -- monnoye dudict Genes qu'ils doiuent pour vente de bled,a esté remise à Noue en v 4075.8.11. d'or de marc, sans que la monnoye de France soit tirée dehors,iusqu'à ce que ceux de Noue en ont fait la remise à Lyon en v 5141.12. -- d'or sol , valant l.15424.16. -- & pour lors on founde ledict compte de Genes en liures tournois , mettant pour lesdictes l.22400. -- dudict Genes les l.15424.16. -- tant en debit que credit. Et iusques à tant que la remise soit faicte à Lyon,les comptes demeurent ouuerts pour la monnoye de France, & foundés en leur monnoye.Qui sera pour donner fin à ce negoce, & commencement au negoce de Florence.

N E G O C E   D E   F L O R E N C E.

℔ 100.——de Florence rendent à Lyon. —————— ℔ 76.⅟ poids de la soye.
4. brasses font vne cane,& 100.brasses font à Lyon aunes 49.——
L'escu d'or de Florence se calcule à l.3.——tournois.

A Florence on tient les escritures à v. ℔. & ℔.d'or,de l.7.⅟ pour escu qui se somment en 20.& en 12. parce que ℔20. font vn v , & 12. ℔ vn sol , d'aucuns les tiennent à ducats de l.7. -- pour ducat: les marchandises se vendent à l. ℔. & ℔. de nue monnoye , & pour reduire les liures en v , faut multiplier par 2.& partir par 15.d'autant que 15. demy liures font l'escu , pour reduire lesdictes liures en ducats faut prendre ⅟ les tasseras , & armoisins forts , se vendent à la ℔ qui est de 12. onces,& les satins se vendent à la brasse,& pour reduire lesdictes brasses de Florence en aune de Lyon,faut multiplier par 49. & partir par cent;les sarges de Florence se vendent à canes,& 4 brasses font vne cane ; si que pour les reduire en aunes de Lyon,faut multiplier lesdictes canes par 4.& seront brasses,lesquelles faut multiplier par 49. & partir par 100. & seront aunes ; Il se peut calculer à raison de l.3. -- tournois, pour vn v d'or de Florence,d'autant que la plus part du temps Florence change pour Lyon à v 98.pour ⅟, ou 102.

C 2 vn

vn peu plus ou moins, touſiours approchant du 100. qu'eſt le pair. Et qui deſireroit ſçauoir , ſuiuant ce prix-là.à combien peut reuenir l'aune des draps de ſoye de Florence renduë dans Lyon. Au plus facile & brief , faut multiplier la valeur de la braſſe de Florence (monnoye ,dudiẛ lieu) par 40. & partir le prouenu par 49.ou prendre ⁻⁄ d'vn ⁻⁄ ce qui en viendra ſera la valeur de l'aune à Lyon en liures tour-nois.Et par exemple 706. braſſes⁻⁄ Satin à l.7. la braſſe monnoye de Florence,ont couſté v 659.3.4.d'or de Florence,& en multipliant les l.7.-- (valeur de la braſſe)par 40. & partiſſant le prouenu par 49. vien-dra l.5.14.3.⁻⁄ monnoye de France , valeur de l'aune de Lyon ; que pour ſçauoir ſi le compte eſt iuſte, faut reduire les braſſes de Florence en aunes à raiſon diẛe de 49.pour ⁻⁄ & ſeront aunes 346.⁻⁄ leſquel-les multipliées par l.5.14.3.rendront l.1977.10. faiſant v 659.3.4.ce qui denote que ceſte reduction eſt iuſte,& faut noter qu'il ſe paye pour embalage,& gabelle de Florence,port,& dace de Suſe,& Doüanne de Lyon enuiron l.400.-- pour Caiſſe,quelquefois plus ou moins, ſelon les couleurs; Tellement que ſur vne Caiſſe que tireroit aunes 700. -- il y importeroit de ₰ 11. 5. pour aune qu'il faudroit adiouſter auec les l.5.14.3. & ſeroient l.6.4. 8. que reuiendroit l'aune des ſatins de Florence renduë dans Lyon, tous frais payez,lors que la braſſe vaudroit audiẛ Florence l.7.-- de leur monnoye.

Qui deſireroit treuuer le prix de l'aune,ſuiuant la traiẛe qui en ſeroit faiẛe , faudroit premierement reduire les braſſes en aunes,& les partir par le monter de la traiẛe,y ioinẛ , tous les frais , & de ſon pro-duit viendroit la valeur de l'aune de Lyon.

Pour treuuer le prix de l'aune de Lyon en l.tournois,des ſarges de Florence, ſuiuant le prix de la cane dudiẛ lieu de leur monnoye,faut prendre le ⁻⁄ de la valeur de la cane,& le multiplier par 40.& partir le prouenu par 49.Ce qui en viendra ſera la valeur de l'aune de Lyon en liures tournois. Surquoy faut no-ter que la bale Sarge,ou reuerche paye pour frais d'embalage,port,dace , & Doüanne de Lyon enuiron l.105.-- pour bale de pieces 3.⁻⁄ tirant aunes 118.ou enuiron,reuenant à ₰18.pour aune de frais ou enui-ron,qu'il faut adiouſter de plus à la valeur de l'aune , lequel negoce eſt amplement traiẛé en ce liure,à f 21.22. où ſe voyent les achapts faiẛs audiẛ Florence,d'vne Caiſſe ſatins,& 2. bales ſarges,& reuerches de Florence auec les frais y enſuiuis. C'eſt pourquoy feray fin à ce negoce , pour traiẛer cy-apres du negoce de Lucques.

NEGOCE DE LVCQVES.

℔ 100.——de Lucques,poids ſubtil des Balances , rendent à Lyon.—— ℔ 72. ⁻⁄
℔ 100.——dudiẛ lieu,poids de la Doüanne,rendent à Lyon.—— ℔ 81. ——
La ℔. dudiẛ lieu ſe diuiſe en 12. onces.
Les 2. braſſes dudiẛ lieu font vne aune à Lyon.

A Lucques tiennent leurs eſcritures à v. ₰. & ₰. d'or, de l.7. ⁻⁄ pour v, qui ſe ſommét en 20.& en 12. parce que ₰ 20. -- font l'eſcu,& 12. ₰ vn ſol. Et les marchandiſes ſe vendent à tant de ducats la ℔. Si que pour reduire les ducats en eſcus, faut multiplier le nombre des ducats par 4. & partir le prouenu par 71. adiouſtant ce qui en viendra auec les ducats,& ſeront v de l.7. ⁻⁄. Il ſe fait venir dudiẛ Lucques des ſatins,& damas,qui ſe vendent à la ℔, qu'eſt de 12.onces,comme ſe voit en ce à f.23.ayant fait venir dudiẛ lieu vne Caiſſe ſatins,& damas,montant v 1089.17.5. de laquelle ſomme ils ſe ſont preualus par Plaiſance en v 831.19. 2. à 131.pour ⁻⁄ ſur Hieroſme Turcon , & de ce lieu ſe ſont preualus ſur nous à Lyon auec leur prouiſion en v 1030. 10.6 à 81. pour ⁻⁄ font l. 3091. 11.6.port,& dace de Suſe l. 105.9. Doüanne de Lyon l.149.8.-tout l.3346.8.6.valeur de ladiẛe Caiſſe,ſurquoy faut noter que audiẛ Luc-ques on paye ⁻⁄ de plus pour les couleurs,c'eſt pourquoy on adiouſte au reſte le quart des couleurs,afin de le reduire,comme ſi l'on achaptoit tout en noir.La raiſon eſt que les couleurs decroiſſent en teinture d'vn quart pour ℔, & le noir croiſt en poids d'vn quart pour ℔.L'incarnadin d'Eſpagne paye plus que les autres couleurs enuiron l.5.10. -- pour ℔, & le rouge cramoiſy enuiron l. 10. 10. -- Maintenant qui deſi-reroit faire le compte à combien reuient l'aune de Lyon , tant des couleurs, que du noir. Et premiere-ment pour le damas,qu'eſt à plus haut prix que les ſatins. Faut conſiderer que ſur toute la Caiſſe il s'eſt fait de frais audiẛ Lucques v 38. ⁻⁄ diſant,ſi v 1051.de Lucques (valeur de ladiẛe Caiſſe) donnent de frais v 38 ⁻⁄ combien v 58. 16. 6. valeur du damas viendra v 2.2. 9. qu'il faut adiouſter auec leſdiẛs v 58.16.6. Seront v.60.19.3.& puis dire ſi v 1089. de Lucques (valeur de ladiẛe Caiſſe , auec les frais dudiẛ Lucques)couſtent l.3346. -- tournois,combien couſteront v 60.19.3. (valeur du damas) viendra l.187.8.qu'il faut partir par aunes 31.que tire lediẛ damas,ſeront l.6.0.10.valeur de l'aune dudiẛ damas à Lyon,tous frais payez.Et faiſant ainſi des noirs,puis des couleurs , & apres de l'incarnadin d'Eſpagne, on treuuera la valeur de l'aune de chacun.Faiſant premierement combien ſe montent les noits à ducats 4.16.-- & les diſtraint de v 984.1.8.(que montent tous leſdiẛs ſatins)& adiouſter à l'incarnadin d'Eſpa-gne les v 8.13.7. qu'il monte de plus que les autres couleurs , & puis partager les frais , comme deſſus. Ce qui ſuffira pour entiere inſtruction de ce negoce.

NEGOCE DE BOLOIGNE.

℔ 100.——d: Boloigne rendent à Lyon ℔. 77.——
La braſſe dud ⅌ lieu tire ⁴⁄₁₅ de l'aune de Lyon.
La liure de ₰ 20.——ſe peut calculer à ₰ 11. 3.tournois.

A Boloigne on tient les eſcritures à l. ₰. & ₰. qui ſe ſomment en 20. & en 12. parce que ₰ 20. font vne liure, & 12. deniers vn ſol. On fait venir dudict Boloigne diuerſes ſoyes ouurées, Satins, Creſpes, & autres marchandiſes. Les draps de ſoye ſe vendent à braſſes qui ſe reduiſent en aunes de Lyon, multipliant par 8. & partiſſant par 15. parce que la braſſe dudict lieu tire ⁴⁄₁₅ de l'aune de Lyon. Et pour le payement des marchandiſes, il ſe preualent la plus part du temps par Plaiſance, ne faiſant traicte, que fort rarement en autre lieu. Dont pour faire ladicte traicte, ils reduiſent premierement les liures en v de l. 4. 5. piece leſquels eſcus ils changent pour Plaiſance à raiſon de 150. ¼ plus ou moins, pour auoir audict Plaiſance v 100. — d'or de marc, comme ſe voit en ce, à f. 18. pour vne Caiſſe ſatins de Boloigne, montant l. 3095. 14. 7. qui ſont v 728. 8. de l. 4. 5. — piece tirées à Plaiſance en foire de Sainct Marc, en v 482. 7. 8. changées à 151. pour 100. & de ce lieu ſe ſont preualus ſur nous à Lyon, auec leur prouiſion à ⅐ pour ⁶⁄₈ en v 604. 19. 8. d'or ſol à 80. pour ²⁄₈ ſont l. 1814. 19. — & ſe paye de frais pour chacune Caiſſe, ſçauoir pour l'embalage, & port de Boloigne à Milan l. 77. 13. — mōnoye de Boloigne que ſont l. 43. 15. 3. tournois, à raiſon que la Piſtole d'Eſpagne y vaut à preſent l. 13. 2. — & à Lyon l. 7. 7. port de Milan à Lyon l. 25. 10. — dace de Suſe l. 30. — Doüanne de Lyon l. 243. 6. 3. quelquefois plus ou moins, ſelon qu'il y a de cramoiſy, en tout l. 342. 11. 6. & pour ſçauoir à combien reuient l'aune, ſuiuant le prix de la traicte, faut adiouſter leſdicts frais auec les l. 1814. 19. — Seront l. 2157. 10. 6 qu'il faudroit partir par l'aunage que contiennent toutes les pieces, ſon produit ſeroit la valeur de l'aune de Lyon en liures tournois, pourueu que tous les ſatins fuſſent à vn meſme prix. Et quand il y en a de diuers prix comme à ladicte Caiſſe, dont les cramoiſy ſont à ₰ 15. — dauantage pour braſſe, que les autres. Faudroit dire ſi l. 3095 14. 3. (prix de ladicte Caiſſe monnoye de Boloigne) couſtent l. 2157. 10. 6. monnoye de France, combien couſteront l 2017. 10. 7. (prix des cramoiſy) & de ſon produit viendra ce que montent tous les cramoiſy en monnoye de France; & partiſſant par l'aunage que contiennent leſdicts cramoiſy, viendra la valeur de l'aune, & ainſi faire des autres couleurs, quand elles ne ſont à vn meſme prix.

Vne bale ſoye paye pour le port de Milan à Lyon, dace de Suſe, & Doüanne dudict Lyon l. 72. 10. — tournois, comme ſe voit en ce à f. 7. dont vne bale organcin de Boloigne peſant ℔ 260. — poids dudict lieu à l. 19. la ℔. rendu à Milan, monte l. 4940. monnoye dudict Boloigne tirez à Plaiſance en v 762. 4. d'or de marc, changez à 151. ¼ pour ²⁄₈, & de ce lieu ſe ſont preualus à Milan ſur les noſtres auec leur prouiſion à ₰ 149. 9. pour v ſont l. 5725. 19. — tranſit de Milan l. 15. tout l. 5740. 19. — monnoye Imperiale chágée pour Lyon à ₰ 120. — pour v, ſont l. 2870. 9. 6. port, dace, & doüanne l. 72. 10. — tout l. 2942. 19. 6. que pour ſçauoir à combien reuient la ℔, faut voir que leſdictes ℔ 260. — de Boloigne à 77. pour ²⁄₈ rendent à Lyon ℔ 200. — & partiſſant leſdictes l. 2942. 19. 6. par leſdictes ℔ 200. — ſon produit donnera la valeur de la ℔ dudict Lyon, tous frais payez. Et quand on n'auroit receu le compte de la traicte, & que l'on voudroit ſçauoir à combien reuient la ℔ à Lyon, à raiſon que la piſtole d'Eſpagne vaut à preſent audict Boloigne l. 13. 2. reuenant à ₰ 11. 3. — tournois, pour ₰ 20. — dudict Boloigne, dont pour le plus facile & brief, faudroit multiplier le prix de la liure dudict Boloigne de leur monnoye par 225. & partir le prouenu par 308. & de ſon produit viendra la valeur de la liure de Lyon, en monnoye de France. Exemple, à l. 19. — de Boloigne la ℔ dudict lieu, ſçauoir à combien reuient la ℔ de Lyon en l. tournois. Et multipliant comme dict-eſt leſdictes l. 19. par 225. & partiſſant le prouenu par 308. viedra l. 13. 17. 7. tournois, ſurquoy adiouſté ₰ 7. 3. pour les frais (d'autant que à l. 72. 10. — de frais pour bale, reuient à ₰ 7. 3. pour ℔) feront l. 14. 4. 9. tournois, & à ce prix reuient à Lyon la ℔ deſdictes ſoyes.

Et pour ſçauoir, ſuiuant le prix de la braſſe dudict Boloigne de leur monnoye, à combien reuient l'aune à raiſon dicte de ₰ 11. 3. pour vne liure dudict Boloigne. Au plus facile & brief, faut multiplier la valeur de ladicte braſſe par 135. & partir le prouenu par 128. & en viendra la valeur de l'aune. Exemple, à l. 5. de Boloigne la braſſe audict Boloigne, combien l'aune? & multipliant leſdictes l. 5. — par 135. & partiſſant le prouenu par 128. viendra l. 5. 5. 6. valeur de l'aune à Lyon, ſans y comprendre les frais qui peuuent reuenir de plus à ₰ 11. 6. pour aune, à raiſon que la Caiſſe contenant enuiron 600. aunes, couſte de frais l. 342. Qui ſera pour donner fin à ce negoce, & commencement à celuy de Naples.

NEGOCE DE NAPLES.

Les Canes de Naples fe reduifent en aunes de Lyon,multipliant par 8. pour faire palmes,d'autant
que la cane tire 8.palmes,& apres multiplier les palmes par 4. pour en faire des quarts,& partir
par 17. parce que 17.quarts font vn aunc.
℔ 100. —— de Naples rendent à Lyon. ————————————————℔ 68.—
Le ducat fe peut calculer à ₰ 48. ——tournois.

A Naples tiennent les efcritures à ducats, taris, & grains, lefquels fe fomment en 5.& en 20. parce
que 5. taris font vn ducat & 20. grains vn tari. Ils diuifent encor le grain en 12.caualots : & fe fait
venir dudict lieu des foyes ouurées , & autres , crefpons , & autres marchandifes qui fe vendent à taris,
grains,& caualots,ou à carlins, dont vn tari fait deux carlins, & le carlin 10. grains. Par exemple,a efté
achepté audict Naples ℔ 275.Organcin à carlins 37. ÷ la ℔ ,font carlins 10243.7. grains,faifant à raifon
de 10.carlins pour ducat,D.1024.t.1. & g.17.Les marchandifes qu'auons faict venir dudict Naples,ont
efté acheptées par les noftres de Milan , lefquels ont acquitté la traicte qu'en a efté faicte à Plaifance,
comme ce voit en ce à f.7. montant lefdictes ℔ 275. -- Organcin de Naples auec les frais d. 1131. & 3.
tari ,lefquels ont efté tirez à Plaifance en v 802.11. -- d'or de marc, changes à 141.pour ÷, & de ce lieu
fe font preualus fur les noftres de Milan,auec leur prouifion à ₰ 150.pour v,font l.6008. 19.8.trafit dudict Milan l.15.-- tout l 6023.19.8. faifant à ₰ 120.pour v l.3011.19.10.port dudict Milan à Lyon,dace
de Sufe,& doüanne dudict Lyon l.72.10.-- tout l.3084. 9. 10.valeur de ladicte bale ; que pour fçauoir à
combien reuient la ℔ , faut voir que lefdictes ℔ 275. rendent à Lyon , ℔ 187. 0. & partiffant lefdictes
l.3084.9.10.par 187.viendra l.16.9.10.valeur de la ℔ à Lyon,tous frais payez.
S'eft aufli faict venir vne Caiffe crefpons de Naples , montant auec les frais en ce , à f.12. ducats
789.4.16. tirez audict Plaifance à 149.pour ÷ en v 530.3.5.& de ce lieu fe font preualus fur les noftres
de Milan à ₰ 150.--font l.4004 10.--auec l.15.-- pour le tranfit que à ₰ 120.pour v,font l.2002.5.port,
dace , & doüanne l.123. -- tout l. 2125. 5. -- & pour fçauoir à combien reuient l'aune , faut reduire les
canes 435.2.p.en aunes,feront aunes 819.& partiffant lefdictes l.2125.5.-- par 819.viendra l.2.11 6.& à
ce prix-là reuient l'aune dudict Lyon,tous frais payez. On peut calculer vn ducat à ₰ 48.-- tournois,re-
uenant à 125. pour ÷ qu'eft à peu pres l'ordinaire du change de Naples pour Lyon , ou bien quand la
traicte fe fait à Plaifance , à 149.pour ÷,& que de Lyon on remet audict Plaifance à 120.reuient le mefme. Et partant calcu ant vn ducat pour ₰ 48. on peut fçauoir (quand on n'auroit aduis de la traicte) à
combien peut reuenir l'aune,ou la ℔ des foyes,& crefpōs,multipliant les ducats que vaut la ℔ par 60.&
partiffant le prouenu par 17.fon produit fera la valeur de la ℔ de Lyon en monnoye de France, fans aucuns frais,lefquels peuuent reuenir à ₰ 35 pour ℔,tāt pour la doüanne de Naples, prouifion à 2. pour ÷
que port,dace,& doüanne dudict Lyon.Et par exemple , à carlins 37. ÷ la ℔ font d. 3. & carlins 7. ÷ les
multipliant par 60.& partiffant fon produit par 17. viendra l. 13.2. 11. furquoy adioufté pour les frais
₰ 35. -- font l.14.17.11.& à ce prix-là reuiendroit la ℔ à Lyon defdictes foyes, quand la traicte feroit
faicte comme dict-eft.
Pour treuuer le prix de l'aune de Lyon en liures tournois,fuiuant le prix de la cane dudict Naples en
ducats,à raifon dicte de ₰ 48. -- tournois pour ducat. Au plus facile & brief faut multiplier les ducats,
que vaut la cane par ₰ 25.6. tournois,& de fon produit viendra les fols tournois, que doit valoir l'aune
dudict Lyon, fans y comprendre les frais qui peuuēt reuenir enuiron à ₰ 7.3. pour aune,à raifon que les
frais d'vne Caiffe crefpons contenant 435.canes,peuuent monter enuiron à l.300.-- tant pour l'embalage,doüanne de Naples, tranfit de Milan , port iufqu'à Lyon , dace de Sufe , que doüanne dudict Lyon,
comme fe voit au compte des crefpons en ce à f.12. qui fera pour finir ce negoce, & commencer celuy
de Venife.

NEGOCE DE VENISE.

Les braffes de Venife fe reduifent en aunes de Lyon,les multipliant par ₰ 10.9. tournois, & tenir les
liures qui en viendront; pour autant d'aunes, à raifon que 80. braffes dudict lieu tirent aunes 43.
de Lyon.
℔ 100.—— de Venife rendent à Lyon. ———————————— ℔ 63. ÷
Le ducat de Venife fe peut calculer à ₰.50. ——tournois pour ducat.

A Vdict lieu tiennent les efcritures, d'aucuns à ducats, & gros de 1.6. ÷ pour ducat lefquels fe fomment en 24.parce que 24.gros valent vn ducat ; & d'autres les tiennent à liures, fols , & gros , qui
valent

valent 10.ducats pour liure,& fe fomment en 20.& en 12.faifant que ₤20.de gros font vne liure, & 12.
deniers vn fol.Il fe fait venir dudict Venife diuerfes foyes,Camelots,Tabis,& autres marchandifes. Et
du payement des marchandifes au payement de change , le vendeur fait bon à l'achepteur 18. ou 20.
pour ÷ plus ou moins,comme fe voit au compte des camelots en ce à f.21. pour 15. bales camelots de
Venife à diuers prix,montant auec l'embalage & prouifion d.5075.22. Surquoy diftrait d.845.23. pour
age à 120.pour ÷, pour reduire le payement en monnoye de change , refte d.4229.23.gros , lefquels fe
peuuent calculer à ₤ 50. -- tournois pour ducat(d'autant que de ce prix-là au prix de la traicte n'y peut
auoir,que fort peu de difference ; changeant la plus part du temps Venife pour Lyon, ou Lyon pour
Venife, à 120. pour ÷ vn peu plus, ou moins , toufiours fort approchant de 120. qu'eft le pair.) Sont
l.10574.18. -- & fe paye de frais pour le port, dace, & doüanne de Lyon, l.83.6.8. pour bale , reuenant
pour lefdictes 15.bales à l.1250. -- font en tout l.11824.18. -- que montent lefdictes 15.bales camelots,
& pour fçauoir à combien reuient la piece tant de ceux de 2. fils , que 3.& 4. fils ; faut premierement
voir que lefdicts camelots montent,fans les frais d.4867.15. -- & il fe donne pour reduire le payement
en monnoye de change d.845.23. & parce que les frais & prouifion de Venife fe montent d.208.7. -- les
faut diftraire defdicts d.845.23.refte d.637.16.difant par regle de 3. Si d. 4867.15. -- valeur de tous les
camelots) donnent de benefice d. 637. 16. combien d. 1966. 3. -- (valeur des camelots 2. fils) viendra
d.257.13.lefquels diftraicts de d.1966.3. -- refte d.1708.14. -- que font à ₤ 50. -- pour ducat l.4271.8.2.
Surquoy adioufté l.583.6.8. pour les frais defdictes 7. bales,de Venife à Lyõ font en tout l.4854 14.10.
& à ce prix-là reuiennent les 294. pieces 2.fils ; Et partiffant lefdictes l. 4854. 14 10. par 294. viendra
l. 16.10.3.valeur de la piece defdicts camelots pour contant : & d'autant qu'il fe fait 2. ans , & ÷ de terme,faudroit y adioufter de plus 25. pour ÷ & feroient l.20.12.9. pour le terme. Et pour les autres pieces de 3.& 4.fils,faifant de mefme on treuuera la valeur de chacune. Il fe voit en ce à f.3. l'achapt de 8.
bales foye lege,pefant net ℔ 2578. poids de Venife,montant à gros 50.÷ la ℔, d.5424.13. -- & auec les
frais.& prouifion de Venife d.5608.10. -- Surquoy diftrait d.973.8. pour l'age , refte d. 4635.2. calculé
à ₤ 50. -- tournois pour ducat , font l. 11587. 15.2. & auec l.664.10. -- pour port, dace, & doüanne de
Lyon.font l.12252.5.2 & à ce prix reuiennẽt lefdictes 8.bales foye ; que pour fçauoir à combien reuient
la ℔, faut voir que rendent lefdictes ℔ 2578. au poids de Lyon, & feront ℔ 1624. partiffant lefdictes
l.12252.5.2.par 1624.on treuuera la valeur de la ℔ de Lyon.Tous lefquels comptes ne feruent que d'inftruction au Marchand,pour fçauoir comme il fe doit gouuerner à la vente , en attendant le compte de
la traicte, laquelle eftant venuë,on peut faire le compte au iufte fuiuant icelle.Par exemple , il s'eft faict
venir deux Caiffes tabis de Venife à f.2. montãt auec les frais d.2875.15. -- furquoy diftrait pour l'age
à 119.pour ÷ d. 459. 3. refte d.2416. 12.en monnoye de change, tirez à Lyon à d. 123. ÷ pour ÷ font
l.5870.0.9 port,dace,& doüanne de Lyon l. 663.17.8. tout l. 6533.18.5. valeur defdictes deux Caiffes.
Et pour treuuer la valeur de l'aune de Lyon , faut faire comme a efté demonftré cy-deffus au compte
des Camelots,d'autant qu'en ladicte Caiffe.il y en a de differens prix, & en ce faifant on treuuera la valeur de l'aune de chacun,fuiuant fon prix.On pourroit bien treuuer le prix de l'aune de Lyon en liures
tournois , fuiuant le prix de la braffe du dict Venife de leur monnoye en multipliant par 100. les ducats
que vaut la braffe, & partiffant le produit de la multiplication par 43. viendroit la valeur de l'aune en
l tournois,à raifon dicte de ₤ 50.pour ducat,fans y comprendre aucuns frais, ny age de monnoye. Qui
fera pour donner fin à ce negoce,pour traicter cy-apres du negoce de Meffine.

NEGOCE DE MESSINE EN SICILE.

℔ 100.——— de Meffine,rendent à Lyon.——— ℔ 70. ÷

A Meffine tiennent les efcritures à Onces,Taris,& Grains,qui fe fomment en 30.& en 20. parce que
30. taris font vne once,& vingt grains vn tari , le tari vaut 2.carlins, & vn carlin 10. grains, & vn
grain 6 picolis,& vn ponty vaut 8.picolis. Il fe fait venir dudict lieu des Soyes Meffines,qui fe vendent
à tant de taris la ℔,comme fe voit en ce à f.18. au compte de Diecemy, & Benafcey , leur ayant efté enuoyé de Marfeille v 5000. -- de reaux à ₤ 70. pour v , chargez fur vne galere de France , que à tari 15.
& grains 15.pour efcu,valent audict Meffine onces 2625. -- que leur auons ordonné employer en Soyes,
ce qu'ils ont fait,& nous donnent compte de 10.bales foyes Meffines qu'ils ont chargées fur vne Galere
de Genes, Capitaine Dom Carles Deria , pour configner à Deburgues à Tholon , lequel doit enfuiure
l'ordre que luy en fera donné,par Benoift Robert de Marfeille,montant lefdictes 10.bales auec les frais
faicts audict Meffine,& prouifion à 2.pour ÷ onces 3057.5.6.dequoy ils font faicts crediteurs, fans tirer
la monnoye de France dehors,d'autant qu'on ne peut fçauoir à combien elle reuiendra,que la traicte ne
foit faicte du furplus,qu'eft onces 432.5.16. qu'ils ont fourny de plus qu'ils n'ont receu;que pour fe preualoir de ladicte fomme, la prennent à change pour Noue, fuiuant noftre ordre en v 810.7. 3. d'or de
marc, à carlins 32. pour v, fur Lumaga , lefquels s'en font preualus fur nous auec leur prouifion en

v 1010.

ʋ 1010.0.3.d'or fol, valant l.3030.0.9.tournois.Et pour lors faut tirer la monnoye de France dehors,ſça-
uoir au compte deſdicts Dieceſmy , & Benaſcey, au debit deſdictes onces 432. 5.16. mettre l.3030.0.9.
tournois,faiſát auec les reaux qu'ils ont receu l.2050.0.9.tournois,&ſoude le credit par la meſme ſomme. Maintenant pour ſçauoir à combien elles reuiennent la ℔ à Lyon· Faut conſiderer qu'il y en a de
differens prix,& que leſdictes 10.bales reuiennent à onces 2826.2.10.ſans les frais,& leſdicts frais montent onces 231.3.6.ſurquoy faut voir combien chaque ſorte deſdictes ſoyes en doit ſupporter, diſant, ſi
2826.2.10.(prix deſdictes 10.bales)donnent de deſpens, onces 231. 3. 6. combien en donneront onces
2258.2.0.(prix de 8.bales à tari 30.16.la ℔,)viendra onces 184.16. -- pour leſdictes 8 bales,leſquelles ad-
iouſtées auec leſdictes onces 2258.2.0.font onces 2443.6. & tant montent leſdictes 8.bales auec les frais
de Meſſine,& prouiſion.Puis dire par regle de 3.ſi onces 3057.(valeur de toutes les ſoyes auec les frais)
couſtent l.11392. 1. 5.(auec les frais de Meſſine à Lyon) combien leſdictes onces 2443. viendra
l.17095.-- tournois, & tant valent leſdictes 8. bales, peſant ℔ 2200. -- qui reuiennent poids de Lyon
℔ 1551. & partiſſant leſdictes l.17095. -- par leſdictes ℔ 1551.-- viendra l. 11. 0. 5. pour la valeur de la
℔ de Lyon,tous frais payez,& faiſant le meſme compte pour les autres deux bales reſtantes , on treuuera la valeur de la ℔ de Lyon,ſuiuant le prix de ce qu'elles couſtent audict Meſſine.Ou pour le plus facile & brief, multiplier les taris de la valeur de la ℔ audict Meſſine par 400. & partir le prouenu par
1269.ſon produit ſera la valeur de la ℔ de Lyon en l.tournois.Par exemple, à taris 30. & grains 16.la ℔
de Meſſine,les multipliant par 400.-- ſeront 12320. qu'il faut partir par 1269. & en viendra l. 9. 14. 1.
valeur de la ℔ à Lyon,ſans y comprendre aucuns frais,leſquels reuiennent,tant les frais de Meſſine , que
port,dace,& doüanne de Lyon,enuiron à ∮25.pour ℔, leſquels adiouſtez auec l. 9.14.1. ſont l.10.19.1.
que reuient la ℔ audict Lyon , tous frais payez, quand l'eſcu de reaux de ∮70. -- tournois, vaut audict
Meſſine taris 15.& 15 grains,qui ſera pour donner fin à ce negoce,& cőmencement à celuy de Bergame.

ℵ E G O C E   D E   B E R G A M E.

Les braſſes de Bergame ſe reduiſent en aunes de Lyon,multipliant par 5. & partiſſant par 9. d'autant
que la braſſe dudict lieu tire ⁴⁄₉ de l'aune de Lyon.

    ℔ 100.——— de Bergame rendent à Lyon ℔ 68. —— poids de la ſoye.
    Vne liure dudict lieu ſe peut calculer pour ∮ 6. 6. tournois à raiſon que la piſtole d'Eſpagne
vaut audict lieu l.22.10. de leur monnoye, à Lyon l.7.7. tournois.

A Bergame tiennent les eſcritures à l. ∮. & ₰, qui ſe ſomment en 20. & en 12. faiſant que ∮ 20.font
  vne liure,& 12.deniers,vn ſol.Il ſe fait venir dudict lieu des tapiſſeries,ſargettes , burats, & autres
marchandiſes qui ſe vendent à l. ∮.& ₰. de leur monnoye, comme ſe voit en ce à f. 13. ayant fait venir
dudict lieu 6.bales tapiſſeries de Bergame contenant 12. pieces de diuerſes hauteurs , reuenant l'vne
pour l'autre à l.7. -- la braſſe , ſont l.3780. -- embalage & port iuſqu'à la Canonica l. 102. tout l.3882.
monnoye de Bergame,faiſant doublons d'Eſpagne 172.10 8.à l.22.10.piece, & à l.15. monnoye de Milan,ſont l.2588. -- tranſit dudict Milan l.120. -- port de la Canonica à Milan l.4.16.--rout l.2712. 16.--
que ſont l.1356.8.-- tournois.pour le port iuſqu'à Lyon,dace de Suſe , & doüanne dudict Lyon l.277.--
reuenant à l.46.3.4. la bale,tout l.1633.8. pour la valeur deſdictes 12. pieces, tous frais payez. Maintenant pour ſçauoir à combien reuient l'aune, faut reduire les braſſes 540.-- qui contiennent leſdictes 12.
pieces)en aunes,& ſeront aunes 300.-- pour partiteur de l.1633.8. & de ſon produit viendra l.5.9. valeur
de l'aune à Lyon,tous frais payez, & d'autant qu'il y en a de differentes hauteurs, car plus doit valoir
celle de braſſes 5. ¹⁄₂.que celle de braſſes 4. ¹⁄₂. On peut faire differěce ſur chaque quart d'aune, de plus
d'hauteur de ∮ 10. tournois pour aune ; ou pour le plus facile & brief multiplier la valeur de la braſſe
par 117.& partir le prouenu par 200.-- & ce qui en viendra,ſera la valeur de l'aune en l.tournois.
Exemple, à l.7. La braſſe audict Bergame, les multipliant par 117. & partiſſant le prouenu par 200.--
viendra l.4.1.10.-- Surquoy adiouſté l.1.5.pour les frais de Bergame à Lyon,ſont l.5.6.10. & à ce prix reuiendroit l'aune à Lyon,tous frais payez,quand la braſſe vaudroit l.7.-- monnoye de Bergame,& la liure
dudict lieu vaudroit ∮ 6.6 tournois. La meſme briefueté ſe peut obſeruer à l'achapt des burats , & ſar-
gettes. Et partant ne s'en fera plus long diſcours,faiſant ſuiure cy-apres le negoce de Mantouë.

ℵ E G O C E   D E   M A N T O V E.

Les braſſes de Mantouë ſe reduiſent en aunes de Lyon,multipliant par 8.& partiſſant par 15.d'autant
que la braſſe tire ⁷⁄₁₅ de l'aune de Lyon.

    ℔ 100.———dudict lieu rendent à Lyon.————℔ 66.——

A Vdict lieu tiennent les eſcritures à liures,ſols,& deniers,qui ſe ſomment en 20.& en 12. parce que
  ∮ 20.font vne liure,& 12.₰,vn ſol.Il ſe fait venir dudict Mantouë diuerſes ſoyes,taffetas,& autres
                                       marchan

marchandifes,comme fe voit en ce,à f.12.ayant fait venir dudict lieu,vne bale bourre de foye,pefant net
℔ 303.--à ♏ 95.-- la ℔,montant l.1435.15. prouifion à 2.pour ÷ l.287. embalage , dace, courratage,&
port,iufqu'à Milan tout l.1594.-- monnoye dudict Mantouë,faifant ducatons 166.10.à l. 9. 12.-- pour
ducaton,& à ♏ 115.de Milan font l.954.14.9. tranfit l. 10. tout l.964. 14. 9. que à ♏ 120. pour v valent
l. 482. 7. 4 tournois, port de Milan à Lyon , dace de Sufe , & doüanne dudict Lyon l. 67. 10. -- tout
l.549.17.4.valeur de iadicte bale bourre:que pour fçauoir à combien reuient la ℔ à Lyon faut voir que
lefdictes ℔ 303.-- de Mantouë rendent à Lyon ℔ 200.-- & partiffant lefdictes l.549. 17. 4. tournois par
200.-- viendra l.2.15.-- valeur de la ℔ à Lyon,poids de la foye tous frais payez,qui fuffira pour ce negoce, faifant fuiure cy apres le negoce de Modena.

N EGOCE DE MODENA.

Les braffes de Modena fe reduifent en aunes de Lyon,multipliant par 8. & partiffant par 15. comme celles de Mantouë.
℔ 100.------dudict lieu rendent à Lyon.------℔ 77.÷.

Ls tiennent leurs efcritures à l. ♏, & ℈, qui fe fomment en 20. & en 12.
Il fe fait venir dudict lieu diuerfes foyes , comme fe voit en ce à f.7. ayant fait venir vne bale organcin pefant ℔ 268. ÷ à l. 25. 10. -- font l. 6846. 15. -- embalage , & dace de Modena l. 42. 16. -- tout
l.6889.11.-- monnoye dudict Modena,que font doublons d'Efpagne 382.÷ à l.18.piece,& à l.15.-- monnoye de Milan font l.5741. 5 -- port de Modena à Milan l.40. 5.traffit dudict Milan l.15.-tout l.5796.10.--
monnoye de Milan,que à ♏ 120.pour v,font l.2898.5.-- tournois port de Milan à Lyon, dace de Sufe , &
doüanne dudict Lyon l.72.10. -- tout l. 2970. 15. -- valeur defdictes liures 268.÷ poids de Modena , qui
rendent ℔ 208.poids de la foye , & partiffant lefdictes l. 2970.15. par 208. -- viendra la valeur de la ℔ à
Lyon , tous frais payez.
Ayant fuffifamment traicté de la negociation qui fe fait en Italie , nous finirons,pour traicter du negoce d'Alemaigne.

N EGOCE D'ALEMAIGNE.

EN Alemaigne tiennent les efcritures, d'aucuns à florins , & cruchers , le florin valant 60. cruchers,
d'autres à florins,bach,& cruchers,le florin valant 15.bach,& le bach 4. cruchers , & d'autres à flo-
rins,fols,& deniers,qui fe diuifent en 20.& en 12.faifant que fols 20. font vn florin,& 12.deniers , vn fol.
Le florin fe peut calculer à ♏ 33.4.tournois,& les 9.bach à ♏ 20.-- tournois.
L'aunage d'Alemaigne fe reduit en aunes de Lyon,prenant le ÷,& le quart des aunes d'Alemaigne lef-
quels adiouftés enfemble ferôt aunes de Lyon,d'autât que l'aune dudict lieu tire ÷ de l'aunage de Lyon.
Il fe fait venir d'Alemaigne quars de Conftance,Conftance en fac,Bouquerans , Noirs, & Couleurs,
Arquebufes,Piftolets,& Roüets,toiles d'Alemaigne,toiles de Mafade,& plufieurs autres marchandifes.
Les Foires de Francfort,fe tiennent à la my-Carefme, & à la my- Septembre;& fi la remife eft hors de
Foire,faudra attendre ladicte Foire,& faudra que l'argent demeure demy année , qui font deux Foires;
& s'vfe de faire bon 6.7. & iufqu'à 8.pour ÷ tant de plus que de moins.
A Sourfach y a deux Foires, qui fe tiennent l'vne à la Pentecofte , & l'autre à la faincte Frenne , qui
commence le 13. Septembre , comme fe voit en ce, f. 31. Faut noter que les draps fe vendent audict
lieu à tant de bach l'aune de France,& fe fait terme d'vne foire à l'autre , qui fuffira pour entiere inftruction de ce negoce,faifant fuiure cy-apres le negoce de Flandres.

N EGOCE DE FLANDRES.

Les aunes de Flandres fe reduifent en aunes de Lyon , prenant le tiers & le quart de l'aunage dudict Flandres , lefquels adiouftés enfemble feront aunes de Lyon : à raifon que l'aune dudict
lieu tire ÷ de l'aunage de Lyon.
℔ 100.------d'Anuers rendent à Lyon,poids de la foye ℔ 102. ------

A Vdict lieu tiennent les efcritures à liures,fols,& deniers,monnoye de gros, qui fe fomment en 20.
& en 12. parce que ♏ 20.font vne liure,& 12.deniers,vn fol.
La liure de gros fe peut calculer à l.6. -- tournois.
Il fe fait venir de Flandres Camelots de l'Ifle & autres,Sarges de Honfcot,Toiles baptiftes, & Cam-
brais,Croifez,fil Defpine,Tapifferies,Sarges de Seigneur,& Leydem , & autres marchandifes lefquelles
fe vendent partie en monnoye de gros,& partie à florins,lequel florin fe diuife en ♏ 20.& le fol,en 12.℈,
& 6.florins font vne liure de gros,comme fe voit au côpte de l'achapt faict en Flandres,par André Mont-
D bel

bel à f.37.commençant à Paris,là où il fait achapt de 4.bales bas d'eftame, à Amiens des farges de Londres,& de là part pour Flandres,& arriue à l'Ifle,où il fait achapt des camelots de l'Ifle,qui fe vendent à
tant de fols de gros,la piece(tirant enuiron aunes 10. ½ de Lyon)& camelots ½ (ainfi appellez,d'autant
qu'ils tirent ½ d'aune de Flandres de large)farges de Honfcot, tirant enuiron aunes 20.de Lyon. Camelots ¾.à Cambray il a fait achapt des toiles Cambray & Baptiftes , tirant la piece enuiron aunes 12,
½ de Lyon ; & fe vendent à tant de liures de gros la piece la premiere forte ; & les autres vont augmentant de ⊕ 20.chacune,plus ou moins,felon qu'on les defire.A Valancienne s'acheptent les mefmes marchandifes qu'à Cambray.A Tourney il a fait achapt de 27.demy pieces tripe de veloux,tirant la demy-
piece aunes 5.½ de Lyon. A Gam,de fil d'Efpine, qui fe vend à la ℔ , femblable à la ℔ de Lyon poids de
marc de 16.onces,toiles de Gam qui fe vendent à tant de gros l'aune, tirant la piece enuiron aunes 30.-
de Flandres,vn peu plus ou moins.En Anuers a fait achapt des Croifez à tant de fols, la piece tirant aunes 12.de France,Tapifferies de Flandres à tant de fols l'aune quarrée dudiét Flandres ; à Amfterdam a
fait achapt des toiles naturelles(qu'on appelle Caneuas de Flandres) à tant de gros l'aune dudiét Flandres,toiles houppées à tant de fols de gros,la piece(tirant enuiron aunes 20.de Flandres.)A Midelbourg
Michel Pic,luy a fait achapt,fuiuant fon ordre és lieux cy-apres nommez des marchandifes enfuiuantes,
& s'en eft preualu de la valeur à Paris,au pair fur Lumaga,& Mafcranny. Sçauoir à Arlem 100. pieces
toiles d'Holande de aunes 25. la piece,reuenât l'vne pour l'autre à vn florin l'aune.A Leydem,farges de
Leydem(autrement appellées farges d'Ipre)& farges de Seigneur à tant de florins , la piece tirant aunes
20.de Lyon.Toutes lefquelles marchandifes venant d'Holande , fe chargent pour aller au port de Flef-
fingue,pour faire voile à Roüan,ou à S.Valery en Picardie.Et quand les paffages des Holandois auec les
Flamans font libres,l'on enuoye par Mer lefdiétes marchandifes en Anuers, qui là fe chargent par terre
pour Lyon à l.10.pour quintal de voyture. Et pour fçauoir a combien reuient l'aune de Lyon defdiétes
marchandifes,monnoye de France,fuiuant le prix de la piece ou de l'aune de Flandres, en monnoye dudiét Flandres : faut premierement fçauoir combien d'aunes tire la piece , & partir la valeur de la monnoye de France par ledict aunage,viendra la valeur de l'aune.Par exemple,voulant fçauoir combien reuient l'aune à Lyon des farges de Seigneur,à raifon que 20.pieces ont coufté fl.1960.-- (qui font autant
que l.1960.--tournois d'autant que ledict florin vaut ⊕ 20.--tournois)& lefdiétes 20.pieces tirant aunes
20.la piece,font aunes 400.-- furquoy faut noter qu'il y va pour les frais faicts tant à l'achapt, que voyture,& doiianne de Lyon,enuiron 14.pour ¾ tellement que auec lefdiétes l.1960. (valeur defdiétes 20.
pieces) faut adioufter l. 274. pour tous frais , feront l. 2234. lefquels faut partir par aunes 400. feront
l.5.11.8.valeur de l'aune à Lyon defdictes Sarges de Seigneur tous frais payez.

Pour trcuuer la valeur de l'aune de Lyon en l.tournois,fuiuant le prix de l'aune de Flandres en monnoye de gros,au plus facile & brief, faut multiplier par 10.½ la valeur de l'aune d'Anuers, & ce qui en
viendra fera la valeur de l'aune de Lyon. Exemple , à ⊕ 8. 6. de gros l'aune de Flandres viendra ⊕ 87.5.
tournois,que font l.4.7.5.tournois,pour la valeur de l'aune de Lyon, qui fera pour donner fin à ce nego-
çe,pour traicter cy apres du negoce qui fe fait fur Mer.

NEGOCE SVR MER.

IL fe voit en ce liure,à f.14.15.& 17. diuers chargemens fur Mer, & defchargemens de diuerfes marchandifes. Et premierement le chargement du Vaiffeau le Cheualier de Mer , Capitaine Chreftien
Iaulcen de Rotterdam,auec lequel auons conuenu & accordé(par l'entremife de IeanOort d'Amfterdã)
qu'il fera tenu de liurer & tenir preft fon Nauire(à prefent feiournant deuant Amfterdam)fans retarde-
ment,bien eftanché,& pourueu d'ancres,voiles,cables,cordages,victuaille , & autres appartenances neceffaires auec onze perfonnes,& que ledict Nauire fera equippé de 6. pieces de fonte 4. paffe-volans ou
pieces iettant pierres,Item armes de main,moufquets,arquebufes,picques,poudres,plomb,balles,& autres munitions neceffaires ; Et ce faict , ledict Chreftien Iaulcen auec fon Nauire , au premier temps &
vent conuenable que Dieu enuoyera , partira fa voile de ce païs à droicte route vers Iernientes, ou
ailleurs en Angleterre;pour illec charger le refte,ou prendre fa charge entiere,foit de poiffon, ou autres
marchandifes à noftre vouloir , iufques à pleine & competante charge ; auec lefquelles marchandifes il
fera voile,auec l'aide de Dieu , en toute diligence vers l'eftroit,en tous lieux , haures , & places que bon
nous femblera,& en icelles faire voile , aller , & retourner en haut , & en bas,charger,defcharger,& re-
charger par tout ou iugerons eftre noftre profit ; iufques que finalement nous aurons depefché ledict
Nauire , pour retourner auec fa charge ; eftant tres-expreffement accordé que ledict Nauire fera feul à
noftre profit,fans que ledict Iaulcen puiffe prédre en fon dict Nauire aucuns biens ou marchãdifes d'autres,que de nous,à peine de tous dommages & interefts : fera tenu venir en France,& en Flandres, pour
defcharger & charger en tout ou en partie,& puis apres pourfuiure ledict voyage vers Amfterdam, & y
defchargera & deliurera fidelement & loyalement lefdictes marchandifes,ainfi que par nous luy fera or-
donné.Et moyennant ce,nous luy promettons payer , fçauoir pour chacun mois qu'il aura feruy & qu'il
aura par nous efté retenu,la fomme de fept cens florins de ⊕ 20.piece,valant l.700.tournois,à cômencer

apres

apres que lediſt Nauire fera paſſé Texel,& arriué en Mer,& deſlors courra cõtinuellemẽt lediſt ſalaire, &apres lediſtIauleé nous enuoye la police du chargemẽt faiſt fur lediſt Vaiſſeau,en la forme que s'éſuit.

Ie Chreſtien Iauleen,maiſtre apres Dieu du Vaiſſeau nommé,*le Cheualier de Mer*,ancré à preſent de-uant Amſterdam,pour auec le premier temps conuenable que Dieu donnera ſuiure le voyage , iuſqu'au deuant de la ville de Marſeille,là où fera ma droiſte deſcharge , confeſſe auoir receu dedans le mien Vaiſſeau deſſous le tillac de vous Iean Oort, les marchandiſes enſuiuantes nombrées , & marquées du nombre,& marque cy-contre,le tout fec & bien conditionnéſçauoir 139000.merluches,& 1180.barils harens,le tout pour compte,d'Alamel,Fontaine , & Pontier , leſquelles marchandiſes ie promets deſli-urer audiſt Marſeille,au Sieur Benoiſt Robert,ou partie d'icelle,ainſi que par luy me fera ordonné , ſauf les perils & fortunes de la Mer : en foy dequoy i'ay eſcrit , & ſigné 3. pareilles à la preſente,deſquelles i'vne eſtant accomplie,les autres feront de nulle valeur. Faiſt à Amſterdam ix.

Laquelle police dudiſt chargement nous enuoyons à Marſeille audiſt Robert,auec ordre de retirer,& vendre la quantité des marchãdiſes qu'il iugera ſe pouuoir debiter audiſt Marſeille,& le reſte enuoyer deſcharger à final és mains de Maluaſie,lequel doit enſuiure l'ordre que luy en ſera donné par noſtre Pierre Alamel : & eſtant lediſt Vaiſſeau venu à bon port audiſt Marſeille, lediſt Robert fait deſcharger 500.barils harens,& 500.bales merluches, qu'il iuge ſe pouuoir debiter audiſt Marſeille , & enuoye le reſte à final és mains de Maluaſie , lequel le recharge de 1536.facs riz acheptez de compte à ⅓ auec le-diſt Oort,pour deſcharger en Amſterdam és mains dudiſt Oort, lequel en doit faire la vente ; & eſtant arriué audiſt lieu à bon port,lediſt Oort fait vente deſdiſts riz,& nous en donne compte comme ſe voit plus particulierement en ce,à f.14.& 17.

S'eſt fait autre chargement audiſt Amſterdam fur le Vaiſſeau S. Pierre, (Capitaine Pierre Samſon,) de poiure,plomb,eſtain,& cuirs,pour faire voile,& deſcharger audiſt Marſeille és mains dudiſt Robert, lequel Vaiſſeau a eſté pris par les Corſaires d'Argers,au Capt de Gab en Eſpagne, duquel n'a eſté retiré que l.1450. — de gros qu'auons fait aſſeurer en Anuers que leſdiſts aſſeureurs ont payé audiſt Oort en ce,à f.14.

Auons auſſi chargé à Marſeille fur le Vaiſſeau l'Ange Gabriel, Capitaine Iean Baptiſte Lagorio, qui part de Marſeille pour Alep v 6000. — de reaux pour conſigner audiſt lieu à Pierre Lamy, pour y faire achapt des ſoyes,ainſi que fera traiſté au negoce de Turquie.

Autre chargemẽt a eſté par nous faiſt de diuers bleds en compagnie,auec pluſieurs,remis és mains & puiſſance de Pierre Sauſet noſtre Faſteur, pour faire conduire à Marſeille , charger fur Mer,pour faire voile és villes d'Eſpagne , & Portugal, qu'il entendra en auoir plus grand diſerte pour vendre à noſtre plus grand auantage,ainſi que ſe voit au compte deſdiſts bleds à f.34. Partant finirons ce negoce , pour traiſter du Negoce d'Angleterre.

NEGOCE DE LONDRES EN ANGLETERRE.

Les 9. Verges de Londres font aunes 7.de Lyon.

A Londres on tient les eſcritures à l.₰,&₰,de Sterlins qui ſe ſommẽt en 20.& en 12.parce que ₰ 20. font vne liure,& 12.deniers,vn ſol.Il ſe fait venir dudiſt lieu,farges perpetuanes,futaines,bayettes, & autres marchandiſes,qui ſe vendent à l.₰,& ₰,de ſterlins la piece comme ſe voit en ce,à f.14. Ayant fait venir dudiſt lieu 250.pieces farges perpetuanes chargées fur le Vaiſſeau de Iames Zerlãd,par Abra-ham Bech,pour conſigner à Roüan,à Robin & Ferrary;ſçauoir 200.pieces diuerſes couleurs à ₰ 46.6.& 50.pieces noires à ₰ 35.de ſterlin la piece,mõtant auec les frais & proüiſion de Londres l.621.6.-- monnoye de ſterlins,laquelle ſomme a eſté changée pour Lyon,en ſterlins 69.÷pour v,font l.6436.10.-tour-nois,& pour les frais faiſts à Roüan,par Robin,& Ferrary à la reception,& enuoy deſdiſts perpetuanes l.197.5.-voyture de Roüan à Lyon,& doüanne dudiſt Lyon l.386.tout l.7019.15.- valeur deſdiſtes 250. pieces,que pour ſçauoir à combien reuient la piece à Lyon , combien des noires,que des couleurs,faut premierement voir que tous les frais de Londres montent l.68.16.que pour ſçauoir combien de frais vient tãt pour les noirs,que pour les couleurs,faut dire par regle de 3.Si l.552.--(valeur deſdiſtes perpetuanes ſans les frais)donnent de frais l.68.16. -- combien l.465.-- (valeur des 200.pieces couleurs , & combien l.87.10.-- valeur des noires) viendra pour les couleurs l. 58. qu'il faut adiouſter auec les l.465. feront l. 523.-- & pour les noires l.10. 16.--adiouſtez auec'l.87. 10.--font l.98.6.-- puis dire, ſi l.621.-- prix, & frais deſdiſtes perpetuanes couſtent l.7019.15.-- tournois,combien l.523.-- & combien l.98. 6. vien-dra l.5909.2. pour les couleurs; & les partiſans par 200. --feront l.29.10.11.tournois,valeur de la piece des couleurs , & pour les noires viendra l. 1110. 13.-- leſquels partis par les 50. pieces de noir, feront 122.4.3.valeur de la piece deſdiſtes noires tous frais payez.

Auons auſſi fait venir vn tonneau futaine d'Angleterre , contenant 64. demy pieces à ₰ 30. la demy piece , font l. 96. -- embalage , & autres frais l. 5. 6. 4. tout l.101.6.4. monnoye de ſterlins de Londres, de laquelle ſomme auons fait crediteur Abraham Bech, ſans tirer la monnoye de France dehors,

iuſqu'à

iufqu'à ce qu'il donne aduis auoir pris à change ladicte partie pour Roüan , à sterlins 68. pour v, sur Robin,& Ferrary,que sont l.1072.11.6.tournois,de laquelle somme le faisõs debiteur,& crediteurs lesdicts
Robin,& Ferrary;& réplissons son credit,mettant pour lesdicts l.101.6.4.de sterlins,lesdicts l.1072.11.6.
tournois.On pourroit bien si l'on vouloit , calculer la monnoye de Londres à l.10. -- tournois,pour vne
liure de sterlins reuenant à 72. sterlins pour v, & à ce prix n'y peut auoir que fort peu de difference sur
la traicte,chãgeant la pluspart à 71.ou 73.pour v,pour Lyon,Roüan,ou Paris.Et auec lesdictes l.1072.6.
faut adiouster pour les frais faicts à Roüan l. 47. 5. voyture de Roüan à Lyon , & doüanne dudict Lyon
l.86.1.-- tout l.1205.17.6.valeur desdictes 64 demy-pieces; que pour sçauoir la valeur de chacune,faut
partir lesdictes l 1205.17.6.par 64. viendra l.18. 16. 10. valeur de chacune demy-piece,tous frais payez.
Aussi s'est chargé quelques Vaisseaux de poissons secs à Terre neufue , Iernionts & Pleymonts en Angleterre,comme se voit specifiquement au chargement du Vaisseau , le Cheualier de Mer, en ce à f.15.
Et cecy suffira pour l'instruction de ce negoce,faisant suiure cy-apres le negoce de Turquie.

NEGOCE DE TVRQVIE.

A Constantinople tiennent leurs escritures à piastres,& aspres,dont vn piastre vaut quelque fois 80.
aspres, d'autres fois 90. 100. 110. & 130. plus ou moins. Le pic de Constantinople rend $\frac{1}{2}$ de
l'aune de Lyon à raison que les 5.aunes sont 9.pics. Il se fait venir dudict lieu des camelots greges 3.&
4.fi's, & on y enuoye diuerses sortes de draps du Languedoc,veloux,& satins , cõme se voit en ce,à f.20.
y ayant enuoyé vne Caisse draps de soye és mains de Iean Scaich,pour vendre à nostre plus grand auan-
tag ;,qu'il a vendu à tant d'aspres le pic,se montant aspres 161769. rabbatu les frais,& prouision,faisant
piastres 1470. $\frac{1}{2}$ à 110 aspres la piastre,calculé à $\text{\textit{ff}}$ 47.tournois pour piastre sont l.3455.19 4.de laquelle
se mme il nous tient crediteur ; & pour payement d'icelle nous enuoye 4. tables camelots blancs 4.fils,
contenant 168.pieces, montãt auec les frais aspres 137003.valant l.2926.10.-- tournois,à raison que les
aspres 161769.rendent l.3455.19.4.tournois,dont pour soude de compte,nous reste aspres 24766.qu'il
a remis de nostre ordre en Alep , à Pierre Lamy, en 265 piastres,& 32.aspres à 93.aspres,& $\frac{1}{2}$ la piastre
faisant v 176. $\frac{1}{2}$ de reaux à 1. $\frac{1}{2}$ piastre l'escu,& à $\text{\textit{ff}}$ 70.-- tournois,sont l.618.6.8.tellement qu'il se treuue d'auance sur ladicte remise l. 88. 17. 4. dequoy faisons credirrices lesdictes marchandises , d'autant
que les profits qui se font sur icelle sont en participation auec Boloson.
Et pour sçauoir à combien reuient la piece desdicts camelots en liures tournois , faut adiouster auec
lesdictes l.2926.10.-- (valeur desdictes 168.pieces camelots)l.72.7.4 pour voyture,& doüanne de Lyon,
seront l.2998 17.4.lesquels faut partir par lesdictes pieces 168.& en viendra l. 17. 17. pour la valeur de
la piece desdicts camelots pour contant tous frais payez. Appert plus particulierement de ce compte à
l'instruction qui se donne des marchandises en participation.
En Alep.Tripoly,& Alexandrette,tiennent leurs escritures à piastres,medins,& aspres : la piastre valant 53.medins,& le medin vn aspre & $\frac{1}{2}$.

    Le Rotole d'Alep , rend à Lyon.————————℔ 4. $\frac{1}{2}$

    Le Rotole de Tripoly , rend audict Lyon. ————— ℔ 4. ——

Il se fait venir desdicts lieux diuerses soyes leges,ardasses, & tripolines , comme se voit au compte de
Lamv à f.19.Luy ayant esté enuoyé de Marseille,par le Vaisseau l'Ange Gabriel,Capitaine Iean Baptiste
Lagorio,v 6000. -- de reaux à $\text{\textit{ff}}$ 70. -- tournois , & v 12166. $\frac{1}{2}$ à $\text{\textit{ff}}$ 69. 9. par le Vaisseau S. François de
Paule , Capitaine George Boulano , faisant piastres 27250.à raison de 1. $\frac{1}{4}$ piastre pour v, que luy auons
ordonné d'employer en soyes , lequel nous donne aduis d'auoir faict achapt de 50. bales soye lege , pesant rott 52319. $\frac{1}{2}$ à diuers prix mõtant auec les frais& prouision,piastres 28263.& 36.medins calculez,
à raison que les piastres 27250.rendent l.63431.5. Sont l.65789.tournois prouision de Robert , nolis,&
autres frais par luy fournis tant à l'enuoy desdicts Reaux, que reception desdictes soyes l. 6908. 18. y
compris l.500. -- qu'il a payez à Scipion Manfredy , Capitaine du Vaisseau S.Antoine, pour nostre part
du repartiment du icct dudict Vaisseau,ayans esté contraincts le Capitaine,& autres estans dans iceluy,
pour sauuer leur vies,alleger,& ietter en Mer 30.bales de valeur de l.30000. -- qui ont esté reparties rate pour rate à Marseille,par le Consul & Officiers dudict Vaisseau.Port de Marseille à Lyon,& doüanne
du iict Lyon l.1531.7.6. tout l.74229.6. tournois,valeur desdictes 50.bales,que pour sçauoir à combien
reuient la ℔ à Lyon,faut reduire lesdictes rottes 2319. $\frac{1}{2}$ en ℔,seront ℔ 10437. $\frac{1}{2}$, & parcissant lesdictes
l.74229.6.par lesdictes ℔ 10437. $\frac{1}{2}$ viendra l. 7. 2. 3. valeur de la ℔ à Lyon tous frais payez ; & d'autant
que ledict Lamy a plus fourny, qu'il n'a receu , il a pris à change le surplus de Scipion Manfredy , Capitaine du Vaisseau S. Antoine,pour rendre à Marseille en v 498.-- de reaux qui luy ont esté payez par
ledict Robert, comme se voit plus particulierement en ce , à f.19. & 3.Faisant fin à ce negoce , pour
commencer le negoce d'Espagne.

NEGOCE D'ESPAGNE, ET PORTVGAL.

℔ 100.——de Valence en Espagne,rendent à Lyon.——℔ 73. ¼
℔ 100.——d'Almerie, rendent à Lyon.————————℔ 117.—
℔ 100.——de Tortosa , rendent à Lyon.————————℔ 72.—
℔ 100.——de Sarragosse , rendent à Lyon. —————℔ 73. ¼
130.Varres de Valence en Espagne,rendent à Lyon aunes 100.——

A Valence,Barcelonne,& Sarragosse,tiennēt leurs escritures à liures,sols,& deniers, qui se somment en 20.& en 12.parce que ↋ 20 sont vne liure,& 12.↋,vn sol. Le ducat vaut ↋.24.-- & le real ↋ 2.--
A Seuille tiennent les escritures à marauedis, qui se somment en dixaines.
Le ducat vaut marauedis 375.-- & le real 34. marauedis.
A Lisbonne en Portugal,tiennent leurs escritures à raix,qui se somment en dixaines.
Il se fait venir desdicts lieux,soyes,semence de vers à soye , drap d'Espagne , & autres marchandises, comme se voit à f.10.au compte de Poncet de Valence,ayant faict venir dudict lieu onces 6000.--semence de vers à soye,à diuers prix en 24. Caisses chargées sur la faloupe S.Iean Baptiste , patron Thomas Cabanes,pour porter à final,& consigner au Sieur Maluasie, lequel doit ensuiure l'ordre de Pierre Alamel.Montant auec les frais(y compris l'asseurance de l.1600.monnoye de Valence à 4.pour ¾ qu'auons faict asseurer dudict lieu iusqu'à final)l.3712.1 -- monnoye de Valence,faisant 37121. reaux Castelan à ↋ 2.pour real,valant v 3093.8.4.de 12.reaux piece,que à ↋ 70.-- tournois,pour v,sont mōnoye de France l.10826.19.2.& pour payemēt d'icelle somme prenent à change pour nous v 2400.- de marc,à ↋ 26. pour v sur Lumaga,& de ce lieu s'en sont preualus sur nous à Lyon auec leur prouision en v 2972. 16.9.d'or sol,à 81 pour ¾,sont l.8918 10.3.tournois,restant encor à payer esdicts Poncet de Valence l.592.2. mōnoye de Valence,qu'ils nous ont tiré a Lyon en v 493.8.4 de reaux à ↋ 70.pour v,faisant l.1726.19.2. tournois , & parce moyen leur compte demeure soudé en leur monnoye , & en monnoye de France se treuue d'auance l.181.9.9. sur la traicte faicte à Nouc,que portons en credit à compte de profits & pertes de Piedmont f 10.Il s'est vendu a Calix(port de Mer pres Seuille)6000. afnées bled, qui ont rendu audict Calix 6000.fanegues(mesure dudict lieu)à marauedis 2 300.la faneghe.
A Lisbonne a esté vendu 4000.-- afnées bled,qui ont rendu 84000.alquid,mesure de Lisbonne,à 150. raix,l'alquid,reuenant à 3. ¼ alquid pour bichet ; ainsi qu'appert à f.34. qui sera pour finir le negoce qui se fait hors de France,pour traicter de la negociation qui se fait en France.

NEGOCE DE BOVRGOIGNE , BRESSE,
Franche-Comté , & Lorraine.

IL se fait venir desdicts lieux bleds diuers,fer doux,& rompant,comme se voit en ce,à f.37.au compte d'André Montbel,ayant acheté à Dijon 6578.bandes fer doux,pesant ℔ 242000.--poids de marc de Bourgoigne à l.52. le millier,sont l.12584. -- qu'est poids de Lyon ℔ 283140. à raison de ℔ 100.-- desdicts lieux pour ℔ 117.de Lyon,à condition qu'ils le doiuent rendre à S.Iean de Laune , & de là se fait conduire à Lyon , à raison de l. 5. pour 40. bandes de voyture , reuenant pour lesdictes bandes 6578.à l.822 5.Doüanne de Lyon à raison de ↋ 26.8.pour cent bandes l.87.14.port au magasin à ↋ 8.pour cent bandes l.26.6.despence de bouche faicte en Bourgoigne l.40. -- tout l.976.5. -- adioustez auec l. 12584. (valeur desdictes bandes 6578.sont l.13560.-- Sur pour sçauoir à combien reuient le quintal à Lyon.Faut dire si ℔ 283140. poids de Lyon coustent l. 13560.-- Combien 100. -- viendra l 4.15.9. & à ce prix reuient le quintal du fer doux rendu à Lyon,tous frais payez.
Le fer rompant s'achepte à la Comté , y ayant faict achapt de 1815. bandes rendües à Grey,pesant ℔ 68270.à l.48.le millier sont l.3276.19. monnoye de Comté,à raison que la pistole se passe audict lieu à l.8.6.8.& à Lyon à l.7.6 -- Sont mōnoye de France l.2870.12.& 457.bádes audict prix,pesant ℔ 18270.-- sont l.876.19 mōnoye dudict lieu valant l.768.4.tournois,en tout l.363.8.16.-- surquoy adiousté l.857.-- pour voyture,doüanne,& autres menus frais sont l.4495. -- dont pour treuuer la valeur du quintal faut dire,si 101260 (poids de Lyon desdictes 2272. bandes fer rompant) coustent l. 4495.-- combien 100.-- viendra l.4.8 9.valeur du quintal à Lyon,dudict fer rompant tous frais payez.
Il a esté acheté audict lieu 1000.fouchons,pesans audict Comté ℔ 7475.-- à l. 57.le millier rendu à Grey,sont l.426.1.monnoye dudict lieu,valant l.373.4.-- tournois,& l.51.-- pour voyture , doüanne,& port au magasin,tout l.424.& faisant comme dessus,viendra l.4.16.10. pour la valeur du quintal à Lyō.
Il s'est fait achapt à Mascon de 700. afnées bled froment à l.9. l'afnée ; mesure dudict Mascon valant 7.bichets & ¼ à Lyon, que sont 846.afnées dudict Lyon de 6. bichets, l'vne montant l.6300.-- lesquels partagez par 846.viendra l.7.9.-- pour la valeur de l'afnée à Lyon.
A Chalon s'est acheté 500. bichets bled pour 480.à payement à l. 7. -- le bichet mesure de Chalon

valant(à raiſon de 5.bichets & $\frac{1}{4}$ de Lyon pour vn bichet) 437.aſnées,montant l.3360. -- qui reuiennent à l.7.13.9.l'aſnée de 6.bichets de Lyon.

NEGOCE DE FRANCE.

℔ 100. de Paris rendent à Lyon, poids de ville de 16. onces.	℔ 116.
℔ 100. de Roüan.	℔ 120.
℔ 100. de Tholouſe.	℔ 96.
℔ 100. de Marſeille.	℔ 94.
℔ 100. de Montpellier.	℔ 96.
℔ 100. de la Rochelle.	℔ 94.
℔ 100. de Geneue.	℔ 130.
℔ 100. de Beſançon.	℔ 116.
℔ 100. de Bourg en Breſſe.	℔ 115.
℔ 100. d'Auignon.	℔ 96.

Les canes de Languedoc ſe diuiſent en 8.pans, & la cane tire aune 1. $\frac{2}{3}$ pour reduire les canes en aunes, y faut adiouſter $\frac{2}{3}$, & ſeront aunes, & s'il y a des pans auec les canes, faut figurer chaque pan pour $\frac{1}{8}$ de liure, valant ſ 2.6. & les aunes ſe reduiſent en canes, en prenant $\frac{1}{2}$ des aunes, & $\frac{1}{5}$ dudict demy adiouſtant ces deux produicts, & ſeront aunes.

POur treuuer la valeur de l'aune, ſuiuant le prix de la cane, faut prendre $\frac{1}{2}$ & $\frac{1}{5}$ dudict demy de la valeur de la cane, adiouſtant ces 2.produicts, viendra la valeur de l'aune, & pour treuuer la valeur de la cane ſuiuant le prix de l'aune, faut y adiouſter $\frac{2}{3}$ viendra la valeur de l'aune.

Il ſe fait venir à Lyon de France, Poictou, & Languedoc, diuerſes ſortes de draps de laine, comme ſe voit au compte de Claude Catillon f.29.30.par l'achapt qu'il a fait eſdicts lieux. Et faut noter qu'en l'achapt des toiles de Roüan le vendeur fait bon à l'achepteur 20. pour $\frac{1}{6}$ c'eſt à ſçauoir que de 120.aunes, on n'en paye que 100. C'eſt pourquoy ſur ledict achapt on diſtrait le $\frac{1}{6}$ de l'aunage, le reſte eſt ce que l'achepteur doit payer. Les Foires de Poictou pour la drapperie ſe tiennent 6.fois l'an, Sçauoir : à Niort le iour ſaincte Agathe 5.Feurier, à la S.Iean de May 6.May : & le iour de S.André 30.Nouembre.

A Fontenay, le iour de S.Iean Baptiſte 24.Iuin : le iour de S.Pierre premier Aouſt: & le iour de S. Venant 12. Octobre. Ne ſe tenant leſdictes Foires que le lendemain de la feſte ; & ſi elle arriue le Vendredy, on la remet au Lundy enſuiuant.

Les Foires du Languedoc pour la drapperie, ſont à Montaignac en Ianuier le iour S. Hilaire, & à la my-Careſme, & à Peſenas à la Pentecoſte, en Septembre, & Touſſaincts.

Qui ſuffira pour conclurre tous les negoces que fait Lyon en toutes les parties de l'Europe. Ayant fait voir amplement par iceux la plus grande partie des marchandiſes qui arriuent dans Lyon, dont on pourra voir par la vente d'icelle, les lieux ou elles ſe debitent. Et faut noter qu'à la vente des ſoyes il ſe donne ℔ 2.au poids, & puis la tare qu'il faut diſtraire, & faire la reduction du reſte à 108. pour ÷ & ſur ce qui en viendra, ſe rabbat encor vne liure, & toutes les onces, n'en ayant eſté fait aucune mention à la vente d'icelles, ains iuſtement a eſté mis par la vente le nombre des liures qui reſtent à payement, dont pour concluſion nous ferons ſuiure vne table de la reduction du poids de ville de 16.onces, au poids de marc de 15.onces poids de la ſoye, afin que plus facilement le Marchand puiſſe faire ſon compte.

Exemple ſur l'explication de la Table cy-contre.

Vne bale ſoye crue, peſant poids de ville de Lyon.	℔ 219.			
Faut rabbatre ℔ 2. qu'on baille au poids.	℔ 2.			
Reſte	℔ 217.			
Tare de la Chemiſe, & Cordons.	℔ 1.13.onces $\frac{1}{2}$			
Reſte	℔ 215. 2.onces $\frac{1}{2}$			
℔ 215.poids de Lyon cy-deſſus rendent	℔ 199.onces	1.℈.	2. &	℥.16.
onces 2. rendent	℔ 0.	1.	17.	16.
deniers 12. rendent	℔		10.	10.
	℔ 199.	3.	6.	18.
Faut rabbatre vne liure, & les onces qu'on baille apres la reduction faicte.	℔ 1.	3.	6.	18.
Reſte à Payement.	℔ 198.			

REDVCTION

Reduction des liures, poids de ville de Lyon, en liures, onces, deniers, & grains, poids de soye. La premiere colomne separée monstre les liures, poids de Lyon, & les 2. 3. 4. & 5. colomnes suiuantes monstrent les liures, onces, deniers, & grains, poids de soye.

Reduction des onces poids de ville de Lyon, en onces, deniers, & grains, poids de soye.

oñ.	oñ.	₰.	ḡ.
1	0	10	20
2	1	17	16
3	2	14	12
4	3	11	8
5	4	8	4
6	5	5	0
7	6	1	20
8	6	22	16
9	7	19	12
10	8	16	8
11	9	13	4
12	10	10	0
13	11	6	20
14	12	3	16
15	13	0	12
16	13	21	8

Reduction des deniers poids de ville de Lyon, en deniers & grains, poids de soye.

₰.	₰.	ḡ.
1.	1	7
3.	2	14
4.	3	21
6.	5	—
7.	7	—
9.	7	19
10.	9	2
12.	10	10
13.	11	17
15.	13	0
16.	14	7
18.	15	15
19.	16	22
21.	18	5
22.	19	12
24.	20	10

Y APRES SVIT LA METHODE DE DRESSER VNE SCRIPTE
de Compagnie, laquelle peut feruir generalement pour toutes fortes de Societez,
tant en commandite, que autrement.

Au nom de Dieu, & de la Vierge Marie.

VIVENT les paches & conuentions de la Societé & Compagnie faicte entre nous Gabriel Alamel, Iean Fontaine, & Iean Pontier, Marchands a Lyon, & encor à Milan, pour negocier tant en marchandifes d'Italie qui viendront de la icy, que des marchandifes que nous enuoyerons d'icy de delà, ou d'autres lieux, ainfi que nous verrons propre pour noftre commandite : Priant Dieu en vouloir eftre le conducteur.

PREMIEREMENT, ledict negoce fe commencera au premier iour de Ianuier 1625. & durera trois années entieres continuelles, qui finiront au premier iour de Ianuier 1628. Et feront tenus liures de raifon en compte double, fuiuant l'vfage mercantil, tant à Milan, qu'a Lyon : dans lefquels chacun des participes fera crediteur en fon compte capital, fçauoir

Ledict Alamel, de ————————————————————	l. 100000. ——
Ledict Fontaine, de ————————————————————	l. 70000. ——
Et ledict Pontier, de ————————————————————	l. 30000. ——

Lequel fonds & capital reuenant à la fomme de ——————————————— l. 200000. ——
Sera mis tant en argent contant de poids & mife, debtes bons & exigibles, que marchandifes bonnes & loyales aualuées au prix qu'il en argent contant, & s'il fe treuue que quelq'vn defdicts affociez leue aucune fomme dudict neg.ce, ou qu'il manque à fournir tel que partie du capital promis, paffé en payement ou il fera debiteur des Changes à raifon de 12. ÷ pour ÷ par an en credit à adnces; Et ce pour la peine de la contreuention, & pour defdommager la compagnie, fans qu'on foit tenu de faire autre declaration, e la prefente.

Aduenant que quelques vns des debiteurs qui feront m'is par lefdicts interefféz, vinfent à manquer, ou n'auoir entierement payé à fin de la prefente compagnie, ceux qui les auront mis feront tenus de les reprendre pour bons, comme encor s'il reftoit quelques marchandifes qui euffent efté fournies par lefdicts interefféz.

Ledict negoce fe fera en cefte ville de Lyon en la maifon & magafins où demeure ledict Alamel à prefent, & à Milan ledict negoce fera exercé par ledict Pontier dans la maifon où il eft à prefent, ou autres lieux qui feront treuuez plus à propos pour la commodité du negoce, & les loüages defdictes maifons & magafins feront payez au defpens d.d. & negoce.

S'intitulera la raifon dudict negoce tant en cefte ville, que audict Milan, fous les noms defdicts Alamel, Fontaine, & Pontier, auec marque qui fera formée au pied de la prefente.

Tous les ans lefdicts Administrateurs, tant à Milan, qu'à Lyon, feront vn Bilan & inuentaire de tous les effects & facultez de la compagnie en la meilleure forme que faire fe pourra ; pour par la voir clairement en quel eftat feront tous les affaires : Et de tout en fera mife à compte des defpences, & d'autre par eux fignée.

Tous les frais & defpences qu'il conuiendra faire pour l'achapt & vente des marchandifes, recepte des debtes qui fe creeront, & ge des feruiteurs, feront fupportez par ledict negoce.

Ne pourront aucun defdicts administrateurs exercer leurs perfonnes, ny leur induftrie en aucune autre forte de negoce, foit pour vou pour autruy; Et le faifant tout le dommage qui en pourroit aduenir tombera fur eux, & le profit appartiendra à la Compagnie. Pourront loüer lefdicts administrateurs chafque année pour leur entretenement & de leur famille, chacun la fomme de mille liures, qui fera mife à compte des defpences du negoce.

Et aduenant que l'vn de nous vinfe à deceder que Dieu ne vueille auant l'expiration de ladicte Compagnie, le negoce ne lairra de ntinuer fous les mefmes noms & marques par les furuiuans, fans que les hoirs les puiffent contraindre à diffolution plustoft que du dit temps : finon qu'il vint de commun confentement defdicts furuiuans : Et feront tenus lefdicts hoirs de prendre le compte & re qua des furuiuans, fans les pouuoir aftraindre à reddition de compte en Iuftice, ains par deuant & entre amis communs & marchands, eine de defchoir par lefdicts heritiers de tous les profits qui pourront eftre audict negoce.

Les profits & pertes qu'il plaira à Dieu donner au prefent negoce, apres les debtes payez, chacun des interefféz prendra des plus irs & liquides effects reftans, fa part & ratte de fon capital ; & des profits qu'il aura pleu à Dieu enuoyer, on en leuera deux pour nt, pour eftre distribuez par chacun defdicts interefféz la part qu'il luy touchera, à tels paures que bon luy femblera, & le reftant a reparty, fçauoir,

❡ 10. pour liure, qu'eft 50. pour cent, audict Alamel,	
❡ 7. pour liure, qu'eft 35. pour ÷ audict Fontaine,	
❡ 3. pour liure qu'eft 15. pour ÷ audict Pontier.	

❡ 10. ——	100. ——

Et s'il arriue de la perte que Dieu ne vueille, fera repartie comme eft cy-deffus, dit des profits.

FINALEMENT il a efté conuenu que s'il arriue quelque different entre les parties, qu'ils s'en remettront au dire de deux marchands negocians, amis communs, & où ils ne pourront entre eux deux demeurer d'accord, ils en efliront vn tiers furarbitre, au dire & gement de deux defquels ils feront tenus de fubir à peine de l. 3000. d'amande payables par le contreuenant aux acquiefçans à renir à la forme de leurs portions, Et ce auant qu'on puiffe former aucun procez.

Nous foubfignez prometto... & effectuer tout le contenu aux paches & conuentions cy-deffus eferites, defquelles en a efté baillé à hacun de nous vne copie ; aufquelles nous voulons foy eftre adiouftée, & qu'elles foient de mefme force & valeur, que fi elles foient paffées par deuant Notaire, & refmoings. Faict à Lyon, ce premier Ianuier, 1525.

Gabriel Alamel, Iean Fontaine, Iean Pontier.

E AVTRE

AVTRE SCRIPTE DE COMPAGNIE EN COMMANDITE,
au grand Liure f. 27.

IESVS MARIA.

OVs fouffignés Gabriel Alamel, Iean Fontaine, & Iean Pontier, d'vne part : Et Denis Berthon, & Oliuier Gafpard d'autre, tous Marchands à Lyon, Confeffons auoir ce iourd'huy traicté & accordé entre nous les concordances & conuentions de commandite cy-apres declarées pour negociation des marchandifes de drapperie, & autres que nous verrons à propos, pour le temps & efpace de trois années entieres & confecutiues à commencer au 3. Ianuier 1625. & finir en mefme iour de l'année 1628.

C'eft à fçauoir, que pour faire ledict negoce nous ferons fonds de la fomme de l. 100000. —————— dont fera mis, fçauoir
Par lefdicts Alamel, Fontaine, & Pontier la fomme de ———— ———— ———— ———— l. 40000.————
Et par lefdicts Berthon, & Gafpard, la fomme de ———— ———— ———— ———— l. 60000.————

———————————————————————————————— l. 100000. ————— ——

Eft accordé entre nous que lefdictes l. 100000. — feront mifes és mains defdicts Berthon, & Gafpard, pour d'iceux faire ledict negoce fous leurs noms, & non d'autres ; peu des profits qu'il plaira à Dieu donner pendant ledict temps, y participer, fçauoir par lefdicts Alamel, Fontaine, & Pontier, pour ÷ au total, & par lefdicts Berthon, & Gafpard, pour ÷, & pour la perte, fi aucune arriue, fera portée à la mefme proportion des participations cy-deffus, iufques à la concurrence du fonds fufdict, & profits, fi aucuns viennent de ladicte fomme ; duquel fonds & profits les debtes, fi aucuns font creez par lefdicts Berthon, & Gafpard, feront acquittez fans que lefdicts Alamel, Fontaine, & Pontier en puiffent eftre tenus, obligez, ny recerchez.

Accordons que lefdicts Berthon, & Gafpard, ne pourront obliger lefdicts Alamel, Fontaine, & Pontier, que pour leurs parts & portions dudict fonds, qu'eft de l. 40000. — & profits qu'il plaira à Dieu, donner, quelque embarquement d'affaires qui fe puiffent faire conformément à la conuention cy-deffus. Car fans cefte claufe la prefente conuention n'euft peu auoir lieu.

Pour faire ledict negoce eft befoin tenir maifon en lieu propre pour la vente & diftribution de la marchandife, pour l'entretien de laquelle lefdicts Berthon, & Gafpard, leueront pour chacun an fur la maffe principale & profits, la fomme de l. 3000. — tant pour les defpens de bouche, loüage de ladicte maifon, que gage de feruiteurs, qu'ils prendront de payement en payement par quart.

Et pour le regard des meubles & vtenfiles feruans à la boutique, & magafins, frais, & voyages, perte, de voytures, pourfuittes de procez necefffaires faire pour l'vtilité dudict negoce, & tous autres frais, feront pris & leuez fur la maffe & profits, defquels lefdicts Berthon, & Gafpard, donneront bon & fidele compte.

Lefdicts Berthon, & Gafpard feront tenus de tenir liures d'achapts, liures iournaux, liures de Caiffe, liure de nº, & grand Liure de raifon par parties doubles, pour l'intelligence & ordre dudict negoce, & pour donner compte & raifon aufdicts intereffez, lors & quand qu'ils en feront requis ; mefme par chacune defdictes 3. années fera faict inuantaire, de tous les effects au bas defquels fera rapporté le bilan du grand Liure figné & arreité dont ils bailleront coppie pour feruir à tous.

Aduenant la fin defdictes 3. années, aucun ne pourra prendre ny leuer aucun fonds ny profits, que les debtes creez par lefdicts Berthon, & Gafpard, ne foient entierement acquittées, & le refte des effets tant marchandifes, que debtes appartiendront aufdicts intereffez; pour le regard des marchandifes & meubles, en fera par nous faict lots qui feront iettez à la maniere accouftumée ; & pour les debtes en fera faict ceffion & tranfport, par lefdicts Berthon, & Gafpard à chacun des intereffez, pour ce qui leur appartiendra, fi mieux n'eft aduifé d'vn commun accord qu'elles foient follicitées, pourfuiuies, & receuës par lefdicts Berthon, & Gafpard à frais communs, qui feront pris des plus clairs & liquides deniers defdicts effects.

Ne pourront lefdicts Berthon, & Gafpard, faire aucun negoce pour leur compte particulier, ains employeront toute leur induftrie, & labeur pour le profit & vtilité des intereffez aux prefentes conuentions.

Lefdicts Alamel, Fontaine, & Pontier, verront quand bon leur femblera les liures de raifon, & autres neceffaires, & tout ce qui defpendra dudict negoce.

S'il arriuoit decez à l'vn de nous pendant ledict temps (ce que Dieu ne vueille) nos vefues, ou heritiers feront tenus d'entretenir les fufdictes conuentions auec les reftans, fous les mefmes noms & marque, fans que ladicte vefue ou heritiers y puiffent pretendre aucune chofe iufques à ladicte expiration, ains feront tenus de fournir vn homme à leurs defpens, pour aider au negoce au lieu dudict premourant.

Et fi pour caufe des affaires dudict negoce, il furuient quelque difficulté entre nos dictes vefues ou heritiers, foit par faute d'intelligence, ou autrement, remettront le iugement defdictes difficultez à deux Marchands lefquels feront par nous ou nofdictes vefues (fans aucun aduis de parens) conuenus, & en cas de difcord en pourront prendre vn tiers, au iugement defquels nous-nous rapportons, tout ainfi que fi par Arreft de nos Seigneurs de la Cour auoit efté iugé, à peine aux contreuenans de l. 3000. — la moitié aux pauures, & l'autre ÷ aux parties obferuantes.

Et tout ce que deffus promettons, & nous obligeons les vns aux autres garder & obferuer, & entretenir de poinct en poinct felon fa forme & teneur, fans y contreuenir en aucune façon que ce foit, à peine de tous defpens dommages & interefts : Et des prefentes en a efté faict & figné deux coppies, l'vne pour lefdicts Alamel, Fontaine, & Pontier, & l'autre pour lefdicts Berthon, & Gafpard. Faict à Lyon, ce 3. Ianuier, 1625.

Gabriel Alamel, Iean Fontaine, Iean Pontier, Denis Berthon, Oliuier Gafpard.

AV

V NOM DE LA SAINCTE TRINITE',

Pere, Fils, & sainct Esprit, de la Vierge Marie, de tous les
Anges, Saincts & Sainctes de Paradis; Commence
ce grand Liure de raison, intitulé **A**, de nous
Gabriel Alamel, Iean Fontaine, &
Iean Pontier, ce 3. Ianuier 1625.

En ouurant ce Liure ; auant toutes choses , nous inuoquerons l'aide de Dieu,
en ceste maniere.

Es т à toy souueraine Sapience, souueraine Bonté, & souueraine Puissance, que nous auons recours au commencement de nos labeurs, à ce qu'il te plaise les preuenir, conduire, & arrouser
ement des graces de ton sainct Esprit, que rien ne soit par nous entrepris, ou negocié, qui ne vise
à gloire, à nostre salut, & au bien de nostre prochain. Ainsi soit-il.

GABRIEL ALAMEL compte de temps doit donner du 3. Ianuier l. 100000. —— pour femblable fomme qu'il doit mettre pour fon fonds capital en ce negoce, tant en marchandifes, debtes, que deniers contans, pour negocier, en compagnie de Iean Fontaine, & Iean Pontier, l'efpace de 3. années, commençant ce iourd'huy, & à mefme iour finiffant, de l'année 1628. aux charges & conditions amplement portées & declarées par la fcripte de compagnie, recours à icelle, & en ce , —— à 2. l. 100000. —

——————————— 1625. ———————

IEAN FONTAINE compte de temps, doit donner du 3. Ianuier l. 70000. —— qu'il a promis fournir en argent contant, pour negocier en compagnie de Gabriel Alamel , & Iean Pontier l'efpace de 3. années commençant ce iourd'huy , & à mefme iour finiffant , de l'année 1628. Ainfi qu'apert par la fcripte de compagnie, de laquelle fomme le faifons crediteur à compte capital, en ce , —— à 2. l. 70000. —

——————————— 1625. ———————

IEAN PONTIER compte de temps doit donner du 3. Ianuier l. 30000. —— qu'il doit fournir, tant en marchandifes qu'argent contant , pour negocier l'efpace de 3. années auec Gabriel Alamel, & Iean Fontaine, commençant ce iourd'huy, & à mefme iour finiffant, de l'année 1628. Apert par la fcripte de Compagnie , & en ce, —— —— —— —— —— —— à 2. l. 30000. —

AVOIR du 3. Ianuier, pour la valeur des marchandiſes par luy fournies au preſent negoce, eua-
luées au prix courant, en argent contant, debitrices en ce, ───── ───── ───── ───── à 3. l. 55900.
Porté debiteur au Carnet des Roys 1625. f. 2. pour ſoude de ſondict fonds , ───── ──── ──── à 5. l. 44100.

───── l. 100000.

1625.

AVOIR que le portons debiteur au Carnet des Roys 1625. f. 2. & en ce , ───── ───── ───── à 5. l. 70000.

1625.

AVOIR du 3. Ianuier 1625. pour la valeur des marchandiſes qu'il a apportées en ce negoce, pour
part de ſondict fonds , en ce , ───── ───── ───── ───── ───── à 4. l. 13390.
Porté debiteur au Carnet des Roys 1625. f. 2. & en ce , ───── ───── ───── à 5. l. 16610.

───── l. 30000.

GABRIEL ALAMEL compte de fonds & capital , doit donner , que le portons crediteur au liure B , folio 2. & en ce ——— ——— ——— ——— ——— ——— à 44. l. 100000. ——

——— 1625. ———
IEAN FONTAINE compte de fonds & capital , doit donner , que le portons crediteur au liure B , f. 2. pour foude de ce compte. ——— ——— ——— ——— ——— à 44. l. 70000. ——— —

——— 1625. ———
IEAN PONTIER compte de fonds & capital , doit donner , que le portons crediteur au liure B , f. 2. pour foude du prefent. ——— ——— ——— ——— à 44. l. 30000. ——— —

Soyes

AVOIR du 3.Ianuier l.100000.— tournois,qu'il a promis fournir en ce negoce,tant en marchandifes , debtes que argent contant pour participer aux profits qu'il praira à Dieu y mander,ou pertes,
que Dieu ne vueille,pour $\frac{1}{2}$ qu'eſt ◗ 10. pour liure , Appert par les conuentions plus particulierement entre nous paſſées par la fcripte de Compagnie par nous fignée, & en ce ——— ——— —— à 1. l. 100000.

————— 1625. —————

AVOIR du 3.Ianuier 1625.l.70000.— tournois,pour femblable fomme qu'il a promis fournir en
argent comptant en la prefente compagnie , en laquelle il participe à raifon de ◗ 7.pour liure aux
profits ou pertes qu'il plaira à Dieu y mander , appert plus particulierement par la fcripte de dicte
Compagnie entre nous paſſée, & en ce , ———— ———— ———— ———— ———— à 1. l. 70000.

————— 1625. —————

AVOIR du 3.Ianuier l.30000.— toutnois,qu'il a promis fournir en ce negoce fous la participation de ◗ 3.— pour liure de profit ou perte,comme il eſt porté par la fcripte de compagnie & en ce - à 1. l. 30000.

E 4   Auoir

SOYES DE MER doiuent pour les cy-apres.

b. 20.	℔ 4100.	Net Soye lege à l.9. — la ℔ } pour Gabriel Alamel à compte de son fonds.		à 1.	l. 55900.	—
b. 10.	℔ 1900.	Soye Messine à l.10. — la ℔ }				
b. 50.	℔ 10437. $\frac{1}{2}$	pour rottès 2319. $\frac{1}{2}$ soye lege acheptée en Alep, montant auec les frais en ce		à 19.	l. 65789.	—
		Port de Marseille à Lyon, & Doüanne dudict Lyon, desdictes 50. bales.		à 4.	l. 1531.	7
		Frais ensuiuis à Marseille à la reception desdictes 50. bales fournis par Robert.				
		Pour courratage de changer reaux contre monnoye	l. 115. 12.—			
		Prouision du chargement de ▽ 18166. $\frac{1}{3}$ de Reaux à $\frac{1}{2}$ pour %	l. 211. 8.9.			
		Pour nolis desdictes 50. bales, pesant ℔ 12177. à Marseille estimées à l.7. la ℔, & à 3. pour % font	l. 2557. —			
		Auarie des Soldats en Alep, & quarantaine à ₰. 12.9. pour %	l. 543. 7.9.	à 3.	l. 6008.	18
		Droit d'armement à 1. $\frac{1}{2}$ pour % l. 1278. 10. table de Mer, & gabelle l. 800. tout	l. 2078. 10.—			
		Pour nostre part du repartiment du iect du Vaisseau S. Antoine.	l. 500. —			
		Prouision dudict Robert à 1. pour %, & autres menus frais.	l. 903. —			
b. 10.	℔ 1966.	Pour ℔. 2750. soyes Messines montant auec les frais en ce		à 18.	l. 20530.	—
		Pour voyture desdictes 10. b. de Tholon à Lyõ l. 129.5. & doüanne dudict Lyon l. 180. tout		à 4.	l. 309.	5
		Frais ensuiuis à Tholon à la reception desdictes 10. bales venues sur vne Galere de Genes, prouision sur le chargement de la Galere pour Messine de l. 17500. à $\frac{1}{2}$ pour cent, & courratage à 1. pour mille	l. 75. 16.8.			
		Encaissement de ▽ 5000. de reaux.	l. 5. 10.—	à 3.	l. 552.	15
		Pour nolis de Messine à Tholon l. 450. port au Magasin l. 1.9. tout	l. 451. 9.—			
		Prouision du Sieur Deburges de Tholon à ₰. 40.-- pour bale.	l. 20. —			
b. 8.	℔ 1662.	pour ℔ 2578. soye lege à gros 50. $\frac{1}{2}$ monnoye de Venise, font	d. 5424. 13.—			
		Embalage, prouision à 2. pour %, & autres menus frais	d. 183. 21.—			
			Ducats 5608. 10.—			
		Surquoy distrait pour age desdicts d. 5608. 10. à 121. pour cent, pour reduire le payement en monnoye de change.	d. 973. 8.—			
		Reste monnoye de change.	d. 4635. 2.—			
		Calculé à ₰ 50.-- tournois pour vn ducat, font en credit à tasca de Venise.		à 21.	l. 11587.	15.
		Pour port, dace, & doüanne, en credit à despences.		à 4.	l. 664.	10.
		Pour perte sur la monnoye d'Alep, en ce		à 19.	l. 3.	11.
		Profit qu'il a pleu à Dieu enuoyer sur ce compte.		à 41.	l. 53428.	13.
b. 98.	℔ 20065. $\frac{1}{2}$			—	l. 217205.	17.

— 1625. —

BENOIST ROBERT de Marseille, doit donner pour vente par luy faicte au contant des marchandises venues sur le Cheualier de Mer.	l. 13528. 4.--	à 15.	l. 20810.	14.
A Geoffroy des Champs, pour Roys 1625.	l. 7282. 10.--			
Qu'il a receu de nostre ordre en Arles, de Girard Pillet, en ce		à 32.	l. 6344.	—
Porté crediteur au Carnet des Roys 1625. f. 12. & en ce		à 5.	l. 78086.	15.
		—	l. 105241.	9.

— 1625. —

POVR les parties cy-contre,	à 3.	l. 95663.	3.
Pour frais par luy faicts au chargement de ▽ 5000.-- de reaux, & l. 471. 9. qu'il a payé de nostre ordre à Deburges de Tholon, pour nolis de 10. bales soye venues de Messine, y compris sa prouision tout,	à 3.	l. 552.	15.
Qu'il nous assigne à receuoir de Geofroy des Champs, debiteur au Carnet des Roys, 1625. f. 2. & en ce,	à 5.	l. 7282.	10.
▽ 498. de reaux à ₰ 70.-- l'vn qu'il a payé à Scipion Manfredy, par lettre de Pierre Lamy d'Alep, debiteur en ce,	à 19.	l. 1743.	—
	—	l. 105241.	9.

AVOIR pour les cy-apres.

℔ 2050.--Net foye lege à l.10.15.-- pour Cefar,& Iulien Granon,pour Pafques 1627.	à 6.	l.	22037.	10.	--
℔ 1662.--Soye dicte à l.7.10.-- baillée à ouurer à diuers,en debit à foyes ouurées ,	à 25.	l.	11465.	--	--
℔ 1406.--Soye Meffine , de Mefo fine ,'à l.13. --- pour Verdier , Piquet , & Decoquiel,	à 12.	l.	18278.	--	--
℔ 1900.--Soye dicte moyenne à l.12.-- pour Cefar,& Iulien Granon de Tours, debiteurs ,	à 6.	l.	22800.	--	--
℔ 560.--Diète à l.11.-- baillée à ouurer,à diuers,en debit à foyes ouurées,	à 25.	l.	6160.	--	--
℔ 2050.--Soye lege à l.11.--pour Verdier, Picquet, & Decoquiel,debiteurs en ce,	à 12.	l.	22550.	--	--
℔ 5219.--Soye dicte à l.10.17.6. pour Vefpafian Bolofon ,debiteur en ce,	à 21.	l.	56756.	12.	6.
℔ 1044.--Soye dicte à l.10.16.3. pour Eftienne Chally, pour Pafques 1628. en ce,	à 29.	l.	11288.	5.	--
℔ 4174.--Soye dicte à l.10.15.-- pour Hierofme Lantillon,debiteur en ce,	à 18.	l.	44870.	10.	--
℔ 20065.--		l.	217205.	17.	6.

--- 1625. ---

AVOIR pour frais par luy faicts à la reception de 50.bales à luy enuoyées de Beaucaire,pour icelles charger fur la premiere Barque qui partira,pour final, — à 11. l. 97. 12. --

Pour ℣ 6000.de reaux,à ₰ 70. l'vn,qu'il a chargez de noftre ordre , fur le Vaiffeau l'Ange Gabriel, & confignez à Iean Baptifte Lagorio,Capitaine dudict Vaiffeau,qui part de Marfeille pour Alep , auec ordre de les configner audict lieu à Pierre Lamy,debiteur en ce, — à 19. l. 21000. -- --

℣ 12166.⅞ de reaux à ₰ 69. 9. l'vn , qu'il a confignez à George Boulano , Capitaine du Vaiffeau S.François de Paule,qui part de Marfeille pour Alep , pour configner audict lieu à Pierre Lamy,debiteur en ce, — à 19. l. 42431. 5. --

℣ 5000.de reaux qu'il a chargez fur vne Galere de France,qui part de Marfeille pour Meffine , auec ordre de les configner audict lieu à Dieccmy, — à 18. l. 17500. -- --

Qu'il a payé pour voyture de Lyon à Marfeille,& fortie dudict Marfeille,d'vne Caiffe veloux, qu'il a chargée fur le Vaiffeau S.Hilaire,pour Conftantinople, — à 20. l. 17. 15. --

Comptant pour 57. bales cotton en laine, pefant net ℔ 12897. à l.35. -- le cent , font l.4513.19. Courratage l.18. -- embalage l.25.13. port,& poids l.10.3. -- prouifion à 1.pour cent l.45.-- Sortie de Marfeille l.45.-- qu'il a enuoyé aux noftres de Milan,par voye de final en ce, — à 6. l. 4657. 15. --

Comptant pour 42.bales Galles à l'efpine, pefant net ℔ 9750. à ℣ 15.de quars, la charge de l. 300. font l.1.8.6.Embalage l.6.6.courratage l. 7. 6. prouifion à 1. pour cent l. 15. fortie de Marfeille l. 15. enuoyé aux noftres de Milan , en ce, — à 6. l. 1603. 18. --

Comptant pour 31.bale Bafanes d'Auignon,pefant net ℔ 7225. à l. 19. le ⅞ Sont l.1372.15.-- port, & poids l.4.15. embalage l.35.2. droict de Marfeille l.13.10.Prouifion à 1.pour cent l.13.10.Courratage l.6.8. tout chargé pour final,fur la barque S.Efprit,Capitaine Iulien Raymond , pour les noftres de Milan , — à 6. l. 1446. -- --

Pour nolis,& autres frais par luy faicts à la reception de 50. bales foye lege venues d'Alep , fur le Vaiffeau S.Antoine,y compris fa prouifion, en ce, — à 3. l. 6908. 18. 6.

	l. 95663.	3.	6.

OR FILE' DE MILAN, doit pour les cy-apres.

Marcs 50. or filé	5. à l.25.———	
Marcs 60.dit	55. à l.26.———	
Marcs 80.dit	555. à l.27.——	Pour Iean Pontier à compte de fon fonds, en ce, ——— à 1. l. 13390.
Marcs 90.dit	5555. à l.28.——	
Marcs 100.dit	55555. à l.29.——	
Marcs 100.dit	555555. à l.30.——	

Marcs 20.dit	55. onces 180.à ₫ 103. l'once.	
Marcs 60.dit	555. onces 540.à ₫ 108. l'once.	Sont marcs 200.à onces 9.pour marc fabrique de
Marcs 60.dit	555. onces 540. à ₫ 113. l'once.	Gariboldy, enuoyé dans vne Caiffe,n°. 7.—— à 6. l. 5062. 10
Marcs 40.dit	5555. onces 360. à ₫ 118. l'once.	Pour port, dace, & doüanne, reuenant à ₫ 46.
Marcs 20.dit	55555. onces 180.à ₫ 123. l'once.	pour marc, ——— à 4. l. 460.——
Marcs 3.dit	5. onces 27.à ₫ 98. l'once.	
Marcs 40.dit	55. onces 360.à ₫ 103. l'once.	
Marcs 70.dit	555. onces 630.à ₫ 108. l'once.	Marcs 231. - fabrique de Peragallo enuoyé dans
Marcs 60.dit	5555. onces 540.à ₫ 113. l'once.	vne Caiffe,n°.22. ——— à 6. l. 5591.
Marcs 30.dit	55555. onces 270.à ₫ 118. l'once.	Pour port,dace, & doüanne, ——— à 4. l. 531. 6
Marcs 28.dit	555555. onces 252.à ₫ 123. l'once.	Pour aduance,en credit à profits,& pertes. à 46. l. 2378. 13

Marcs 911.——

——l. 27613. 10.

————————————— 1625.—————————

DESPENCES GENERALES doiuent

l. 111.17. 6.En credit à negoce de Milan, pour l'embalage, & dace,de la n°. 3. ———	à 6. l.	111. 17.
l. 72. 8. --En credit à negoce de Milan, pour l'embalage, & dace,de la n°. 4. —— ——	à 6. l.	72. 8.
l. 181. 10. --En credit vt fuprà pour l'embalage,& dace,de la n°. —— —— 7. —— ——	à 6. l.	181. 10.
l. 103. 10. --En credit vt fuprà pour l'embalage,& dace,de la n°. —— —— 19. —— ——	à 6. l.	103. 10.
l. 105. 10. --En credit vt fuprà pour l'embalage,& dace,de la n°.—— ——23. —— ——	à 6. l.	105. 10.
l. 99. 10. --En credit vt fuprà pour l'embalage,& dace,de la n°.—— ——24. —— ——	à 6. l.	99. 10.
l. 10304. 13. 4.En credit à pareil compte,pour foude du prefent. —— —— ——	à 39. l.	10304. 13.

——l. 10975. 18.——

A V O I R pour les cy-apres vendus à diuers.

Marcs 20. or filé 55. à l.26.——⎫				
Marcs 60.dit 555. à l.27.—— ⎬				
Marcs 60.dit 5555. à l.28.—— ⎬ Enuoyé à Taranget,& Roufier, pour vendre pour noſtre compte,	à 26.	l.	5580.	
Marcs 40.dit 55555. à l.29.—— ⎮ par le Coche en ce, —— —— ——				
Marcs 20.dit 555555. à l.30.——⎭				
Marcs 10.dit 55. à l.29.——pour Robert Gehenaud de Paris , debiteur en ce, ——	à 28.	l.	290.	
Marcs 50.dit 5. à l.28.——⎫				
Marcs 50.dit 55. à l.29.—— ⎮				
Marcs 80.dit 555. à l.30.—— ⎬ pour Charles Hauard de Paris, debiteur en ce, ——	à 31.	l.	14540.	
Marcs 90.dit 5555. à l.31.—— ⎮				
Marcs 100.dit 55555. à l.32.—— ⎮				
Marcs 100.dit 555555. à l.33.——⎭				
Marcs 3.dit 5. a l.28.10.——⎫				
Marcs 50.dit 55. à l.29.10.—— ⎮				
Marcs 70.dit 555. à l.30.10.—— ⎬ pour Robert Gehenaud de Paris,debiteur en ce, ——	à 16.	l.	7203.	10.
Marcs 60.dit 5555. à l.31.10.—— ⎮				
Marcs 30.dit 55555. a l.32.10.—— ⎮				
Marcs 28.dit 555555. a l.33.10.——⎭				
Marcs 911.——		l.	27613.	10.

——— 1625. ———

A V O I R pour les cy-apres.

l. 8. 8.—— En debit à negoce de Milan,pour frais enſuiuis ſur n° 1.à 3. ——	à 6.	l.	8.	8.
l. 39. 4.—— En debit à negoce de Milan,pour frais enſuiuis ſur n° 4.à 17. ——	à 6.	l.	39.	4.
l. 320.—.— En debit vt ſupra,pour frais enſuiuis ſur n° 23.à 183. ——	à 6.	l.	320.	
l. 22.—.— En debit vt ſupra,pour frais enſuiuis ſur n° 193.à 194. ——	à 6.	l.	22.	
l. 309. 5.—— En debit à Soyes de Mer,pour frais enſuiuis ſur 10.bales ſoyes Meſſines, ——	à 5.	l.	309.	5.
l. 1531. 7. 6. En debit à Soyes de Mer,pour frais enſuiuis ſur 50.bales ſoye lege,——	à 5.	l.	1531.	7.	6
l. 664.10.—— En debit vt ſuprà, pour frais enſuiuis ſur 8. bales ſoye lege , ——	à 5.	l.	664.	10.
l. 72.10.—— En debit à Soyes d'Italie,pour frais enſuiuis ſur vne bale trame , ——	à 7.	l.	72.	10.
l. 72.10.—— En debit vt ſuprà,pour frais enſuiuis ſur vne bale organcin de Bologne, ——	à 7.	l.	72.	10.
l. 72.10.—— En debit vt ſupra,pour frais enſuiuis ſur vne bale organcin dict ——	à 7.	l.	72.	10.
l. 72.10.—— En debit vt ſuprà,pour frais enſuiuis ſur vne bale organcin de Milan, ——	à 7.	l.	72.	10.
l. 72.10.—— En debit vt ſuprà,pour frais enſuiuis ſur vne bale organcin de Modena, ——	à 7.	l.	72.	10.
l. 72.10.—— En debit vt ſuprà, pour frais enſuiuis ſur 1.bale organcin de Naples, ——	à 7.	l.	72.	10.
l. 279.10.—— En debit vt ſuprà, pour frais enſuiuis ſur 6.bales filage de Raconis, ——	à 7.	l.	279.	10.
l. 460.—.— En debit vt ſuprà, pour frais enſuiuis ſur 10. bales filage dict ——	à 7.	l.	460.	
l. 695.—.— En debit vt ſuprà, pour frais enſuiuis ſur 15. bales filage dict ——	à 7.	l.	695.	
l. 460.—.— En debit à or filé, pour frais enſuiuis ſur n° 7. ——	à 4.	l.	460.	
l. 531. 6.—— En debit à or filé, pour frais enſuiuis ſur n° 22. ——	à 4.	l.	531.	6.
l. 123.—.— En debit à creſpons de Naples,pour frais enſuiuis ſur n° 27. ——	à 12.	l.	123.	
l. 67.10.—— En debit à bourre de ſoye , pour frais enſuiuis ſur n° 8. ——	à 12.	l.	67.	10.
l. 67.10.—— En debit vt ſuprà, pour frais enſuiuis ſur n° 29. ——	à 12.	l.	67.	10.
l. 192.10.—— En debit à Doppions,pour frais enſuiuis ſur n° 9.à 11. ——	à 12.	l.	192.	10.
l. 128. 6. 8. En debit vt ſuprà , pour frais enſuiuis ſur n° 25. ——	à 12.	l.	128.	6.	8
l. 63. 3. 4. En debit à Sargettes de Milan,pour frais enſuiuis ſur n° 21. ——	à 13.	l.	63.	3.	4
l. 277.—.— En debit à Tapiſſerie de Bergame,pour frais enſuiuis ſur n° 13.à 18.——	à 13.	l.	277.	
l. 360.—.— En debit à Creſpes de Bologne,pour frais enſuiuis ſur n° 21. ——	à 13.	l.	360.	
l. 386.—.— En debit à negoce de Piedmont,pour frais ſur 250.perpetuanes, ——	à 11.	l.	386.	
l. 86. 1.—— En debit vt ſuprà pour frais enſuiuis ſur 32.pieces fuſtaine d'Angleterre, ——	à 11.	l.	86.	1.
l. 1053. 6.—— En debit à Satins de Bologne de compte à ⅓ auec Fiorauanty, ——	à 18.	l.	1053.	6.
l. 696. 9. 4. En debit à Draps de Soye de Genes, pour frais y enſuiuis, ——	à 19.	l.	696.	9.	4
l. 6.—— En debit à marchandiſes enuoyées à Conſtantinople, ——	à 20.	l.	6.	
l. 171.15. 4. En debit à Camelots en compagnie auec Boloſon, —— ——	à 21.	l.	171.	15.	4
l. 1250.—.— En debit à Camelots de Leuant , de noſtre compte , —— ——	à 21.	l.	1250.	
l. 293.16. 8. En debit à Satins de Florence, pour frais y enſuiuis,		l.	293.	16.	8
		l.	10978.	18.	10

CARNET DES PAYEMENS des Roys 1625. doit pour les debiteurs cy-apres, qui ont payé esdicts payemens, sçavoir,

Gabriel Alamel, pour soude de son fonds,	fº	2.	à 1.	l.	44100.
Iean Fontaine à compte de son fonds,	f.	1.	à 1.	l.	70000.
Iean Pontier, compte dict	f.	1.	à 1.	l.	16610.
Geoffroy Deschamps,	f.	2.	à 3.	l.	7282.
Claude Catillon, compte de voyages,	f.	7.	à 28.	l.	2104.
Clemence Goyer, de couleur, & Debeausse par Caisse,	f.	3.	à 21.	l.	840.
Vespasian Boloson,	f.	6.	à 20.	l.	1024.
Picquet, & Strasse,	f.	2.	à 40.	l.	52486.
Iacques Depures,	f.	4.	à 40.	l.	39364.
Leonard Berthaud,	f.	4.	à 40.	l.	26243.
Cesar, & Iulien Granon, de Tours,	f.	11.	à 6.	l.	22037.
Porré crediteur en payement de Pasques, pour soude,	f.	15.	à 38.	l.	128119.
				l.	410211.

AVOIR pour les crediteurs cy-apres qui ont efté payez efdicts payemens, fçauoir,

Negoce de Milan, par Iean Huguonin par Caiffe	fo 3.	à 6.	l. 1260.		
Pierre Alamel par Caiffe,	f. 3.	à 9.	l. 7300.		
Negoce de Milan par Gabriel Chabre, par Caiffe,	f. 3.	à 6.	l. 750.		
Negoce dict pour Michel Cotte par Caiffe,	f. 3.	à 6.	l. 2340.		
Negoce dict pour marchandifes au contant par Caiffe,	f. 3.	à 6.	l. 3923.	8.	
Les Deputez des creanciers de Laurens Iacquin, pour Picquet, & Straffe,	f. 2.	à 9.	l. 7500.		
Octauio, & Marc-Antoine Lumaga de Noue, par Poncet de Valence ;	f. 4.	à 10.	l. 8918.	10.	3
Euftache Rouiere, & Pierre Alamel;	f. 4.	à 9.	l. 3087.	19.	3
Antoine & Ifac Poncet de Valence, par les leurs de Lyon, par Caiffe,	f. 3.	à 10.	l. 1726.	19.	2
Franchotty, & Burlamaquy,	f. 5.	à 14.	l. 6436.	10.	
Gilles Hannecard d'Anuers,	f. 5.	à 14.	l. 14103.	9.	
Octauio, & Marc-Antoine Lumaga, de Genes,	f. 5.	à 19.	l. 21291.	17.	
Robin & Ferrary de Roüan,	f. 5.	à 17.	l. 13493.	1.	9
Lumaga & Mafcranny de Lyon,	f. 5.	à 18.	l. 1814.	19.	
Dicceny & Benafcey, par Lumaga de Noue,	f. 4.	à 18.	l. 3030.		9
Iean Iacques Manis de Lyon,	f. 6.	à 20.	l. 1798.	15.	
Alexandre Tafca de Venife,	f. 6.	à 21.	l. 10574.	18.	
Auguftin Sexty de Lucques,	f. 6.	à 23.	l. 3091.	11.	6
Denis Berthon, & Oliuier Gafpard,	f. 6.	à 27.	l. 40000.		
Laurens Fiorauanty de Bologne,	f. 6.	à 18.	l. 1900.	2.	8
Claude Catillon compte de voyages,	f. 7.	à 29.	l. 4088.	13.	
Bleds diuers acheptez contant,	f. 3.	à 32.	l. 99660.		
Verdier, Picquet, & Decoquiel,	f. 7.	à 32.	l. 6107.	10.	
Picquet, & Straffe,	f. 4.	à 40.	l. 2114.	13.	4
Iacques Depures,	f. 4.	à 40.	l. 1586.		
Leonard Berthaud,	f. 4.	à 40.	l. 1057.	6.	8
Pierre Saufet par Caiffe,	f. 3.	à 33.	l. 50000.		
André Montbel par Caiffe,	f. 3.	à 36.	l. 11025.		
Benoift Robert de Marfeille,	f. 12.	à 3.	l. 78086.	15.	2
Pierre Alamel, par Louys Boillet par Caiffe,	f. 3.	à 9.	l. 2143.	19.	7
			l. 410211.	19.	1

Negoce de Milan doit pour les marchandifes cy-apres y enuoyeés de Lyon, fçauoir

70.	Barils arens à l.35.le baril y enuoyez par voye de final, —l.	4900.—.—	à 15.	l.	2450.	
12350.	℔ merluches à l.13. le ⅔ en 50.bales y enuoyées dudict final, —l.	3211.—.—	à 15.	l.	1605.	10.
50.	Pieces draps de laine y enuoyées de Thurin en 10.bales n° 1.à 10.par Alamel, —l.	9519. 4.—	à 11.	l.	4759.	12.
57.	Bales cotton en laine n° 1.à 57.y enuoyées de Marfeille par Robert, —l.	9315.10.—	à 3.	l.	4657.	15.
42.	Bales galles à l'efpine n° 58. à 100.enuoyées dudict Marfeille, à final par ledict Robert, —l.	3207.16.—	à 3.	l.	1603.	18.
51.	Bales basannes d'Auignó,n° 101.à 131.enuoyées audict final par ledict Robert, —l.	2891.—.—	à 3.	l.	1446.	
500.	℔ argent faux à l.4.4. la ℔ achepté contant d'Hugonin au Carnet des Roys 1625. f.3. & enuoyé dans 3.bales eftamine, n° 1.à 3. —l.	2520.—.—	à 5.	l.	1260.	
10.	Balins eftamines d'Auuergne à v 25. le balin en 3.bales n° 1. à 3.confignées à Pons S.Pierre le 3.Mars 1625.acheptées comptant de Chabre, &c. au Carnet des Roys 1625. f.3. & en ce —l.	1500.—.—	à 5.	l.	750.	
	Embalage & fortie de Lyon defdictes n° 1. à 3. —l.	16.16.—	à 4.	l.	8.	8.
117.	Douzaines marroquins noirs en galle à l.20. —la douzaine en 14. bales n° 4. à 17. confignées audict Pons S. Pierre le 3.dudict, acheptés contant de Michel Cotte audict Carnet des Roys 1625. & en ce, —l.	4680.—.—	à 5.	l.	2340.	
	Embalage & fortie de Lyon defdictes 14.bales, n.4.à 17. —l.	78. 8.—	à 4.	l.	39.	4.
1000.	℔ fil fin de Cremieu à l.42.10.—le ⅔ l. 425.— ⎫ en 6.bales n° 18.à 23.achepté comp-					
285.	℔ 8.onces foye à filer cr, à l.12. la ℔. l.3486.8. ⎭ tant audict Carnet, —l.	7846.16.—	à 5.	l.	3923.	8.
	Embalage & port iufqu'à Bourgoin, l. 12.—					
34316.	℔ Caffonnade blanche en 160. bales , n° 24.à 183. confignées à Schen le 10. Auril 1625. —l.	26766. 9. 6.	à 34.	l.	13383.	4.
	Embalage defdictes 160.bales à ₰ 40. la bale, —l.	640.—.—	à 4.	l.	320.	
50.	Pieces bayettes d'Angleterre à l.95. la piece en 9. bales , n° 184.à 191. confignées audict —l.	9500.—.—	à 34.	l.	4750.	
480.	℔ Cochenille Mefteeque à l. 15.—la ℔ en 2. bales n° 193.à 194. confignées à Pons S.Pierre le 30.Auril 1625. —l.	14400.—.—	à 34.	l.	7200.	
	Pour l'embalage defdictes 11.bales, —l.	44.—.—	à 4.	l.	22.	
72.	Onces mufc hors de veffie à l.22.- l'once dans lefdictes, n° 193.194. —l.	2880.—.—	à 34.	l.	1440.	
34.	Pieces draps de Languedoc en 4.bales,n° 195.à 198. confignez audict Pons S. Pierre, le 15.Septembre 1625. montant en ce, —l.	3863.11. 4.	à 29.	l.	1931.	15.
35.	Pieces draps de France en 4.bales, n° 199.à 202. confignez audict le 15. dudict —l.	2784.10.—	à 30.	l.	1392.	5.
488.	Pieces marchandifes de Flandres en 5. bales, n° 203. à 207. confignées audict Pons S.Pierre le 3.Octobre 1625. montant en ce, —l.	50140.—.—	à 35.	l.	25070.	
		l.160706. 0.10.	—	l.	80353.	0.
	Pour les parfies cy-contre que portons en credit à compte general , —l.	l.120756.17. 2.	à 40.	l.	60378.	8.
		l.281462.18. —		l.	140731.	8. 1

———————————1625.———————

CESAR, ET IVLIEN GRANON de Tours, doiuent du 15. Ianuier 1625.pour

Pafq.	1627. l'efcompte en Roys 1625.pour ℔ 2050.foye lege à l.10.15. liuré audict Iulien, —	à 3.	l.	22037.	10.
Aouft	1626. l'efcompte à volonté pour ℔ 593.bourre de foye à ₰ 58.liuré audict le 22. Aouft 1625. —	à 27.	l.	1719.	14.
Aouft	1627. l'efcompte en Touffainct 1625.pour ℔ 1900.foye Meffine à l.12. liuré à Derichy le 25.dudict,	à 3.	l.	22800.	
Touff.	1626. pour ℔ 207.bourre de foye à l.3. liuré audict Derichy le 3. Septembre 1625. —l.621.—	à 12.	⎱ l. 1146.		
	Pieces 3.aunes 75. rapifferie de Bergame rouge à l.7. l'aune,hauteur aunes 3. —l.525.—	à 13.	⎰		
Roys	1627. pour ℔ 240.trame de Meffine à l.15.liuré audict le 25.Decembre 1625. —	à 25.	l.	3600.	
		—	l.	51303.	4.

AVOIR pour les marchandises cy-apres, à nous enuoyées dudict Milan, sçauoir,							
Bale 1. ℔ 300. — trame de Milan, n°	1.	l. 4545.—.—	à 7.	l.	2271.	10.	—
Bale 1. ℔ 260. organcin de Bologne, n°	2.	l. 5740.19.—	à 7.	l.	2870.	9.	6
Pieces 16. veloux diuerses couleurs dans vne Caisse, n°	3.	l. 7148. 7.6.	à 8.	l.	3574.	3.	9
Pour l'embalage, & dace de Milan de ladicte, n°	3.	l. 223.15.—	à 4.	l.	111.	17.	6
Pieces 9. Gases dans vne Caisse, n°	4.	l. 1178. 7.—	à 10.	l.	589.	3.	6
40. paires bas de soye $\frac{1}{2}$ / 18. paires dict $\frac{1}{3}$ } dans ladicte n°	4.	l. 1788.—.—	à 10.	l.	894.	—	—
Embalage l. 18.— & dace de Milan l. 126.16. de ladicte, n°	4.	l. 144.16.—	à 4.	l.	72.	8	—
Pieces 4. crespons dans ladicte, n°	4.	l. 1249.18.—	à 12.	l.	624.	19	—
Bale 1. ℔ 244. organcin de Bologne, n°	5.	l. 5722.19.9.	à 7.	l.	2861.	9	10
Bale 1. ℔ 303. organcin de Milan, n°	6.	l. 5495.10.—	à 7.	l.	2747.	15	—
Marcs 200. or filé dans vne Caisse, n°	7.	l. 10125.—.—	à 4.	l.	5062.	10	—
Pieces 4. crespon leger dans ladicte, n°	7.	l. 749.—.—	à 12.	l.	374.	10	—
85. paires bas de soye $\frac{1}{2}$ / 32. paires dict $\frac{1}{3}$ } dans ladicte, n°	7.	l. 3637.—.—	à 10.	l.	1818.	10.	—
Pour l'embalage & dace de Milan, de ladicte, n°	7.	l. 363.—.—	à 4.	l.	181.	10.	—
Bale 1. ℔ 300. bourre de soye, n°	8.	l. 892.10.—	à 12.	l.	446.	5.	—
Bales 3. ℔ 900. Doppion de Milan, n°	9. à 11.	l. 5781.—.—	à 12.	l.	2890.	10.	—
Pieces 9. Sargettes de Milan, dans n°	12.	l. 3180. 5.—	à 13.	l.	1590.	2.	6
Pieces 12. Tapisserie de Bergame, en 6. bales, n° 13.	à 18.	l. 2712.16.—	à 13.	l.	1356.	8.	—
Pieces 13. veloux, dans n°	19.	l. 6099.12.6.	à 8.	l.	3049.	16.	3
Pieces 3. Toiles d'or & argent, dans ladicte, n°	19.	l. 1763.—.—	à 13.	l.	881.	10.	—
Embalage & dace de ladicte, n°	19.	l. 207.—.—	à 4.	l.	103.	10.	—
Bale 1. ℔ 268. $\frac{11}{2}$ organcin de Modena, n°	20.	l. 5796.10.—	à 7.	l.	2898.	5.	—
Pieces 136. crespes de Bologne dans vne Caisse, n°	21.	l. 4600.17.6.	à 13.	l.	2300.	8.	9
Marcs 231. Or filé dans la Caisse, n°	22.	l. 11582. 2.—	à 4.	l.	5791.	1.	—
6. paires bas de soye $\frac{1}{2}$ / 6. paires dict $\frac{1}{3}$ / 10. paires dict, pour femme } dans ladicte, n°	22.	l. 554.—.—	à 10.	l.	277.	—	—
Pieces 14. veloux, dans la n°	23.	l. 4908.—.—	à 8.	l.	2454.	—	—
Pieces 2. toiles d'or & argent, dans ladicte, n°	23.	l. 2175.—.—	à 13.	l.	1087.	10.	—
Pieces 4. crespons dans ladicte, n°	23.	l. 1501.10.—	à 12.	l.	750.	15.	—
Embalage l. 22.— & dace de Milan l. 189.— tout de ladicte, n°	23.	l. 211.—.—	à 4.	l.	105.	10.	—
Pieces 5. veloux, dans n°	24.	l. 2341.17.6.	à 8.	l.	1170.	18.	9
Pieces 8. toilles d'or & argent dans ladicte, n°	24.	l. 3294.—.—	à 13.	l.	1647.	—	—
Embalage & dace de ladicte, n°	24.	l. 199.—.—	à 4.	l.	99.	10.	—
Bales 2. ℔ 600.— Doppion de Milan, n°	25.26.	l. 3854.—.—	à 12.	l.	1927.	—	—
Pieces 12.— crespons de Naples dans vne Caissette, n°	27.	l. 4004.10.—	à 12.	l.	2002.	5.	—
Bale 1. ℔ 275. organcin de Naples, n°	28.	l. 6023.19.8.	à 7.	l.	3011.	19.	10
Bale 1. ℔ 303. bourre de soye de Mantouë, n°	29.	l. 964.14.9.	à 12.	l.	482.	7.	4
		l. 120756.17.2.	—	l.	60378.	8.	6
Pour les parties cy-contre, en debit à compte general,		l. 160706.—.10.	à 40.	l.	80353.	0.	5
		l. 281462.18.—	—	l.	140731.	8.	11

1625.

AVOIR que les portons debiteurs au Carnet des Roys 1625. f. 11. cy	à 5.	l.	22037.	10.	—
Aoust 1626. escompté à 107. $\frac{1}{2}$ pour $\frac{0}{0}$ l. 1719.14. / Aoust 1627. escompté à 117. $\frac{1}{2}$ pour $\frac{0}{0}$ l. 22800.— } portez deb. au Carnet des Saincts 1625. f. 11. cy	à 42.	l.	24519.	14.	—
Portez debiteurs au liure B, f. 4. pour soude du present,	à 44.	l.	4746.	—	—
	—	l.	51303.	4.	—

SOYES D'ITALIE doiuent donner pour les cy-apres.

℔ 207.—bale 1.n° 1.℔ 300.-- trame de Milan, pour armoisin à l. 14.10. —— l. 4350.—.—
Embalage, & dace de Milan, —— l. 193.—.—

Calculé à ₰ 20.- imperiaux, pour ₰ 10. tournois, sont —— l. 4543.—.— | à 6. l. 2271. 10
Port de Milan à Lyon, dace de Suse, & doüanne dudict Lyon, en credit à despences, —— | à 4. l. 72. 10

℔ 200.—b.1. n.2. ℔ 260. -- Organcin de Bologne, à l. 19. —— l. 4940.——

Laquelle somme de l. 4940. monnoye de Boloigne a esté tirée à Plaisance, en Foire de la Purification en ▽ 762.4. d'or de marc, changés à 152.$\frac{1}{2}$ pour $\frac{o}{o}$, & retournez pour Milan auec la prouision à ₰ 149.9. pour ▽ sont —— l. 5725.19.—
Transit de Milan, —— l. 15.——

l. 5740.19.— | à 6. l. 2[illegible]0. 9.
Pour port, dace, & doüanne, en credit à despences, —— | à 4. l. 72. 10.

℔ 188.—b.1.n° 5.℔ 244. organcin de Bologne à l. 20.5. —— l. 4941.——

Lesquelles l. 4941.-- mónoye dudict Bologne ont esté tirées à Plaisance en Foire de S. Marc en ▽ 762.7.1. d'or de marc, changés à 152.$\frac{1}{2}$ pour $\frac{o}{o}$, & retournez par Milan, auec la prouision à ₰ 149.3. pour ▽, sont —— l. 5707.19. 9.
Transit dudict Milan, —— l. 15.——

l. 5722.19. 9. | à 6. l. 2861. 9.
Pour port, dace, & doüanne, en credit à despences, —— | à 4. l. 72. 10.

℔ 208.—b.1.n.6. ℔ 111.6. onces organcin, pour veloux assorty, ℔ 191.6. onces organcin, pour armoisin, —— } ℔ 303. à l. 17.10. l. 5302.10.—
Embalage, & dace de Milan, —— l. 193.——

l. 5495.10.— | à 6. l. 2747. 15.
Pour port, dace, & doüanne, —— | à 4. l. 72. 10.

℔ 210.—b.1.n° 20. ℔ 268.$\frac{1}{4}$ organcin de Modena, suprà fin, à l. 25.10. —— l. 6846.15.—
Embalage, & dace dudict Modena, —— l. 42.16.—

l. 6889.11.—

Lesquelles l. 6889.11. monnoye dudict Modena, sont doublons d'Espagne 382.$\frac{1}{4}$ à l. 18. piece, & à l. 15. monnoye de Milan, sont —— l. 5741. 5.—
Port de Modena à Milan l. 40.5. transit dudict Milan l. 15. -- tout —— l. 55. 5.—

l. 5796.10.— | à 6. l. 2898. 5.
Pour port, dace, & doüanne; —— | à 4. l. 72. 10.

℔ 189.—b.1.n° 28.℔ 275.-- Organcin de Naples à carlins 37.$\frac{1}{4}$ la ℔. —— d. 1024. 1.17.
Doüannes dudict Naples, d. 48.2.19. embalage, d. 10. -- tout —— d. 58. 2.19.
Prouision à 2. pour $\frac{o}{o}$ d. 21.3.4. port iusqu'à Milan d. 27. tout —— d. 48. 3. 4.

d. 1131. 3.—

Lesquels ducats 1131. & 3. tari ont esté tirés à Plaisance en Foire de S. Iean Baptiste en ▽ 802.11. d'or de marc, changés à 141. pour $\frac{o}{o}$, & retournez par Milan auec leur prouision à ₰ 150. pour ▽, sont —— l. 6008.19. 8.
Transit dudict Milan, —— l. 15.——

l. 6023.19. 8. | à 6. l. 3011. 19.
Pour port, dace, & doüanne —— | à 4. l. 72. 10.

℔ 1259.—b.6.n° 1. à 6.℔ 1636. filage de Raconis à fl. 42.6. —— fl. 69530.——
Pour l'embalage, dace de Raconis, & autres frais, —— fl. 4247.——

fl. 73777.——

Calculé à ₰ 3. tournois, pour florin, sont en credit à Pierre Alamel, —— | à 9. l. 11066. 11.
Port de Thurin à Lyon l. 123.10.-- doüanne dudict Lyon l. 156. tout —— | à 4. l. 279. 10.

℔ 2102.—b.10.n° 7. à 16.℔ 2730. filage dict à fl. 43. la ℔ sont —— fl. 117390.——
Embalage, dace de Raconis, & autres frais, —— fl. 7030.——

fl. 124420.—— | à 9. l. 18663. ——
Port de Thurin à Lyon, & doüanne dudict Lyon, —— | à 4. l. 460. ——

℔ 3145.—b.15.n° 17. à 31. ℔ 4085. filage dict à florin 39. la ℔, —— fl. 159315.——
Embalage, dace de Raconis, & autres frais, —— fl. 10545.——

fl. 169860.—— | à 9. l. 25479. ——
Port de Thurin à Lyon, & doüanne dudict Lyon. —— | à 4. l. 695. ——
Prouision de l. 55208. que monte l'achapt desdictes 31. bales filage à 2. pour $\frac{o}{o}$ en ce, —— | à 10. l. 1104. 3.
Pour aduance en credit à profits, & pertes. —— | à 41. l. 13400. 6.

℔ 7708.— | l. 88244. ——

A V O I R pour les cy-apres venduës à diuers.

℔ 2088.──filage de Raconis à l.9, 10, donné à ouurer à diuers, en ce ,	à 25. l. 19836.		
℔ 207.──trame de Milan , ── à l.15.10. ⎱ pour Iean Iacques Manis, debiteur en ce,	à 31. l. 10774.	10.	
℔ 388.──Organcin de Bologne à l.19.10. ⎰			
℔ 1259.──filage de Raconis à l.11. ── pour Eftienne Chally, debiteur en ce,	à 29. l. 13849.		
℔ 1049.──filage dict ── à l.10.17.6. pour Fleury Gros, debiteurs en ce,	à 30. l. 11407.	17.	6
℔ 210.──filage dict ── à l.11.── pour François Verthema , debiteur en ce,	à 36. l. 2310.		
℔ 1886.──filage dict ── à l.10.18.9. pour Verdier, Picquet, & Decoquiel, debiteurs,	à 22. l. 20628.	2.	6
℔ 14.──filage dict ── à l.11.── pour Iean de la Foreft, debiteur en ce ,	à 28. l. 154.		
℔ 208.──Organcin de Milan , à l.14.10.── ⎱ Reftans en Magafin au 3. Autil 1626. en debit, à mar-			
℔ 210.──Organcin de Modena, à l.15.── ⎰ chandifes en general ,	à 43. l. 9284.	10.	
℔ 189.──Organcin de Naples , à l.16.10.			
	l. 88244.		
℔ 7708.──			

VELOVX DE MILAN, doiuent pour les cy-apres, enuoyez dudict Milan.

268.aunes 16. 2. 6. br.36. 5. Veloux noir, fóds armoifin ras, pet. façon ┐
317.aunes 22. 2. 6. br.49.15.dit ——— ——— ——— ———— │
266.aunes 21. 10.— br.48.10.dit à tail ——— ——— ——— │ à l. 7. 10.
291.aunes 17. 15.— br.40. —Veloux noir, fonds fatinras, petite façon, ┐
281.aunes 17. 11. 8. br.39.10.dit ——— ——— ——— │
267.aunes 18. 2. 6. br.40.15.dit ——— ——— ——— │ à l. 9.
297.aunes 18. 8. 4. br.41.10.dit à Vialbera, ——— │
307.aunes 17. 13. 4. br.39.15.Veloux fonds fatin vert 4. fleurs ┐ Ar abefque.   dans vne Caiffe
331.aunes 17. 8. 4. br.39. 5.dit   │   n° 3. ——— à 6. l.   3574.   3.
321.aunes 18. 17. 6. br.42. 5.dit 3. fleurs, ——— ——— ┤ à l. 12. la braffe.
298.aunes 17. 15.—dit celefte, │
299.aunes 18. 5.— br.41, —Veloux fonds fatin morelin cramoify 3.fleurs à l. 13.
282.aunes 18. 6. 8. br.41. 5.dit rouge cramoify 4.fleurs, ——— ——— ┐
332.aunes 24.— br.54. —dit Arabefque, ——— ——— │ à l.13.10.
271.aunes 17. 15.— br.40. —dit 3. fleurs, ——— ┤
339.aunes 11. 11. 8. br.26. —Veloux à la Turque fonds blanc 3.fleurs Arab. à l.15.┘
148.aunes 23. 2. 6. br.52. —Veloux noir fonds armoifin Nap. petite façó ┐
115.aunes 16. 11. 8. br.37. 5.dit ras, & tail ——— ——— ┤ à l.7.10.
141.aunes 17. 5.— br.38.15.Veloux fonds ris celefte 4. fleurs, ——— ┐
123.aunes 17. 17. 6. br.40. 5.dit verd, ——— ┤ à l. 9.
138.aunes 17. 8. 4. br.39. 5.Veloux fonds fatin vert 3.fleurs Arabefque à l.12. —
113.aunes 18.——— br.40.10.dit Morelin cramoify 3.fleurs,——— ——— à l.13.—
151.aunes 17. 15.— br.40. —   ┐ dans n. 19. ——— à 6. l.   3049.   16.
134.aunes 17. ●8. 9. br.39. 5.┤
107.aunes 18. 2. 6. br.40.15.├ Veloux fonds fatin rouge cram.4. fleurs à l.13.10.—
112.aunes 17. 15.— br.40. —┘
136.aunes 11. 10.— br.26. —Veloux fonds fatin incarnad. Turque 4.fleurs à l.15.—
118.aunes 26. 2. 6. br.58.15.┐ Veloux noir ras 3.traines, ——— ——— à l.10.15.—┘
135.aunes 22. 6. 8. br.50. 5.┘
124.aunes 17. 5.— br.38.15.┐
184.aunes 18. 8. 9. br.41.10.│
225.aunes 17. 15.— br.40. —│
223.aunes 18.——— br.40.10.├ Veloux noir fóds armoifin Nap.petite façó à l.7.10.┐
234.aunes 17. 6. 8. br.39.—│
177.aunes 17. 11. 8. br.39.10.│
211.aunes 18. 5.— br.41.—│
199.aunes 17. 17. 6. br.40. 5.┘
233.aunes 22. 6. 8. br.52.10.┐
239.aunes 17. 11. 8. br.39.10.│   dans n° 23. ——— à 6. l.   2454.   ———
245.aunes 17. 17. 6. br.40. 5.├ Veloux noir fonds fatin ras petites fleurs à l. 9.
243.aunes 17. 11. 8. br.39.10.│
191.aunes 17. 17. 6. br.40. 5.┘
229.aunes 17. 13. 4. br.39.15.Veloux à la Turque fonds d'or 4.fleurs à l.15. ———┘
504.aunes 12. 10.— br.28. —Veloux fonds d'argent Turque 4.fleurs, ┐
59.aunes 17. 12. 6. br.39.15.dit fonds d'or, ——— ——— │
419.aunes 12. 10.— br.28. —dit fonds bleu, ——— ——— ┤ à l.15.— ┐ dans n° 14.— à 6. l.   1170.   18.
702.aunes 17. 12. 6. br.39.15.dit fonds blanc, ——— ┘
720.aunes 18. 7. 6. br.41. 5.Veloux fonds taffetas Napolitaine orangé, à l. 7. 10.┘

Pour aduance en credit à profits, & pertes, ——— ——— ——— à 41. l.   1641.   15.

——— l.   11890.   3. ▯

AVOIR pour les cy-apres, vendus à diuers.

268.aunes 16. 2.6. Veloux noir fonds armoifin petite façō6				
317.aunes 22. 2.6. dit	à l. 9.—			
266.aunes 21.10.— dit à tail,				
291.aunes 17.15.— Veloux noir fonds, fatin petite façon				
281.aunes 17.11.8. dit	à l. 12.—			
267.aunes 18. 2.6. dit				
297.aunes 18. 8.4. dit à Vialbera,				
307.aunes 17.13.4. Veloux fonds fatin verd 4. fleurs Arab.	Enuoyé à Taranget, & Roufier le 3.Mars 1625.— à 26. l.	3851.	4.	2.
331.aunes 17. 8.4. dit	à l. 16.—			
321.aunes 18.17.6. dit 3. fleurs,				
298.aunes 17.15.-- dit celefte,				
299.aunes 18. 5.— Veloux fonds fatin morelin cramoify 3.fleurs,à l.19.-				
136.aunes 11.10.-- Veloux à la Turque fonds fatin incarnadin, à l.20.-				
118.aunes 26. 2.6. } Veloux noir ras 3.trames, à l.15.—				
135.aunes 22. 6.8. }				
282.aunes 18. 6.8. Veloux rouge cramoify 4.fleurs,				
332.aunes 24. — dit Arabefque,	à l.19.—pour Eftienne Glotton de Tholoufe, à 28. l.	1141.	11.	8.
271.aunes 17.15.-- dit 3.fleurs,				
339.aunes 11.11.8. Veloux à la Turque fonds blanc 3. fleurs à l. 20. 10. pour Robert Gehenaud,— à 28. l.	237.	9.	2.	
148.aunes 23. 2.6. Veloux noir fonds armoifin Nap.petite façon				
115.aunes 16.11.8. dit ras & tail,	à l.9.--			
141.aunes 17. 5.— Veloux fonds ris celefte 4. fleurs,				
123.aunes 17.17.6. dit verd,	à l. 12.— pour Herue,& Sauary,- à 18. l.	2443.	5.	2.
138.aunes 17. 8.4. Veloux fonds fatin verd 3.fleurs, à l.16.				
151.aunes 17.15.--				
134.aunes 17. 8.9. } Veloux fonds fatin rouge cramoify 4.fleurs à l.19.10.				
107.aunes 18. 2.6. }				
112.aunes 17.15.--				
504.aunes 12.10.-- Veloux fonds d'argent Turque 4.fleurs,				
59.aunes 17.12.6. dit fonds d'or,—	à l.18. } Enuoyé à Conftantinople,— à 20. l.	1249.	17.	6.
419.aunes 12.10.-- dit fonds bleuf,—				
702.aunes 17.12.6. dit fonds blanc,—				
720.aunes 18. 7.6. Veloux fonds taffetas Napol.orangé paftel à l.9.-				
224.aunes 17. 5.--				
184.aunes 18. 8.9.				
225.aunes 17.15.--				
223.aunes 18.—				
234.aunes 17. 6.8. } Veloux noir fonds armoifin Napolitaine,petite façon, à l.9. pour Deflauiers.-- à 17. l.	1282.	6.	3.	
177.aunes 17.11.8.				
211.aunes 18. 5.--				
199.aunes 17.17.6.				
113.aunes 11.— Veloux fonds fatin morelin cramoify à l.19.-				
233.aunes 22. 6.8. } Veloux noir fonds fatin à diuers ptix,—	vendu contant au Carnet de 1625. f° 14. — à 28. l.	925.	1.	8.
139.aunes 17.11.8. }				
245.aunes 17.17.6.				
113.aunes 7.— Veloux fonds fatin Morelin cramoify à l. 15.-				
243.aunes 17.11.8. Veloux noir fonds fatin ras, } à l.10. —	Reftans en Magafin au 3. Auril 1626. — à 43. l.	759.	18.	4.
191.aunes 17.17.6. dit }				
229.aunes 17.13.4. Veloux à la Turque fonds d'or 4. fleurs à l.17.-				
		l. 11890.	13.	11

EFFECTS ET FACVLTEZ de Laurens Iacquin, en Piedmont doiuent l.15000.—payables aux deputez des cranciers dudict Iacquin, moitié en ces payemens des Roys, & l'autre +/ en Aouft prochain fuiuant, & à la fomme de l'eftrouffe à nous faicte par le Conferuateur, lefquels effects confiftent en debtes & marchandifes, comme cy-bas aualuées au prix courant en argent contant, en credit aufdicts Deputez ,　　　　　　　　　　　　　　　　à 9. l. 15000.

François Mora d'Aft , payable en Foire de mi-Carefme 1625.——	fl. 10000.—
Iofeph Terrachino d'Aft, payable à ladicte Foire de my-Carefme,——	fl. 15000.—
Bernardin Pochetino de Raconis , pour Foire d'Octobre 1625. —	fl. 20000.—
George Rouffy de Cafal, pour ladicte Foire d'Octobre 1625. —	fl. 45000.—
Oliuier Marco de Thurin, pour le 10. Aouft 1625. ——	fl. 10000.—
Douzaines 104.9.bas de Paris, pour homme à florins 96. la douzaine, ——	fl. 10056.—
Canes 319.5. pans fargettes de Nifmes à fl.18. la Cane, ——	fl. 5753.—
Aunes 107. +/ Cadis du Puy, à fl. 5.7. l'aune, ——	fl. 1156. 3.
Piece 42. aunes 506. +/ Reuerches du Puy, à fl.5.1. l'aune, ——	fl. 2575.—
Aunes 37. +/ Sarge grife Limeftre, à fl. 24. ——	fl. 901.—
Aunes 12.— Drap Romorantin noir, à fl.39.——	fl. 468.—

fl. 110909. 3.

Pour foude en credit à profits & pertes de Piedmont,　　　　　　à 10. l. 3136. 7. 6

————————————————————————————— l. 18136. 7. 6

——————————————————1625.—————————————
LES DEPVTEZ des Cranciers de Laurens Iacquin doiuent en Roys 1625. que faifons bon pour eux, fuiuant la fentence du Conferuateur, à Picquet, & Straffe, au Carnet defdicts payemens, fo 2. & en ce,　　　　　　　　　　　　　　　à 5. l. 7500.

En Aouft 1625. payé pour eux fuiuant la Sentence du Conferuateur, à René Bais, par Caiffe au Carnet d'Aouft 1625. f. 3. & en ce ,　　　　　　à 42. l. 7500.

————————————————————————————— l. 15000.

——————————————————1625.—————————————
PIERRE ALAMEL, compte du Negoce de Piedmont doit du 6. Mars 1625. pour 1000. doublons d'Efpagne effectifs, à luy comptant à fon depart, que à fl. 46. piece, valent au Carnet des Roys 1625. fo 3.　　　　　　　　　　　—fl. 46000.— à 5. l. 7500.

Pour vente par luy faicte à Carnaignole de 200. barils Arens,—— —fl. 36000.— à 15. l. 5400.

Pour 1000. doublons d'Efpagne , qu'il a pris à Genes de Lumaga , que à fl. 44. & à l.7.3. tournois, font en credit efdicts Lumaga de Genes,—— —fl. 44000.— à 19. l. 7150.

v 714.13.3. à fl.20. pour v qu'auons payé fuiuant fa lettre à Louys Boillet, valeur par luy receüe de fon homme de par delà, au Carnet des Roys 1625.f.3. —— —fl. 14293.— à 5. l. 2143. 19. 7

v 1629.6.5. à f.19. pour v, qu'il nous a tiré par fa lettre , payable à Euftache Rouyere, pour valeur receuë de Iacques & Philippe Gentil, au Carnet des Roys 1625.f.4. —— —fl. 19557.— à 5. l. 3087. 19. 3

Pour vente par luy faicte au contant de 5604. onces femences de vers à foye , ——fl.137892.— à 11. l. 20683.

Pour diuerfes marchandifes venduës contant à la mi-Carefme , en foire d'Aft 1625.-fl. 17836. 7. à 11. l. 2675. 10.

Pour ventes par luy faictes au contant à Thurin , —— —fl. 20554.— à 11. l. 3083. 2.

Qu'il à receu à Verfeil, de Iofeph Poltreffo, en ce, —— —fl. 30361. 8. à 16. l. 4554. 5.

Qu'il à receu des debiteurs de Laurens Iacquin, en ce,—— —fl. 25000.— à 9. l. 3750.

Pour ventes par luy faictes au contant, en Octobre 1625. Foire d'Aft , —— —fl. 34447.— à 11. l. 5167. 1.

Qu'il a receu à Thurin, Raconis, Cafal, & autres lieux , pour ventes par luy faictes au contant , —— —fl. 53480.— à 11. l. 8022.

Qu'il a receu à final de Mahualie, en doublons d'Efpagne 105. +/ à fl.48. l'vn font, —— fl. 5073. 7. à 16. l. 771. 12.

Qu'il a receu à Cafal, & Aft, de nos debiteurs le 5. Nouembre 1625. —— —fl. 31707.— à 10. l. 4756. 1.

Qu'il a receu à Raconis , Cafal , & Thurin, des debiteurs de Laurens Iacquin, —— —fl. 75000.— à 9. l. 11250.

Qu'il à receu en diuers lieux de nos debiteurs, en ce , —— —fl. 37624.— à 10. l. 5643. 12.

Benefice de monnoye, —— —fl.—— à 10. l. 338. 4. 11

fl. 618825. 10. l. 95776. 6. 9

AVOIR pour les marchandises cy-contre, calculé
A ☽ 3.-tournois pour florin en debit à negoce de Piedmont, — fl. 10909. 3. — à 11. l. 3136. 7. 6

François Mora d'Aft, — — fl. 10000.	En debit à Alamel, — fl. 25000.	à 9. l.	3750.	
Ioseph Terrachino d'Aft, — — fl. 15000.				
Bernardin Pochetine de Raconis, — fl. 20000.				
George Roussi de Casal, — — fl. 45000.	En debit audict Alamel, — fl. 75000.	à 9. l.	11250.	
Oliuier Marco de Thurin, — — fl. 10000.				

fl. 120909. 3. — l. 18136. 7. 6

. 1625 .

AVOIR en Roys 1625. — l. 7500. — } leur faisons bon pour les effects, de I. Iacquin, — à 9. l. 15000.
En Aoust 1625. — l. 7500. — }

. 1625 .

AVOIR pour port de final à Carmagnole, & loüage de magasin de 200. barils
arens, frais de voyage allant & venant de Thurin à Carmagnole, calculé à ☽ 3. pour
florin sont — — — — — — fl. 5814.— à 15. l. 872. 2.

Pour 565. Sacs riz pesant net 1559. Cantara à l. 12. 12. 6. le Cantara, qu'il a achepté
à Genes au contant, montant auec les frais l. 19808. 5. monnoye courante dudict Genes
faisant doublons d'Italie 1817. 5. 6. à l. 10. 18. l'vn, & à florins 45. sont — — fl. 81766. 4. à 17. l. 12902. 13.—

Pour 359. Sacs riz pesant Rub 2940. à fl. 6. 6. le Rub qu'il a achepté à Thurin, montant auec les frais en ce — — — — fl. 20217. 9. à 17. l. 3208. 7.—

Pour plusieurs frais par luy faicts à aller & venir de final, Verseil, & Genes, — fl. 1212.— à 17. l. 181. 16.—

Qu'il a payé au Capitaine du Vaisseau le Cheualier de Mer, — — fl. 14000.— à 15. l. 2100.—

Pour 6. bales filage n° 1. à 6. qu'il nous a enuoyé par conduicte de Delbon, — fl. 73777.— à 7. l. 11066. 11.—

Pour 10. b. filage n° 7. à 16. enuoyées par conduicte de Gabaleon, le 3. Aoust 1625.— fl. 124420.— à 7. l. 18663.—

Pour 15. b. filage n° 17. à 31. enuoyées par côduicte d'EustacheMoretto le 25. dudict fl. 169860.— à 7. l. 25479.—

1000. doublós d'Esp. à fl. 48. & à l. 7. 7. t. }
140. ½ d. de Genes à fl. 45. } qu'il a enuoyé à Genes à Lumaga debi-
482. ½ d. de Floréce à fl. 44. } & à l. 7. 2. teurs au Carnet des Saincts 1625. f. 19. cy fl. 79752. 6. à 42. l. 12483. 6.—
100.— doub. d'Italie à fl. 42. }

Pour le monter des frais & despens par luy faicts audict Piedmont, fins à ce iour-
d'huy 3. Mars 1626. en ce — — — — fl. 20038. 3. à 11. l. 3005. 14. 9

791 doublons d'Espagne receus de luy contant à son retour, au Carnet des Roys
1626. f. 3. à fl. 48. l'vn, & à l. 7. 7. tournois, sont — — — fl. 37968.— à 42. l. 5813. 17.—

fl. 628825. 10. — l. 95776. 6. 9

Iefus Maria ✠ 1625.

PROFITS ET PERTES du negoce de Piedmont doiuent ,
Pour le quart defdictes l.18335.10.11. cy-contre,que faifons bon à Pierre Alamel, ——— à 43. l. 4583. 17.
Pour les ¾ à nous appartenant en credit à profits & pertes , ——— à 41. l. 13751. 13.

——— l. 18335. 10.

DEBITEVRS DE PIEDMONT doiuent pour les cy-apres.
Horatio Repos de Cafal,pour le 20. Octobre 1625. —— fl. 8112.—— à 11. l. 1216. 16.
François Mora d'Aft,pour le 20.dudict , —— fl. 23595.—— à 11. l. 3539. 5.
Bartholomée Chiauarto de Montferra, pour le 20.Mars 1626.—— fl. 8468.—— à 11. l. 1270. 4.
Antoine & Philippe Gentil de Thurin, pour le 20.dudict —— fl. 5406.—— à 11. l. 810. 18.
François de Peyfieu d'Aft, pour le 3.Auril 1626. —— fl. 3950.—— à 11. l. 592. 10.
George Rouffy de Cafal,pour le 15.dudict —— fl. 19800.—— à 11. l. 2970.

fl. 69331.—— ——— l. 10399. 13.

ANTOINE, ET ISAC PONCET de Valence en Efpagne, doiuent ▽ 2400. d'or de
Marc,que à ☽ 26.pour ▽,ils ont tiré de noftre ordre à Noue en foire des Roys 1625. fur Octauio , &
Marc-Antoine Lumaga,crediteurs au Carnet des Roys 1625. f° 4.cy —— l. 3120.—— à 5. l. 8718. 10.
▽ 493.8.4. de Reaux à ☽ 70.— tournois, l'vn qu'ils nous ont tiré à payer icy aux
leurs,au Carnet des Roys 1625. f° 3. par Caiffe , —— l. 592. 2.—— à 5. l. 1726. 19.
Pour benefice fur la traicte faicte à Noue , —— l. —.—.— à 10. l. 181. 9.

l. 3712. 2.—— ——— l. 10826. 19.

GAZES doiuent pour les cy-apres enuoyées de Milan,
343.aunes 48.17. 6.br.110.—
315.aunes 48.17. 6.br.110.—
345.aunes 49.15.— br.111.— ⎫ braffes 443.Gafe noire damaffée 4. fleurs,à ☽ 23.—
316.aunes 49.12. 6.br.111.— ⎭
311.aunes 34.13. 4.br. 78.— ⎫ dans n° 4. à 6. l. 589. 3.
312.aunes 34.13. 4.br. 78.— ⎪
313.aunes 35. 2. 2.br. 79.— ⎬ braffes 314.dicte de foye torfe à lifton,à ☽ 32.—
314.aunes 35. 2. 2.br. 79.— ⎪
264.aunes 16. 8.10.br. 37.— dicte noire afpolin de foye torfe à lifte,à ☽ 90.— ⎭
Pour aduance, en credit à profits & pertes , —— à 41. l. 194. 8.

——— l. 883. 12.

BAS DE SOYE DE MILAN doiuent pour les cy-apres,
40. paires bas de foye ½ diuerfes couleurs à l. 33.la paire ⎫ dans n° 4. —— à 6. l. 894.
18. paires dict ——— ½ à —— l. 26.—— ⎭
85. paires dict ——— ⅓ à —— l. 33.— ⎫ dans la Caiffe n° 7. —— à 6. l. 1818. 10.
32. paires dict ——— ½ à —— l. 26.—— ⎭
6. paires dict ——— ⅓ à —— l. 33.— ⎫
6. paires dict ——— ½ à —— l. 26.—— ⎬ dans la Caiffe n° 22.—— à 6. l. 277.
10.paires dict pour femme à —— —— — l. 20.— ⎭
Pour aduance en credit à profits & pertes,—— à 41. l. 41. 10.

197.paires. ——— l. 3031.

A V O I R pour benefice fur la traicte faicte de Valence à Noue par Poncet, — à 10. l. 181. 9. 9
Prouifion de l.55208.que monte l'achapt de 3 t.balle filages à 2.pour ½ en ce, — à 7. l. 1104. 3.-
Prouifion de l.27656.que monte l'achapt de 1536. facs ris à 2.pour ½ en ce — à 17. l. 553. 2. 8
Pour profit fait fur l'achapt des effects & facultez de Laurens Iacquin, en ce — à 9. l. 3136. 7. 6
Profit qu'il a pleu à Dieu enuoyer audict negoce de Piedmont en vn an, fins à ce iourd'huy 3. Mars
1626. en ce, — à 11. l. 13022. 3. 1
Pour benefice de monnoye au compte courant dudict Alamel, en ce— — à 9. l. 338. 4. 11
l. 18335. 10. 11

————1625.————

A V O I R pour les cy-apres qui ont payé,
Horatio Repos de Cafal, — fl. 8112.
François Mora d'Aft, — fl.23595. } qu'ils ont payé de noftre ordre à Alamel, — à 9. l. 4756. 1.
Bartholomeo Chiauarro de Montferra, fl. 8468.
Antoine & Philippe Gentil de Thurin, fl. 5406.
François de Peyficu d'Aft, — fl. 3950. } En debit audict Alamel, — à 9. l. 5643. 12.
George Roufly de Cafal, — fl.19800.

fl.69531.   l. 10399. 13. —

————1625.————

A V O I R pour comptant onces 6044. femence de vers à foye, qu'ils ont achepté de noftre ordre,
chargées fur la Faloupe S.Iean Baptifte, Patron Thomas Cabanes, pour porter à final & confiner à
à Maluafie, lequel doit enfuiure l'ordre de Pierre Alamel, montant auec les frais en ce, — l.3712.2.— à 11. l. 10826. 19. 2

————1625.————

A V O I R pour les cy-apres,
311.aunes 34.13. 4.
312.aunes 34.13. 4. } Gafe noire de foye torfe à lifton à ₰ 50. enuoyé à Paris és mains de Taranget,
313.aunes 35. 2. 6. } & Roufier, pour vendre pour noftre compte, — à 26. l. 348. 19. 3
314.aunes 35. 2. 6.
264.aunes 16. 8. 4.dicte noire Afpolin de foye à lifte en pied à l.6.— pour Glotton de Tholoufe,— à 28. l. 98. 10.—
343.aunes 48.17. 6.dicte noire Damaffée à ₰ 45. pour Robert Gehenaud de Paris, — à 28. l. 109. 19. 4
315.aunes 48.17. 6.dicte à ₰ 42. } vendu contant au Carnet de 1625.f.14.— à 28. l. 214. 11. 6
345.aunes 49.15.— dicte à ₰ 45.
316.aunes 49.12. 6.dicte à ₰ 45. pour Eftienne Glotton, pour Aouft 1626. en ce, — à 16. l. 111. 12. 1
l. 883. 12. 2

————1625.————

A V O I R pour les cy-apres vendus à diuers,
10. paires bas de foye ¼ à l.18.——Pour Eftienne Glotton de Tholoufe, — à 28. l. 180.
20. paires dict — ¼ à l.18.——Pour Robert Gehenaud de Paris, — à 28. l. 360.
10. paires dict — ¼ à l.16. 10.
18. paires dict — ¼ à l.13. } vendu contant au Carnet de 1625. f. 14. — à 28. l. 509.
10.paires dict,pour femme à l.11.
31. paires dict — ¼ à l.14.——Pour Eftienne Glotton de Tholoufe, — à 16. l. 448.
91. paires dict — ¼ à l.16. } Reftans en magafin au 3.Auril 1626.en debit à marchandi- à 43. l. 1534.
6. paires dict — ¼ à l.13. } fes en general, — —

197. paires.   l. 3031.

NEGOCE DE PIEDMONT doit pour les marchandises cy-apres enuoyées audiẻt lieu pour compliment de l. 30000.-- de fonds & capital qu'auons promis fournir en iceluy soubs l'administration de Pierre Alamel, lequel auons associé pour ¼ aux profits ou pertes qu'il plaira à Dieu y mander, sçauoir,

donz.	104.9. bas de Paris pour homme, à ——— fl.96. la douzaine				
canes.	319.5. pans Sargettes de Nysmes, à ———fl.18. la cane				
aunes.	207.⅓ Cadis du Puy, à ————fl. 5.7. l'aune	En cṛedit à effects de Laurens Iacquin,--	à 9. l.	3136.	7.
aunes.	506.⅓ en 42.pieces reuerche du Puy,à fl. 5.1. l'aune				
aunes.	37.¼ Sarge grise Limestre, à ———fl.24.				
aunes.	12.-- drap Romorantin noir, à ——— fl. 39.				
onces.	6000.-- Semence de vers à soye à ₰ 9.9. } Sont monnoye de Valence en Espagne ——— l.2955.16.				
onces.	44.--dicte blanche,à——— ₰ 14.-- }				

Pour 24.Sacs,Caisses,& embalage,l.48.droit nouueau à ₰ 1.pour once,l.302.4.—— l. 350. 4.
droict duGeneral à 6.deniers pour once à l. 151.2.peage à 2.₰ pour once l.50. tout l. 201. 2.
droicts de Sisa,à 8. deniers pour liure de monnoye ———————— l. 100.
frais d'embalage,& port iusqu'à la Mer—————————— l. 41.
Pour l'asseurance de l. 1600. iusqu'à final à 4.pour ½ ——————— l. 64.
————— l. 3712. 2.

Lesquelles l. 3712. 2. monnoye de Valence, sont 37121. real Castelan à ₰ 2.le real, valant
v 3093.8.4.de 12.ṭeaux piece , que à ₰ 70.tournois l'vn,sont de France,en ce———— à 10. l. 10816. 19.

canes.	240. -- Courdellats deMyesames à ₰ 41. en 16.pieces				
canes.	673. 7. p.Courdellats de Castres , à ₰ 42. en 45.pieces				
canes.	114. 3. p.Courdellats de Chalabre,à ₰ 36. en 10.pieces				
canes.	192. 5. p. Carcassonnes , ——— à l. 7.--en 19.pieces	l.9994. 7. 6.			
canes.	598. 4. p.Sargettes de Nysmes , à ₰ 58. en 40. pieces				
canes.	186.-- Contracts Carcassonne , à l. 10.10.en 18.pieces				
canes.	131. 6. p.Contracts d'Auteribe , à l.13.10. en 12.pieces	à 38. l. 10316. 17.			
	80.— Couuertes de Montpelier rouges à l.8.15.———				

Frais d'embalage,despence de bouche,&expedition desdictes marchandises,
pour consigner à Marseille à Benoist Robert, —————— l. 322.10.——
Frais faicts à Marseille au chargement desdictes marchandises pour final par Robert, en ce—— à 3. l. 97. 12.
Frais ensuiuis audict final à la reception desdictes marchandises par Maluasie , —— à 16. l. 214.

pieces.	100. -- Sarges perpetuanes diuerses couleurs entremeslées à ₰ 46.6.la piece, ——— l. 465.				
pieces.	50. -- Dictes noires à ₰ 35.-- de sterlins la piece, ——— l. 87.10.				

Embalage,subcide & autres frais l.56.12.6. prouision à 2.pour ½ de l. 609.2.6. l. 68.16. ——

monnoye de sterlins l. 621. 6.

Changez pour Lyon à sterlins 69.½ pour v, sont en credit à Abraham Bech de Londres , —— à 14. l. 6436. 10.
Pour frais faicts à Roüan à la receptió & réuoy desdictes perpetuanes par Robin, & Ferrary, à 17. l. 197. 5.
Voyture de Roüan à Lyon,douüanne & sortie dudict Lyon par despences, ——— à 4. l. 386.

pieces.	32.—diuisées en 64.fustaine d'Angleterre diuerses couleurs à ₰ 30. la ½ piece — l. 96.				

Pour le droit desdictes 32. pieces embalage,& autres frais ——— l. 3. 6.8.
Prouision à 2.pour cent ——— l. 1.19.8.

Changez pour Roüan à 68.pour v, sont en credit audict Abraham Bech , ——— l.101. 6.4. à 14. l. 1072. 11.

Pour frais faicts audict Roüan à la reception & renuoy desdictes march.par Robin,& Ferrary,-- à 17. l. 47. 5.
Voyture de Roüan à Lyon,& douüanne dudict Lyon, en ce ——— à 4. l. 86. 1.
Prouision à ½ pour ½ payés à Roüan pour la traicte de l. 1072.11.6. faicte par Bech sur lesdicts Robin, & Ferrary, ——— à 17. l. 3. 11.

aunes.	82.—Sarge de Beauuais diuerses couleurs,à l. 5. l'aune——l. 410.—				
aunes.	84.—dicte à 2. enuers noire , à ——— l. 5.10.— l. 462.—				
aunes.	56.—Sarge noire Dieppe, à——— l. 7.— l. 392.—				
aunes.	33.—dicte noire Sigouie, à——— l. 7.10.— l. 347.10.				
aunes.	20.Drap du Seau noir, à——— l.12.— l. 240.—				
aunes.	30.— Bure du Seau , à——— l. 8.— l. 240.—				
aunes.	360.— Croisez cramoisy,à——— l. 4.— l.1440.—				
aunes.	11.—Escarlate de Berry, } à l.16.— l. 480.—	à 30. l. 5941.		
aunes.	30.—dicte du Seau , }				
aunes.	12.—Bure Romorantin , à——— l.10.— l. 120.—				
aunes.	20.—Drap noir Romorantin,à——— l.12.— l. 240.—				
aunes.	234.—drap Preseau couleurs ordinaires , à l. 3.— l. 702.—				
aunes.	154.—Bure blanche , } à ₰ 50.— l. 527.10.				
aunes.	57.—Drap rouge & celeste Poiẻtou,— }				

Frais d'embalage , ——— l. 340.—

Pour plusieurs frais & despens faicts audiẻt Piedmont par ledict Alamel,tant pour voytures,loüage de boutique & magazins,despence de bouche en vn an, perte sur diuerses especes changées en pistoles,& autres despences generalement quelconques,ainsi qu'appert par le compte rendu par ledict Alamel , crediteur en ce ——— à 9. l. 3005. 14.
Profit qu'il a pleu à Dieu enuoyer en ce negoce ——— à 10. l. 13022. 3.

————— l. 54789. 18.

A V O I R pour les marchandifes cy-apres venduës audiſt lieu à diuers, ſçauoir

4000.-- Semence de vers à foye à fl.25.l'once venduës à Raconis à diuerſes perſonnes tant au comp-
    tant que en trocque de filages , —————————————————— fl.100000,--
1000.-- Semence dicte à fl.24.l'once, vendu comptant à Carmagnolle, ——————fl. 24000.--
604.-- dicte à fl.23.-vendu comptant, tant à Carmagnolle que autres lieux, ſuiuant le
    compte à nous enuoyé pour ſoude de ladicte ſemence, —————— fl. 13892.--
<hr>
5604.--   fl.137892.--
    Calculé à ₰ 3.--tournois pour florin, en debit à Pierre Alamel, ——   à 9. l. 20683.
440. Pour difference de poids.
<hr>
6044.   Vente faicte en Foire d'Aſt à la mi-Careſme.

50. bas de Paris pour homme à ————fl.110.la douz.fl. 5500.--	
319.5. pans ſargettes de Nyſmes , à ————— fl. 10.la cane fl. 6391.--	
207.½ Cadis du Puy , à ————— fl. 7.l'aune fl. 1449.7.	vendu comptant en de-
506.½ Reuerche du Puy , à ———— fl. 6.l'aune fl. 3040.--	bit audict Alamel,— à 9. l. 2675. 10.
37.½ Sarge griſe Limeſtre , à ———fl. 26.l'aune fl. 975.--	
12.-- Drap noir Romorantin , à,———fl. 40.l'aune fl. 480.--	

                                      fl.17836.7.

100.-Carcaſſonnes, a ————fl.60.--fl.6000.--	pour Horatio Repos de Caſal,— à 10. l. 1216. 16.
124.3.p.Courdellats de Chalabre , à ————fl.17.--fl.2112.--	
240.-Courdellats de Meſames , à ——fl.19.--fl. 4560.--	
92.5.p.Carcaſſonnes , à ————fl.60.--fl. 5557.6.	pour François Mora d'Aſt,— à 10. l. 3539. 5.
673.-p.Courdellats de Caſtres , à ——fl.20.--fl.13477.6.	

                   Vente faicte au comptant à Thurin.

80.Couuertes de Montpellier à ———fl.75.la piece, fl.6000.--	
300.Ras 998.Sargettes de Nyſmes , à ———— fl.8. le ras, fl.7984.--	en debit audict Alamel,— à 9. l. 3083. 2.
54.9.Bas de Paris pour homme , à———fl.10.la paire, fl.6570.--	

300.--Sargette de Nyſmes,à ———— ₰58.--l. 870.--	
186.--Courracts de Carcaſſonne,à———l.10.--l.1953.--	Remuoyé aux noſtres de Milan,— à 6. l. 4759. 12.
131.6.p.Courracts d'Auteribe, à ——l.13.10.l.1778.12.	
Embalage , & autres frais , ——————l. 158.--	

               Vente faicte en Foire d'Aſt au 20.Octobre 1625.

100.- Perpetuanes d'Angleterre à ducatons 13.½ la piece de florins 18.½ pour ducaton, fl.24975.--
52.-diuiſées en 64.fuſtaine d'Angleterre à ducatons 8.la demy piece ſont, —————fl. 9472.--

Sont fl.34447.vendu comptant à diuers,en debit audict Alamel, ——————fl.34447.--	à 9. l. 5167. 1.
81.Sarge de Beauuais diuerſes couleur à fl.50.l'aune	pour Bartholomeo Chiauarro de Montferra.- à 10. l. 1270. 4.
84.dicte noire à 2.enuers, à ——————— fl.52.	
56.dicte noire Dieppe,à —————— fl. 60.--	pour Antoine,& Philippe Gentil de Thurin,— à 10. l. 810. 18.
33.dicte noire Sigouie, à ——————— fl. 62.--	
20.drap du Seau noir,à ——————fl.100.--	pour François de Peyſieu d'Aſt ,— à 10. l. 592. 10.
30.bure du Seau, à ——————— fl. 65.--	
360.Croiſez d'Angleterre cramoiſy,à—fl. 45.--	pour George Rouſſi de Caſal ,— à 10. l. 2970.
30.Eſcarlatte,à ——————————fl.120.--	

       Ventes faictes au comptant à Thurin , Caſal , Raconis,& autres lieux.

90.Perpetuanes d'Angleterre à ducatons 14.la piece , ———fl.23310.--	
60.dictes à ducatons 13. la piece , ——————————fl.14430.--	
12.Bure Romorantin, à florins 90. ——————————fl. 1080.--	
20.Drap noir Romotantin,à fl.100. ——————— fl. 2000.--	en debit audict Alamel,— à 9. l. 8022.--
234.Drap Preſdeau couleurs ordinaires, à fl.30.——— fl. 7020.--	
154.Bure blanche,à fl.27. ——————————— fl. 4158.--	
57.Drap rouge & celeſte Poiëtou,à fl.26.——————— fl. 1482.--	

                                                  l. 54789. 18.--

CRESPONS doiuent pour les cy-apres,

- 337.aunes 64. 8.4.br.145.——
- 318.aunes 70. 5.--br.158.—— } Crefpon noir à Giafo à ◑ 42.
- 344.aunes 57. 6.8.br.129.—— } dans n° 4.——————————— à 6. l. 624. 19.
- 319.aunes 66. 5.--br.149.--dict morelin cramoify à ◑ 46.
- 280.aunes 64. 8.4.br.145.—
- 315.aunes 55. 2.6.br.125.— } dict noir leger à ◑ 58.--dans n° 7.————— à 6. l. 374. 10.
- 392.aunes 64. 8.4.br.145.—
- 394.aunes 26.13.4.br.120.—
- 266.aunes 31. 2.6.br.140.—
- 242.aunes 28.13.4.br.129.—
- 140.aunes 37. 2.6.br.167.— } dict noir à ◑ 42.— dans n° 23.————————— à 6. l. 750. 15.
- 269.aunes 30.13.4.br.138.—
- 272.aunes 31. 6.8.br.141.—
- 1.aunes 62.13.4.ean.33.3. ⎤ Canes 435. 2. pans crefpons de Naples de foye noire large à carlins
- 2.aunes 78.——-can.41.4. ⎟ 16.½ la cane,font ————————————————ducats 718. 4. 4.
- 3.aunes 78.——-can.41.4. ⎟ Emballage ducats 6.doüanne de Naples d.48.10.2. ——— d. 54.10.12.
- 4.aunes 77. 2.6.can.41.— ⎟ Port iufqu'a Milan, ————————————————d. 15.—
- 5.aunes 66.12.6.can.35.4. ⎟
- 6.aunes 66.——-can.35.3. ⎬ d.789. 4.16.
- 7.aunes 66.10.--can.35.3. ⎟
- 8.aunes 66. 7.6.can.35.2. ⎟ Lefquels d.789.4.16. monnoye de Naples,ont efté tirez à Plaifance, en
- 9.aunes 66.10.--can.35.3. ⎟ Foire de la Purific. en ▽ 530.3.5.d'or de marc,chágez à 149. pour ⁴⁄₇,
- 10.aunes 66. 7.6.can.35.2. ⎟ & retournez auec la prouifion à ◑ 150.pour Milan font—l.3989.10.
- 11.aunes 66. 7.6.can.35.2. ⎟ Tranfit dudict Milan, ————————————l. 15.—
- 12.aunes 57. 6.8.can.30.4. ⎦

l.4004.10. à 6. l. 2001. 5.

Pour port,dace,& doüanne de ladicte Caiffette, en ce ——— à 4. l. 123.

Pour aduance en credit à profits & pertes, ——— à 41. l. 731.——

————— l. 4606. 9.

————————————1625.—————

BOVRRE DE SOYE doit pour les cy-apres,

bale 1.n.8. —tb 300.-bourre de foye de Milan à ◑ 57.6. la tb ——— l. 861.10.-

Emballage l.12.-- dace de Milan l.18.--tout ——— l. 30.—

l. 891.10.- à 6. l. 446. 5.

Pourt port,dace,& doüanne,reuenant à ◑ 4.6.pour tb,en credit à defpences, —— à 4. l. 67. 10.

bale 1.n° 29.-tb 303.- bourre de foye fine de Mantoüe à ◑ 95.-la tb,——— l.1435.15.-

Prouifion à 2.pour ⅝ l.28.7.dace de Mantoüe l.26.courratage à ◑ 2.pour tb,

l.30.6.- Emballage l.35.4.& port iufqu'à Milan,l.38.8. tout ——— l. 158. 5.-

l.1594.——

Lefquelles l.1594.-- monnoye de Mantoüe, font ducatons 166.10.à l. 9. 12. pour duca-

ton,& à ◑ 115.de Milan, font ——— l.1954.14.9.

Pour le tranfit de Milan,——— l. 10.——

l.1964.14.9. à 6. l. 482. 7.

Pour port, dace, & doüanne, en credit à defpences,——— à 4. l. 67. 10.

Pour aduance en credit à profits & pertes, ——— à 41. l. 207. 7.

————— l. 1271.

————————————1625.—————

DOPPIONS DE MILAN doiuent pour les cy-apres,

tb 621. bales 3.n° 9.à 11.tb 900.--Doppion dict fuprà fin,à l.5.16.——— l.5220.

Emballage l.36. dace de Milan,l.525. tout ——— l. 561.—

l.5781.— à 6. l. 2890. 10.

Pour port, dace, & doüanne, reuenant à l. 64. 3. 4. pour bale, —— à 4. l. 192. 10.

tb 414. bales 2.n° 25.26.tb 600.Doppien dict à l. 5.16. ——— l.3480.—

Emballage l.24.-- dace de Milan l.350.tout ——— l. 374.—

l.3854.— à 6. l. 1927.——

Pour port, dace, & doüanne en credit à defpences, ——— à 4. l. 128. 6.

Pour aduance en credit à profits & pertes, ——— à 41. l. 337. 8.

————— l. 5475. 15.

AVOIR pour les cy-apres vendus à diuers,

			l.		
266.aunes 31. 1.6.					
242.aunes 28.13.4.	Crefpon noir de Milan à l.3.-- enuoyé à Taranget, & Roufier, pour vendre				
140.aunes 37. 2.6.	pour noftre compte, en ce ——— — — à 26. l.	476.	15. —	
269.aunes 30.13.4.					
272.aunes 31.6. 8.					
337.aunes 64. 8.4.dict noir à Giafo à l.3.-- pour Robert Gehenaud de Paris, debiteur en ce ——— à 28. l.	193.	5. —			
318.aunes 70. 5.-- dict noir à l.3.5.-- pour Iean des Lauiers de Paris, debiteur en ce, ——— à 17. l.	414.	12. 11			
344.aunes 57. 6.8.					
319.aunes 66. 5.--dict morelin cramoify à l.3.10.pour Enemond Duplomb de Lyon, debiteur en ce, à 39. l.	231.	17. 6			
280.aunes 64. 8.4.					
315.aunes 55. 2.6. dict noir leger à l.3.-- pour Iean de la Forefts de Lyon,debiteur en ce, ——— à 28. l.	631.	17. 6			
392.aunes 64. 8.4.					
394.aunes 26.13.4.-					
1.aunes 62.13.4.					
2.aunes 78.— --					
3.aunes 78.——					
4.aunes 77. 2.6.					
5.aunes 66.12.6.					
6.aunes 66.—.-- aunes 817.7/4 dict noir à l.3.5.- pour Robert Gehenaud,debiteur en ce, ——— à 16. l.	2658.	1. 10			
7.aunes 66.10.--					
8.aunes 66. 7.6.					
9.aunes 66.10.—					
10.aunes 66. 7.6.					
11.aunes 66. 7.6.					
12.aunes 57. 6.8.					

l. 4606. 9. 9

————1625.————

AVOIR pour les cy-apres venduës a diuers,

bale 1. n° 8.℔ 207.- bourre de foye fine à l.3.-- pour Cefar,& Iulien Granon debiteurs,—— — à 6. l. 621. —

bale 1. n° 29.℔ 208.- bourre dicte à l.3.2.6.-- pour François Verthema,debiteur en ce, ——— à 36. l. 650. —

l. 1271. —

————1625.————

AVOIR pour les cy-apres,

℔ 621.—Doppions dict à l.5.5.—donné à ouurer à diuers,en debit à Doppions ouurez, —— à 25. l. 3260. 5. —

℔ 422.—Doppions dict à l.5.5.—donné à ouurer à diuers,en debit à Doppions ouurez, —— à 25. l. 2215. 10. —

l. 5475. 15. —

SARGETTE DE MILAN doiuent pour les cy-apres,
- 139.aunes 61.——br.102.———⌉
- 163.aunes 60. 6.8.br.100.——
- 168.aunes 60. 5.—br.100.——
- 181.aunes 60. 5.—br.100.——
- 130.aunes 60.15.—br.101.—— ⎱ Sargette noire en 11.dans vne balle nº 9. —— —— —— à 6. l. 1520. | 2
- 176.aunes 60.15.—br.100.——
- 167.aunes 60.10.—br.100.——
- 171.aunes 62.——br.101.——
- 152.aunes 60.13.4.br.101.——⌋ Pour port,dace, & doüanne en credit à defpences, ——— à 4. l. 65. | 5.

Pour aduance en credit à profits & pertes, ——— à 41. l. 150. | 14.

——— l. 1804.

————————————1625.————————————
TAPISSERIE DE BERGAME doit pour les cy-apres,
- Pieces 8.aunes 100.——br.360.—tapifferie rouge porte ronde,hauteur br.5.⌉
- Pieces 1.aunes 25.——br. 45,—dicte hauteur , br. 4.½ —— ——⎰br.540.à l.7. l.3780.——
- Pieces 3.aunes 75.—br.135.—dicte hauteur br. 5.½ ⌋

Embalage & port iufqu'à la Canonica, ——— l. 102.

Pieces 12.——

l.3882.——

Lefquelles l.3882.monnoye de Bergame,font doublons d'Efpagne
172.10.8.à l.22.10.pieces, & à l.15.—monnoye de Milan,font -l.2588.——
Tranfit de Milan l.120.port de la Canonica à Milan l.4.16.tout—l. 124.16.

l.2712.16. à 6. l. 1356. | 8.
Pour port,dace,& doüanne . reuenant à l.46.3.4. la bale —— —— à 4. l. 277. |——
Pour aduance en credit à profits & pertes,——— à 41. l. 341. | 12.

——— l. 1975. |——

————————————1625.————————————
TOILES D'OR ET ARGENT doiuent pour les cy-apres,
- 70.aunes 14. 3.4.br.33.—toile d'or incarnadin prima vera 1. fil à— l. 15.—⌉
- 365.aunes 8.——br.18.—dicte d'argent blanche 2. fil 4. fleur à — l.18.—⎰dans nº 19.—— à 6. l. 881. | 10.
- 342.aunes 13. 5.—br.29.15.brocat blanc or & argent , afpolin 2. fil à l.32.—
- 152.aunes 21. 2.6.br.47.10.toile d'or morelin,prima vera 2.fil à fleur à l.18.——⌉
- 247.aunes 13. 6.8.br.30.—brocat blanc or & argent afpolin 4. fil à —l.44.—⎰dans nº23. —— à 6. l. 1087. | 10.
- 287.aunes 11. 2.6.br.25. —toile d'argent blanche 2. fil,——⌉
- 288.aunes 13.11.8.br.30.10.dicte————
- 294.aunes 13. 5.—br.29.15.dicte————
- 286.aunes 8.17.6.br.20. —dicte Arabefque,——
- 290.aunes 6.11.8.br.14.15.dicte incarnadin d'or à fleur, ⎰à l.18.la br.dans n.24.—— à 6. l. 1647.|—
- 291.aunes 8.17.6.br.20.—dicte canelé——
- 192.aunes 8.15.—br.19.15.dicte celefte,——
- 193.aunes 10. 6.8.br.23. 5.dicte noire Arabefque,——⌋

Pour aduance en credit à profits & pertes , —— —— à 41. l. 905. | 5.

——— l. 4521. | 5.

————————————1625.————————————
CRESPES DE BOLOGNE doiuent pour les cy-apres,
- Pieces 40.aunes 769. 5.Crefpe blanc 2.capt nº 18.——⌉
- Pieces 24.aunes 464.—dict 1.capt , ——⎰aunes 2040.onces 1281.¼ à ₫34.l.2177.18.2.
- Pieces 32.aunes 806.15.crefpe noir lis de 36.——
- Pieces 4.aunes 73.—dict crefpe crefpé ⌉
- Pieces 16.aunes 304. 5.dict —— ——⎰aunes 774.15.onces 805.¼ à ₫ 36.—l.1489. 5.—
- Pieces 20.aunes 397.10.Scume noire, ——⌋

Prouifion à 2.pour ⁰⁄₀, auec les frais, & port iufqu'à Milan,——l. 282. 9.6.

l.3949.12.8.

Lefquelles l.3949.12.8. font ▽919.6.6.de Bologne à l.4,5. pour
▽ tirés à Plaifance en Foire de S.Iean Baptifte,en ▽ 609.8.5.d'or
de marc,changés à 152.pour ⁰⁄₀, & retournez pour Milan auec
la prouifion à ₫ 150.pour efcu, font —— ——l.4585.17.6.
Tranfit dudict Milan,——— l. 15.—

l.4600.17.6. à 6. l. 2300. | 8.
Pour port,dace,& doüanne de ladicte Caiffe nº 21. —— —— à 4. l. 360. |——
Pour aduance en credit à profits & pertes,——— à 41. l. 2106. | 8.

——l. 4866. | 17.

AVOIR pour les cy-apres,

139.aunes 61.—.—. ⎫				
163.aunes 60. 6.8. ⎬ Sargette noire à l. 3. enuoyée à Taranget,& Rouſier , par le coche pour vendre				
168.aunes 60. 5.— ⎬ pour noſtre compte ,	à 26.	l.	722.	10.
181.aunes 60. 5.— ⎭				
130.aunes 60.15.—dicte noire à l.3.15. -- pour Robert Gehenaud debiteur en ce ,	à 28.	l.	227.	16. 3
176.aunes 60.15.— ⎫				
167.aunes 60.10.— ⎬				
171.aunes 62.—.— ⎬ dicte à l.3.10.-- pour Iean des Lauiers,pour Aouſt 1626.	à 17.	l.	853.	14. 2
152.aunes 60.13.4. ⎭				

	l.	1804.	5

===1625.===

AVOIR pour les cy-apres,

Pieces 1.aun. 25.-Tapiſſerie de Bergame rouge,haut. aunes 2.¼ à l.6.côptant au Carnet,f° 14.en ce,	à 28.	l.	150.
Pieces 3.aun. 75.-dicte à l.7.— hauteur aunes 3.pour Ceſar,& Iulien Granon de Tours, debiteurs,	à 6.	l.	525.
Pieces 4.aun. 100.-dicte à l.6.10.hauteur aunes 2.¼,pour Antoine &Hugues Blauf debiteurs,	à 22.	l.	650.
Pieces 4.aun. 100.-dicte à l.6.10.hauteur aunes 2.¼,pour Raymond Orlic de Bourdeaux ,	à 39.	l.	650.

Pieces 12.

	l.	1975.

===1625.===

AVOIR pour les cy-apres venduës a diuers,

70.aunes 14. 3.4.toile d'or incarnadin,prima vera 1.fil petites fleurs à l.24. ⎫				
365.aunes 8.--dicte d'argent blanche 2.hl à fleurs à l.30. ⎬ pour Duplob debiteur,	à 39.	l.	580.	
342.aunes 13. 5.--brocat blanc or & argent aſpolin 2.fil à l.50.pour Robert Gehenaud,debiteur, —	à 16.	l.	675.	
252.aunes 21. 2.6.toile d'or motelin prima vera 2. fil à fleur , à l.32. ⎫				
247.aunes 13. 6.8.brocat blanc or & argent,aſpolin 4.fils à l.60. ⎬ pour Glotton debiteur en ce,	à 16.	l.	1476.	
287.aunes 11. 2.6.toile d'argent blanche 2.hl, ⎫				
288.aunes 13,11.8.dicte— ⎬				
294.aunes 13. 5.--dicte ⎬				
286.aunes 8.17.6.dicte Arabeſque, — ⎬ aunes 81. ½ à l. 22. -- reſtans en magaſin au 3.Auril				
290.aunes 6.11.8.dicte incarnadin d'or à fleur ⎬ 1626.en debit, à marchandiſes en general,	à 43.	l.	1790.	5.
291.aunes 8.17.6.dicte canelé , ⎬				
292.aunes 8.15.--dicte celeſte, ⎬				
293.aunes 10. 6.8.dicte noire Arabeſque, ⎭				

	l.	4521.	5.

===1625.===

AVOIR pour les cy-apres vendus à diuers,

Pieces 40.aunes 769. 5.creſpe blanc 2.capt n° 18.à ₰ 24. ⎫				
Pieces 464. --dict 1.capt.à — à ₰ 21. ⎬ pour Iean des Lauiers debiteur,	à 17.	l.	3265.	16. 6
Pieces 32.aunes 806.15.dict noir lis,de 36. — à ₰ 46. ⎭				
Pieces 4.aunes 73. —creſpe creſpé ⎫ à — à ₰ 48. ⎫				
Pieces 16.aunes 304. 5.dict — ⎬ à — à — ⎬ pour Herue, & Sauary debiteurs,	à 18.	l.	1601.	6
Pieces 20.aunes 397.10.Scume noire — — à ₰ 35. ⎭				

	l.	4866.	17.

LE VAISSEAV S. PIERRE, Capitaine Pierre Samfon, chargé en Amfterdam par
Iean Oort pour aller à Marfeille,& confignor à Benoift Robert les marchandifes fuiuantes,

b. 20.
  { bales 15.℔ 5695.--net poivre menu à 29.gros la ℔ deduit 1.pour ⁰∕₀ de bon poids , l. 681. 5. 4.
  { bales 5.℔ 1846.-- net gros poivre à 31.⁷∕₀ gros deduit 1. pour ⁰∕₀ ——— l. 239.17. 4.

    Denier à Dieu ♃ 4.8. port au magafin ♃ 13.4.——————— l. —18.—
    Poids à 12. gros pour cent ,————————————— l. 3.17.— } l. 36.15.10.
    Pour de 20.bales en faire 40.Caneuas &port au vaiffeau,——l.12. 5.10.— }
    Droiĉt de fortie à ♃ 5.le ⁰∕₀,& courratage à 6. ♃ pour bale , l.19.15.—
℔ 1313. en 202.cuirs vaches de Rouffie à ♃ 3.8.de gros la ℔,———— l. 240.14. 4.
    Embalage en 4.bales,courratage,droiĉt de fortie,& port au Naurie,——l. 6.15. 3.
pieces 200. ℔ 59330. plomb à ♃ 16. le ⁰∕₀ ———————————— l. 474.11. 9.
pieces 129. ℔ 25550. diĉt à ♃ 15. le ⁰∕₀ ————————————— l. 191.12. 6.
    Droiĉt de poids à 4.gros le ⁰∕₀ l.14.6.2.port au Vaiff. l.9.13.6.--l.23.19.8. } l. 68. 2. 2.
    Droiĉt de fortie à ♃1.le ⁰∕₀ l.42.-courr.à 6. ♃ le millier l.2.2.6.-l.44. 2.6. }
℔ 2548. Eftain fin à l.9.le ⁰∕₀ ———————————————— l. 229. 6. 4.
    Pour le fondre en petit.pieces à 20. ♃ le ⁰∕₀,& pour 8.tonneaux,l. 3. 1.2. } l. 6. 5. 6.
    Droiĉt de fortie,port au Naurie, & courratage ,——————— l. 3. 4.4. }

                                               l. 1175. 7. 4.
    Prouifion dudiĉt Oort à 2.pour ⁰∕₀, ———————————— l. 43.10.—
    Pour auoir fait affeurer en Anuers l.1450.à 8.pour ⁰∕₀,——— l. 116.—.—
    Prouifion à ⅓ pour ⁰∕₀,& courratage à ⅓ pour ⁰∕₀ —————— l. 12. 1. 8.
    Prouifion dudiĉt Oort, pour donner la commiffion,&tenir correfpondan-
    à ¼ pour ⁰∕₀ defdiĉtes l. 1450. ——————————————— l. 3.12. 6.

    Calculé à l.6.--tournois pour vne liure de gros,font en credit audiĉt Oort, l.2350.11. 6. à 14. l. 14103. 9.
    Prouifion de la chambre à ⅓ pour ⁰∕₀ pour le recouurement de l.1450.-deus
    par les affeureurs d'Anuers,———————————————— l. 4.16. 8. }
    Prouifion dudiĉt recouurement à ½ pour ⁰∕₀ —————————— l. 7. 5. — }
    Pour coppier les arteftations de la perte,————————— l. 1. 4. 6. à 14. l. 89. 12.
    Courratage de la remife,———————————————— l. 1.12. 6. }
                                     14. 18. 8.

                                  l.2365.10. 2. ——— l. 14193. 1.

IEAN OORT d'Amfterdam doit l. 2350. 11. 6. monnoye de gros que à 4.
pour ⁰∕₀ d'auance,il a tiré de noftre ordre en Anuers fur Hannecard crediteur au Carnet
des Roys 1625.f.5.& en ce,————————————————————— l.2350.11.6. à 5. l. 14103. 9.
    Et l.1450. -- de gros qu'il a receu des affeureurs d'Anuers pour caufe que le Vaiffeau
S.Pierre a efté pris par les Corfaires d'Argers au Capt de Gab en Efpagne, ———— l.1450. à 14. l. 8700.
    ▽ 4044.— d'or fol,pour l.2089.8. -- de gros,que à 114.pour ▽,nous a tiré pour Roüan
fur Robin,& Ferrary crediteurs en ce,——————————————— l.2089. 8.— à 17. l. 12152.
    Auance fur ladiĉte traiĉte,——————————————————— l. —.——. à 15. l. 454. 8.
                                          35339.17.--
    Pour ⅓ de l.29613.17.11.que monte le chargement du Vaiffeau le Cheualier de Mer,
de compte à ⅓ auec luy en ce,————————————————— à 17. l. 14848.
    Pour ⅓ de l.6932.3.-- de gros que monte le net procedit de la vente par luy faiĉte de
1536.facs riz y enuoyez par le Vaiffeau le Cheualier de Mer,——————— l.3466. 1.6. à 17. l. 20796. 9.

                                l.9356. 1.— ——— l. 70984. 7.

ABRAHAM BECH de Londres doit en Roys 1625. ▽ 2145.10.d'or fol , que à
69.⁷∕₀ fterlins pour ▽,nous a tiré par fa lettre,payable à Franchotty, & Burlamaquy crediteurs au Carnet defdiĉts payemens f⁰ 5. & en ce , ———————————— l. 621. 6.— à 5. l. 6436. 10.
    ▽ 357.10.6. que à 68.pour ▽,il a tiré de noftre ordre à Roüan fur Robin & Ferrary cre-
diteurs en ce , ——————————————————————————— l. 101. 6.4. à 17. l. 1072. 11.

                                l. 722.12.4. ——— l. 7509. 1.

A VOIR pour l.1450.de gros receus par ledict Oort, des asseureurs d'Anuers, pour cause que ledict Vaisseau a esté pris par les Corsaires d'Argers au Capt de Gab en Espagne,────────────────────l.1450.── à 14. l. 8700.──

Perte sur ledict Vaisseau en ce,─────────────l. 915.10.2. à 41. l. 5493. 1.

l.2365.10.2. ── l. 14193. 1.

─────────────1625.──────────
A VOIR pour le montee du chargement faict sur le Vaisseau s. Pierre de diuerses marchandises, calculé à l.6.tournois, pour vne liure de gros, font ──── l.2350.11.6. à 14. l. 14103. 9.

Pour frais par luy faicts pour le recouurement de l. 1450.- de gros deus par les asseureurs d'Anuers en ce,─────────── l. 14.18.8. à 14. l. 89. 12.

Pour le montee de l'achapt,& frais de diuerses merlnches & arens, que de nostre ordre, il a fait charger à larnionts & Pleymond, sur le Vaisseau le Cheualier de Mer en ce, ── l.3524. 9.4. à 15. l. 21146. 16.

3533.7.17.

Qu'il a fourny pour faire asseurer en Amsterdam l.3900. -- de gros sur le Vaisseau le Cheualier de Mer chargé à final en ce, ───── l. 234.── à 17. l. 1404.

v 4949.7.1.d'or sol,que à gros 118.pour v, luy auons tiré en Anuers sur Jean Baptiste Decoquiel,valeur de Verdier,Picquet,& Decoquiel, au Carnet de Pasques 1625. f 7. & en ce, ────── à 38. l. 14848. 1. 4

v 6255.11.7. pour l.3232.1.6. de gros, que à 124. pour v,il nous a remis par sa lettre, pour Paris,sur Lumaga,& Mascranny, valeur icy des leurs au Carnet de l'asques 1625. f 15.& en ce, ────── l.3232. 1.6. à 38. l. 18766. 14. 9

Perte de remise,────── l. à 17. l. 625. 14. 5

l.9356. 1.── l. 70984. 7. 4

─────────────1625.──────────
A VOIR pour 250.pieces perpecuanes qu'il a acheptées de nostre ordre,& chargées pour Roüan au Vaisseau de James Zerland, pour consigner à Robin & Ferrary, montant auec les frais en ce,─────── l. 621. 6.── à 11. l. 6436. 10.

Pour vn tonneau fustaine d'Angleterre contenant 32.pieces diuisée en 64. diuerses couleurs à 30. la ½ piece , qu'il a enuoyées de nostre ordre à Roüan esdicts Robin,& Ferrary, montant en ce, ───── l. 101. 6.4. à 11. l. 1072. 11. 6

l. 722.12.4. ── l. 7509. 1. 6

G 4

LE VAISSEAV LE CHEVALIER DE MER, Capitaine Chreſtien Iaulcem de Rotterdam, chargé à Ierniouts & Pleymonts, pour aller deſcharger à Marſeille, & conſigner à Benoiſt Robert les marchandiſes ſuiuantes,

120000. Merluches chargées à Pleymonts à compter 120. poiſſons, pour % à ß 8.4. le %, l. 500.— —
19000. Dictes à ß 8.6. le % —— —— l. 80.15.—
Sortie de 86. milliers à ß 6.3. le millier, & droict d'étrée du Vaiſſeau, l. 27. 8.-- }
Pour 28. douzaines nattes à ß 3.4. la douz. & bois mis au deſſus, — l. 4.18.4. } l. 36. 2.4.
Port au Vaiſſeau deſdicts 139. milliers à 39. deniers le millier, & autres menus frais, tout —— l. 3.16.-- }
800. Barils en 80. lets harens ſors, chargez à Ierniomts à l. 10. le lets, —— l. 800.—.--
380. Barils en 38. lets harens dicts à l. 9.-- le lets, —— l. 342.—.--
Sortie de 80. lets à ß 7. 6. l. 30. port au Nauire à 8. deniers le lets l. 3.18.8. tout —— l. 33.18.8.
Impoſition du port & deſpence au ſeiour l. 1.15. pilotage d'entrée & ſortie, —— l. 5.18.--
Port de l. 1800.- de ſterlins, de Londres à Pleymonts & Ierniomts, — l. 3.15.6.
Pour vn Pilote qui a mené ledict Vaiſſeau à Ierniomts, —— l. 2.— --
Pour vn autre Pilote qui la mené à Doures, —— l. 3.—.--
Deſpence faicte par l'homme enuoyé à Ierniomts & Pleymonts, ayant ſeiourné 65. iours à Cheual, —— l. 13.10.--
Pour ſa prouiſion & peine, —— l. 12.— --
Prouiſion de l'achapt & enuoy à 2. pour % —— l. 36.— --
Prouiſion de Londres, de l'argent fourny à 1. pour %, —— l. 11.— --
—— l. 121. 2.2.

monnoye de ſterlins, l. 1879.19.6.

Laquelle ſomme de l. 1879.19.6. de ſterlins a eſté tirée en Amſterdam à ß 34.6. pour liure de ſterlins, ſont monnoye de gros —— l. 3242.19.—
Prouiſion de Iean Oort à 2. pour %, pour donner la commiſſion & tenir correſpondance, —— l. 64.17.—
Pour auoir faict aſſeurer à Chambourg l. 2000.-- à 10. pour % —— l. 200.— —
Prouiſion à 1/3 pour % l. 10.- & courratage à 1/3 pour % l. 6. 13.4. tout —— l. 16.13.4.

Calculé à l. 6.-tournois, pour vne liure de gros, en credit à Iean Oort, —— l. 3524. 9.4. | à 14. | l. 21146. | 16.

Pour frais faicts à final par Maluaſie au deſchargement dudict Vaiſſeau venu de Marſeille, & faire conduire en magaſin 19000. merluches, & 680. barils harens, loüage de magaſin, prouiſiõ, & autres menus frais, tout l. 813.- faiſant doublons d'Eſpagne 55.8.6. à l. 14. 2/3, & à l. 7.6. tournois, ſont en credit audict Maluaſie, —— | à 16. | l. 404. | 8.
Port de final à Verſeil de 200. barils harens és mains de Ioſeph Boltreffo peſant Rub 1650. à 42. gros le Rub, ſont fl. 5775. que à ß 3.-tournois, pour florin, ſont —— | à 16. | l. 866. | 5.
Pour le port de final à Carmagnole, & loüage de magaſin, de 200. barils harens, frais de voyage allant & venant de Thurin à Carmagnole, par noſtre Pierre Alamel, crediteur en ce, —— | à 9. | l. 872. | 2.
Prouiſion de Boltreffo à 2. pour % de la vente de 200. barils harens faicte à Verſeil, courratage à 1/3 pour % tout fl. 863.4. à ß 3.- tournois pour florin, ſont en ce —— | à 16. | l. 129. | 10.
Prouiſion de Maluaſie des merluches & harens par luy venduës à final, en ce, —— | à 16. | l. 117. | —
Pour loüage dudict Vaiſſeau le Cheualier de Mer, à raiſon de l. 700.-- tournois par mois, ayant ſeiourné 3. mois, ſont en ce, —— | à 9. | l. 2100. | —
Prouiſion à 1/3 pour % payée à Roüan pour la traicte de l. 12132. faicte par ledict Oort, ſur Robin & Ferrary, crediteurs en ce, —— | à 17. | l. 40. | 8.
Profits qu'il a pleu à Dieu enuoyer ſur ce compte, en ce —— | à 41. | l. 16397. | 6.

—— l. 42073. 16.

A V O I R pour les marchandiſes cy-aprés vendus à Marſeille par Robert,
100.barils harens ſors,vendus comptant à l.25.--le baril , ————————l. 2500.—
200.barils dict à l.26.—le baril, vendu à Deſchamps,pour Roys 1625. ———l. 5200.—
50.barils dict à l.26.— le baril,vendu comptant en Arles,————————l. 1300.—
50.barils dict à l.25.— le baril, vendu comptant à Beaucaire,————l. 1250.—
100.barils dict à l.25.le baril,vendu comptant en Auignon , ————————l. 2500.—

b. 500.

10.bales peſant ℔ 2440.merluches à l.8.le ⁷⁄₉ vendu comptant audict Marſeille, —l. 195. 4.—
100.bales ℔ 24500.-dictes à l.8.10.— le ⁷⁄₉ vendu a Deſchamps,pour Roys 1625. —l. 2081.10.—
50.bales ℔ 12000.-dictes à l.8.—— le ⁷⁄₉ vendu comptant en Arles,————l. 960.—
100.bales ℔ 24700.-dictes à l.8.10.— le ⁷⁄₉ vendu comptant à Beaucaire,————l. 2099.10.—
240.bales ℔ 59100.-dictes à l.8.10.— le ⁷⁄₉ venduës comptant en Auignon, —l. 5023.10.—

l.23110.14.—

Surquoy diſtrait les frais cy-apres enſuinis ſur leſdictes marchandiſes, ————
Pour frais faicts à l'arriuée dudict Vaiſſeau à Marſeille pour le faire deſcharger
& conduire en magaſin 500.barils harens,& 110000.merluches, l.950.—
Port de Marſeille en Arles,Beaucaire,& Auignon de 200. barils harens & 95800.merluches,deſpence de bouche,& autres frais, —l.630.— ⎬ l. 2300.—
Loüage de magaſin,& proviſion dudict Robert tant de la reception
que vente deſdictes marchandiſes tout, —————————l.720.—

Reſte en debit audict Robert , —————————— à 3. l. 20810. 14.—
200.barils harens à fl.180.le baril,vendus comptant à Catinagnole en debit à Alamel, — à 9. l. 5400.—
200.barils dict à fl.185.le baril,vendus à Verſeil par Ioſeph Boltreffo,debiteur en ce— à 16. l. 5550.—
70.barils dict à l.35.- le baril,enuoyez aux noſtres de Milan, en ce , à 6. l. 2450.—
210.barils dict à l.50.-le baril,vendus à final par Maluaſie, ſont l.10500.— monnoye dudict final
faiſant doublons d'Eſpagne 715.18.2.à l.14.13.4.l'vn,& à l.7.6.tournois,ſont———— à 16. l. 5226. 2.—

b. 680.

50.bales ℔ 12350. merluches à l.13.le ⁷⁄₉ enuoyées aux noſtres de Milan,en ce ————— à 6. l. 1605. 10.—
30.bales ℔ 7000. dictes à l.18.- le ⁷⁄₉ vendues à final par Maluaſie, ſont l.1160.— monnoye dudict
final,faiſant doublons d'Eſpagne 85.18.2.à l.14.13.4. l'vn,& à l.7.6.tournois, — à 16. l. 627. 2.—
Pour benefice ſur la traicte à nous faicte d'Amſterdam,en ce, ——————— à 14. l. 404. 8.—

l. 42073. 16.—

VINCENT, ET FRANCOIS MALVASIE, de final doiuent
210.barils harens,vendus comptant audiét final à l.50.le baril , ——— ——— —— l.10500.— | à 15. | l. | 5226. | 2.
℔ 7000. merluches à l.18.-- le ²⁄₉ — —— ——— —— l. 1260.— | à 15. | l. | 627. | 2.
1000.doublons d'Italie qu'ils ont receu de noftre ordre à Genes de Lumaga,à l.10.18.l'vne,monnoye dudiét Genes,à l.14.2. monnoye dudiét final,& à l.7.2.--tournois, font en credit efdiéts Lumaga, en ce , ——— —— —— l.14100.— | à 19. | l. | 7100. —

l.25860.——— — l. 12953. | 4.

———————1625.———————
IOSEPH BOLTREFFO de Verfeil , doit pour vente de 200. barils harens par luy faiéte à fl.185.- le baril,calculé à 🜨 3.-tournois , pour florin, font ——— ——fl.37000.— | à 15. | l. | 5550. —

———————1625.———————
ESTIENNE GLOTTON de Tholoufe, doit
en Pafq.1626.pour Marchandifes à luy venduës, & liuréesà Iean Glotton le 3.Mars 1625. — | à 28. | l. | 3557. | 11.
Roys 1628.pour 42.pieces Camelots greges à l.27.10.la piece , liuré audiét le 15.Sept. 1625.en ce, | à 21. | l. | 1155. |
Aouſt 1626.pour aunes 49.¼ gafe noire damaſſée à 🜨 45.liuré audiét,le 3.Oét.1625. l.111.12.1.— | à 16. |
32.Paires bas de foye ⅞ à l.14.- liuré audiét Iean Glotton le 3. dudiét , en ce —— l. 448.— | à 10. | } l. | 559. | 12.
1626. | Roys 1627.pour 2.pieces toile, & brocat or & argent liuré audiét le 20.Feurier 1626.montant —— | à 13. | l. | 1476. |
Pafq. 1627.pour aunes 647. ⁵⁄₄ tabis de Venife couleurs ord.à l.5.5.- liuré audiét le 3.Mars 1626.— | à 22. | l. | 3398. | 18.
Pafq. 1627.pour aunes 111.⅞ fatin noir de Lucques à l.4.10.-liuré audiét le 15.dudiét en ce, — | à 23. | l. | 501. | 3.
Pafq. 1627.pour diuerfes marchandifes liurées de fon ordre à Iean Glotton le 16.dudiét, en ce, | à 35. | l. | 10308. —

—— l. 20956. | 6.

———————1625.———————
ROBERT GEHENAVD de Paris, doit
en Roys 1626.pour marchandifes à luy venduës, & liurées à Lorrin,le 3.Mars 1625.montant en ce, | à 28. | l. | 1418. | 9.
Aouſt 1626.pour marcs 231.-or filé à l.28.10.le marc la premiere forte,liuré audiét le 15.Aouſt 1625. | à 4. | l. | 7203. | 10.
Pafq. 1627.pour vne Caiffette veloux de Genes affortie , confignée audiét , le 18. Decembre 1625.
montant en ce , | à 19. | l. | 4071. | 15.
1626. | Roys 1627.pour aunes 817.¼ crefpon de Naples noir,liuré à luy le 10.Feurier 1626.en ce —— | à 12. | l. | 2658. | 1.
Roys 1627. pour aunes 13.¼ brocat blanc or & argent à 2.fil à l. 50. configné à Lorrin le 20. dudiét, | à 13. | l. | 675. —
Pafq. 1627.pour aunes 128.¼ tabis de Venife cramoify à l.5.10.configné audiét le 4.Mars 1626.— | à 21. | l. | 708. | 16.

—— l. 16735. | 13.

A V O I R pour frais par eux faicts au defchargement du Vaiffeau le Cheualier de Mer venu de Marfeille portant 19000.merluches,& 680.barils harens,loüage de magafin,prouifion , & autres menus frais, ——— ————————————l, 815. — à 15. l. 404. 8. —

Prouifion à 2.pour ⁰⁄₀ de la vente de 210.barils harens & 7000.merluches, ——— l. 235. — à 15. l. 117.

Pour 612.Sacs riz pefant ℔ 118628.à l.16.le ⁵⁄₁₂,qu'il nous ont vendu pour comptant, montant auec les frais en ce , ———————————l.19079. 2.7. à 17. l. 9496. 4. —

Qu'ils ont fuurny pour le port de 559. facs riz de Thurin à final , & autres frais par eux faicts au chargement du Vaiffeau le Cheualier de Mer,& prouifion en ce , ——l. 3752.12. — à 17. l. 1867. 15. 3

Pour nolis , & autres frais par eux faicts à la reception de 10. Caiffes femence de vers à foye venuës de Valence en Efpagne,& 50.bales draps venus de Marfeille, qu'ils ont le tout enuoyé à Thurin és mains d'Alamel, ———————l. 430. — à 11. l. 214.

Qu'ils ont payé en 105.⁷⁄₁₀ doublons d'Efpagne à noftre Pierre Alamel , à l.14.⁵⁄₇ l'vn, & à l.7. 6. tournois , font en ce ——————————l. 1550. 5.5. à 9. l. 771. 12.

Perte de monnoye ——————————————l. à 17. l. 82. 4. 9

l.25860. ——— l. 12953. 4. —

————————1625.————————

A V O I R pour port de final à Verfeil de 200.barils harens, ——— ————fl. 5775. — à 15. l. 866. 5.

Pour fa prouifion de la vente defdicts 200. barils harens à 2.pour ⁰⁄₀ , & courratage à ⅓ pour ⁰⁄₀ tout ————————————fl. 863. 4. — à 15. l. 129. 10.

Qu'il a payé de noftre ordre à Pierre Alamel,debiteur en ce, ——————fl.30361. 8. — à 9. l. 4554. 5.

florins 37000. ——— l. 5550.

————————1625.————————

A V O I R en Pafques 1625. efcompté à 10. pour ⁰⁄₀ que le portons debiteur au Carner defdicts payemens f.17.cy, ——— à 38. l. 3557. 11. 8

Aouft 1626.efcópté à 107.⅓ pour ⁰⁄₀ l.559.12.1.⎫ portez debit.au Carnet des Saincts 1625.f.17. cy à 42. l. 2035. 12. 1
Roys 1627.efcópté à 112.⅓ pour ⁰⁄₀ l.1476. ⎭

Porté debiteur au liure B, f° 4. pour foude, ————— à 44. l. 15363. 2. 6

l. 20956. 6. 3

————————1625.————————

A V O I R en Roys 1616.efcompté à 2.⅓ l.1418. 9.9.⎫ en debit au Carnet des Saincts 1625.f° 18. à 41. l. 8621. 19. 9
En Aouft 1626. efcompté à 7. ⅟₂ ———l.7203.10.⎭

Porté debiteur au liure B, f° 4. pour foude de ce compte , ————— à 44. l. 8113. 13. 4

l. 16735. 13. 1

LE VAISSEAV LE CHEVALIER DE MER, Capitaine Chreftien Iaulcem, chargé à final pour porter en Amfterdam , & configner à Iean Oort les marchandifes cy-apres , de compte à moitié auec luy,

612.	Sacs riz pefant ℔ 118628.acheptez à final de Maluafie à l.16.le $\frac{1}{2}$———— ———l.18980. 9.7.				
	Port,& poids l.33.port au Vaiffeau l.36.peage à 6. & le $\frac{1}{2}$ l. 29.13. tout ——— ———l. 98.13.—				
		Monnoye de final l.19079. 2.7.			
	Sont doublons d'Efpagne 1300.17.3 l.14.13.4.l'vn,& à l.7.6.tournois,font en credit à Maluafie , ———	à 16.	l.	9496.	4.
565.	Sacs pefant net 1559. quintaux acheptez à Genes à l. 12. 12. 6. font l. 19682.7. 6. port au Nauire l.98.17.6.poids,& marque l.27.— tout l.19808.5. font doublons d'Italie 1817.5.6.à l.10.18, l'vn, & à l.7.2.tournois,font en credit à noftre Pierre Alamel , en ce ——— ———	à 9.	l.	12902.	13.
359.	Sacs pefant Rubt 2940.à fl.6.6.le Rubt,font ——— ———fl.19110.—				
	Port au magafin,& filet pour les faire accommoder & coudre , ——— ———fl. 120.3.—				
	Pour 359. facs pour mettre ledict riz à fl.2.6, l'vn, mefurage & embalage , tout ———fl. 987.6.—				
		fl.20217.9.—			
	Sont doublons d'Efpagne 439.$\frac{1}{2}$ à fl.46.l'vn,& à l.7.6.tournois,font en credit audict Alamel , ———	à 9.	l.	3208.	7.
	Pour le port iufqu'à final defdictes 359. facs à gros 42. le Rubt font fl.10290. que à fl. 46. pour vn doublon d'Efpagne valant l.14.13.4.monnoye de final font ——— ———l.3280.18.8.				
	Pour les remballer l.8.19.port & poids l.17.19. ——— ———l. 26.18.—				
	Port au Nauire l.17.19.peage de terre à 6.denier pour $\frac{1}{2}$ l.13.13. — tout ——— ———l. 33.12.—				
	Prouifion defdicts Maluafie qu'y ont faict charger, ——— ——— ———l. 411. 3.4.				
		Monnoye de final l.3752.12.—			
	Sont doubl.d'Efpagne 255.17.2.à l.14.13.4. l'vn,& à l.7.6.tournois,font en credit efdicts Maluafie,—	à 16.	l.	1867.	15.	3
	Pour plufieurs voyages faicts à Verfel final,& Genes par noftre dict Alamel, ———	à 9.	l.	181.	16.
		27656.13.3.			
	Pour noftre prouifio à 2.pour $\frac{1}{2}$ de l.27656.que môte l'achapt cy-deffus en credit à negoce dePiedmôt.	à 10.	l.	553.	2.	8
	Perte fur l'argent pris à Genes par Maluafie, en ce ———	à 16.	l.	84.	4.	9
	Pour l'affeurance faicte en Amfterdam de l.3900.- de gros fur ledict Vaiffeau à 6. pour $\frac{1}{2}$ font l. 234. monnoye de gros,que à l.6.tournois l'vne, valent en credit audict Oort , ——— ———	à 14.	l.	1404.		
	Pour perte fur la remife de noftre moitié de la vente,en ce,———	à 14.	l.	625.	14.	3
	Pour noftre moitié du profit qu'il a pleu à Dieu y ennoyer,en credit à profits & pertes,———	à 41.	l.	5322.	13.	5
1536.			l.	35644.	10.	4

———————1625.———————

IACQVES ROBIN, ET PIERRE FERRARY, de Roüan doiuent l.13493.1.9. que les portons crediteurs au Carnet des Roys 1625.f° 5. & en ce ———

à 5.	l.	13493.	1.	9

———————1625.———————

IEAN DES LAVIERS de Paris, doit
Pour Roys 1626.l'efcompte à fa volonté pour aunes 142.9.7. veloux noir fonds armoifin à l.9. liuré le 8.Mars 1625. ———

Pour Roys 1626. ... le 8.Mars 1625.	à 8.	l.	1282.	6.	5
Pafques 1626.pour aunes 375.$\frac{1}{2}$ fatins de Bologne cramoify à l.8.10.liuré à luy le 10.dudict ———	à 18.	l.	3192.	6.	4
Aouft 1626. pour aunes 127. $\frac{1}{2}$ crefpons de Naples à l.3.5. configné à François Petit l. 414.12.11.	à 12.				
Aunes 243.18.4.Sargette de Milan noire à l.3.10.-configné audict le 3.Auril 1625.—l. 853.14. 2.	à 13.	} l.	6763.	5.	
Aunes 646. 9.2. Satin noir de Genes à l.8.10. ———l.5494.17.11.-	à 19.				
Aouft 1626.pour 96.pieces crefpes de Boloigne liurées à luy le 6. Iuillet 1625. montant ———	à 13.	l.	3265.	16.	6
		l.	14503.	14.	1

A V O I R pour la moitié de l'achapt & deſpens cy-contre en debit à Iean Oort ——— à 14. | l. 14848. | 1. | 4

Vente faicte en Amſterdam par ledict Oort.

302.	Sacs ℔ 48302.-ris à ₰ 50.--le $\frac{8}{9}$ l'eſcompte à 5.pour $\frac{8}{9}$ ———	l.1207.11.--		
159.	Sacs ℔ 25926.-dicta ₰ 55.--le $\frac{8}{9}$ l'eſcompte à 10. pour $\frac{8}{9}$ ———	l. 712.19.3.		
882.	Sacs ℔ 193833.-dict à ₰ 57.6.le $\frac{8}{9}$ l'eſcompte à 12.$\frac{1}{2}$ pour $\frac{8}{9}$ ———	l.5572.14.--		
168.	Sacs ℔ 37358.-dict à diuers prix pour comptant eſtant gaſté ———	l. 732.12.9.		
25.	Sacs iettez en Mer, la chambre ayant taxé tant pour ledict iet, que pour le dommage			
	des ſuſdicts 168.ſacs tarez,que les aſſeureurs doiuent payer ———	l. 207. 3.--		

l.8433.--

Frais enſuiuis ſur la reception & vente deſdicts riz.

Loüage dudict Vaiſſeau pour 3. mois qu'il a ſeiourné de Marſeille à Amſterdam à rai-
ſon de l.116.13.4.pour chacun mois, ——— l.550.--- ⎫
Pour frais faicts à final,Genes, & Ligorne,——— l. 15.17.-- ⎪
Pour deſcharger leſdicts riz ,& droit d'entrée à ₰ 1.le $\frac{8}{9}$——— l.103. 2.-- ⎪
Port au poids à 6.$\frac{8}{9}$ pour bale,& droit du poids,——— l. 99. 5.-- ⎬ l.1500.17.--
Loüage du grenier pour vn an——— l. 22.10.-- ⎪
Prouiſion dudict Oort à 2.pour $\frac{8}{9}$ ——— l.168.13.-- ⎪
Eſcompte de l.1207.11.- à 5.pour $\frac{8}{9}$ ——— l. 57.10.-- ⎪
Eſcompte de l.712.19.3.à 10.pour $\frac{8}{9}$,& de l.5572.14.à 12.$\frac{1}{2}$ ——— l.684.--- ⎭

Reſte monnoye de gros l.6932. 3.--

1536. | Qu'eſt pour noſtre moitié l.3466.1.6.monnoye de gros,que à l.6.-tournois l'vne,ſont ——— à 14. | l. 20796. | 9. | ——

l. 35644. | 10. | 4

———1625.——

A V O I R pour nolis , prouiſion , & autres frais par eux fournis à la reception de 8. bales ſarges
perpetuanes venües de Londres,qu'ils nous ont renuoyé par conduicte de Benoiſt Valence en ce à 11. | l. 197. | 5. | ——
▽ 357.10.6.que à 68.ſterlins pour ▽ leur ont eſté tirez pour noſtre compte de Londres par Abra-
ham Bech,debiteur en ce , à 14. | l. 1072. | 11. | 6
Prouiſion à $\frac{1}{3}$ pour $\frac{8}{9}$ de ladicte traicte——— à 11. | l. 3. | 11. | 6
Pour nolis,& autres frais par eux fournis à la reception d'vn tonneau fuſtaine venant d'Angleter-
re qu'il nous a renuoyé par conduicte de Benoiſt Valence,en ce , à 11. | l. 47. | 5. | ——
▽ 4044.- que à 124.gros pour ▽ leur ont eſté tirez de noſtre ordre par Iean Oort,debiteur en ce, à 14. | l. 12132. | | ——
Pour leur prouiſion à $\frac{1}{3}$ pour $\frac{8}{9}$ de ladicte traicte en ce, ——— à 15. | l. 40. | 8. | 9

l. 13493. | 1. | 9

———1625.——

A V O I R
En Roys 1626. l'eſcompte à 107.$\frac{1}{2}$ pour $\frac{1}{3}$ l. 1281.6.3.⎫ en debit au Carnet de Paſques 1625.f.17.cy à 38. | l. 4474. | 12. | 7
Paſques 1626.l'eſcompte à 10.—— l. 3191.6.4.⎭
Aouſt 1626.l'eſcompte à 7.$\frac{1}{2}$ l.10029.1.6. en debit au Carnet des Saincts 1625.f.17.par Guetton, à 42. | l. 10029. | 1. | 6

l. 14503. | 14. | 1

H

SATINS DE BOLOGNE, de compte à moitié auec Laurens Fiorauanty, doiuent pour les cy-apres,

370.aunes 40.10.10.br.76.	Satin rouge cramoisy	brasses 704.5. pour br.701. $\frac{1}{4}$ à l.5.15.	l.4035. 1.3.
400.aunes 41.15.—br.78. 5.	dict		
399.aunes 37.17. 6.br.71.	dict canelé cramoisy,		
398.aunes 38.13. 4.br.72.10.	dict		
389.aunes 34. 2. 6.br.64.	dict colôbin cramoisy,		
390.aunes 36. 5.—br.68.	dict		
395.aunes 38.——br.71. 5.	dict violet cramoisy,		
401.aunes 37.17. 6.br.71.	dict prince cramoisy,		
388.aunes 34. 7. 6.br.64.10.	dict incarnadin		
384.aunes 36. 2. 6.br.67.15.	dict		
392.aunes 35. 1. 8.br.65.15.	dict minime,	brasses 417.5. pour br.415. $\frac{3}{4}$ à l.5.	l.2078.15.–
393.aunes 34.18. 4.br.65.10.	dict		
397.aunes 37.17. 6.br.71.	dict tristamie,		
387.aunes 34.18. 4.br.65.10.	dict turquin,		
411.aunes 41. 1. 3.br.77.	dict blanc,		
405.aunes 37.13. 4.br.72.10.	dict		
	Embalage,& port de ib 240.iusqu'à Milan,		l. 77.13.–
		Monnoye de Bologne	l.6191. 9.3.
		Qu'est pour nostre moitié	l.3095.14.7.

Laquelle somme de l. 3095. 14. 7. a esté tirée à Plaisance en Foire de la Purification en ▽ 482.7.8. d'or de marc changés à 151.pour %, & de ce lieu se sont preualus à Lyon auec leur prouision en ▽ 604.19.8.d'or sol à 80.pour % sur Lumaga & Mascranny crediteurs au Carnet des Roys 1625. f° 5. & en ce,	à 5.	l.	1814.	19.
Port de Milan à Lyon l.25.10.- dace de Suse l.30. - doüanne de Lyon l. 234. 6. 3. change desdicts frais de Roys iusqu'en Pasques à 2.pour % l.5.15.11. Courratage du vendu à ½ pour % l.24.5.4. prouision de la vẽte à 4.pour % pour demeurer du croire l.194.2.10.escompte de l.4853.11.4. (que monte la vente cy-contre)à 112.½ pour % l.539.5.8. tout en credit à despences,	à 4.	l.	1053.	6.
Pour la moitié de la vente cy-contre rabbatu ½ des frais que faisons bon audict Fiorauanty au Carnet des Roys 1625.f° 6.& en ce,	à 5.	l.	1900.	2.
Pour nostre moitié du profit qu'il a pleu à Dieu enuoyer sur ce compte,	à 41.	l.	85.	3.
	—	l.	4853.	11.

—— 1625. ——

ANDREA DIECEMY, ET FORTENGVERRA BENASCEY, de Messine doiuent ▽ 5000.- de reaux à ₰ 70.-pour ▽ à eux enuoyez sur vne Galere de France, que à Taris 15.& grains 15.pour ▽, sont en credit à Benoist Robert de Marseille, —— onces 2625.	à 3.	l.	17500.	—
▽ 810 7.3.d'or de marc, qu'ils nous ont tiré à Noue en Roys 1625.à carlins 32.pour ▽, sur Lumaga au Carnet des Roys 1625.f° 4.& en ce —— onces 432.5.16.	à 5.	l.	3030.	—
onces 3057. 5.16.	—	l.	20530.	—

—— 1625. ——

NICOLAS HERVE, ET GVILLAVME SAVARRY, de Paris doiuent du 10.Mars 1626.pour Roys 1626.pour marchandises liurées audict Sauarry, montant en ce,	à 8.	l.	2443.	5.
Pasq. 1626.pour aunes 221.½ satins de Bologne, couleurs communes à l.7.10.liuré audict Sauarry, le 20. dudict	à 18.	l.	1661.	5.
Aoust 1626.pour 40.pieces crespes de Bologne, consignées à Blandin le 8.Iuillet 1625.en ce,	à 13.	l.	1601.	—
Aoust 1626. pour aunes 768.- tabis noir de Venise à l.5.- liuré audict Blandin le 15.dudict	à 22.	l.	3840.	—
Touss.1626.pour 3.pieces satins & damas de Lucques consignez audict le 10. Septembre 1625.	à 23.	l.	770.	13.
	—	l.	10316.	3.

AVOIR pour les cy-apres vendus à diuers,

	aunes			
· 370.aunes 40.10.10.Satin rouge cramoify				
· 400.aunes 41.15.―dict				
· 399.aunes 37.17. 6.dict canelé cramoify,				
· 398.aunes 38.13. 4.dict ―――				
· 389.aunes 34. 2. 6.dict colóbin cramoify,	aunes 375.⁷⁄₁₂ à l.8.10.―――			
· 390.aunes 36. 5.―dict	pour Iean des Lauiers le 10.Mars 1625.pour Pafq.1626. à 17. l. 3192. 6. 4			
· 395.aunes 38.―― dict violet cramoify,				
· 401.aunes 37.17. 6.dict prince cramoify,				
· 388.aunes 34. 7. 6.dict incarnadin―――				
· 384.aunes 36. 2. 6.dict ―――				
· 392.aunes 35. 1. 8.dict minime,				
· 393.aunes 34.18. 4.dict ―――				
· 397.aunes 37.17. 6.dict triftamie, ――	aunes 221.⁷⁄₁₂ à l.7.10.―――			
· 387.aunes 34.18. 6.dict turquin, ――	Pour Heruè,& Sauary,le 20.Mars 1624.pour Pafq.1626. à 18. l. 1661. 5.―			
· 411.aunes 41. 1. 3.dict blanc, ―――				
· 405.aunes 37.13. 4.dict ―――				

―――― l. 4853. 11. 4

―――1625.―――

AVOIR pour 10.bales foye Meffine qu'ils ont chargées fur vne Galere de Genes,Capitaine dom
Carles de Ria,pour configner à Tholon à Deburgues,lequel doit enfuiure l'ordre de Benoift Robert
de Marfeille.

8.	℔ 2200.-net foye Meffine de Mefo fine à tari 30. & grains 16.la ℔ font ―― onces 2258.20.―		
1.	℔ 275.- dicte fine de Ramette,& la Rocque à tari 31.12. ―― onces 289.10.―		
1.	℔ 275.- dicte de Montagne à ―――tari 30. 6.――― ―――onces 277.22.10.		
	Poids & courratage de ℔ 2750.- à 4.grains pour ℔ ――― ――― onces 18.10.―		
	Pour les 2.gabelles de Meffine à 3.carlins pour ℔ ――― ―――onces 137.15.―		
	Pour l'embalage à tari 46.pour bale――― ――― ――― onces 15.10.―		
	Prouifion à 2. pour ⁰⁄₀ ――― ――― ――― ――― onces 59.28. 6.		

onces 3057. 5.16. à 3. l. 20530. 9

AVOIR

En Roys 1626.l'efcompte à 7.⁷⁄₂ pour ⁰⁄₀ l.2443.5.2.	⎫ en debit au Carnet de Pafq. 1625.f⁰ 17.& en ce, à 38. l. 4104. 10. 2		
Pafques 1626.l'efcompte à 10. pour ⁰⁄₀ l.1661.5.―	⎭		
Aouft 1626.l'efcompte à 7.⁷⁄₂ pour ⁰⁄₀ que les portons debit. au Carnet des Sainéts 1625.f. 17. & en ce à 42. l. 5441.―― 6			
Portez debiteurs au liure B,f⁰ 4.& en ce,――― ――― ――― ――― ―― à 44. l. 770. 13. 1			

―――― l. 10316. 3. 9

H 2

DRAPS DE SOYE DE GENES doiuent pour les cy-apres,

245.aunes 81. 5.--palm.390.—
246.aunes 80. 2.6.palm.384. 10.
247.aunes 81. 2.6.palm.389. 10.
248.aunes 80.12.6.palm.387.— } palmes 3103. Satin noir à ſ 41. —— ——l. 6361. 3.—
249.aunes 80.——palm.384.—
250.aunes 81.13.4.palm.392.—
251.aunes 80.16.8.palm.388.—
252.aunes 80.16.8.palm.388.—
81.aunes 29. 1.3.palm.139. 10.Veloux noir 3.poil à ſ 73. —— —— ——l. 509. 3.6.
82.aunes 29. —palm.139.—
83.aunes 29. 7.6.palm.141.— } palmes 422.$\frac{1}{2}$ dict 2. poil à ſ 64. —— ——l. 1352.——
84.aunes 29.13.9.palm.142. 10.
85.aunes 29. 7.6.palm.141.—
86.aunes 28.15.—palm.138.— } palmes 417.$\frac{1}{2}$ dict poil $\frac{1}{2}$ à ſ 58. —— ——l. 1210.15.—
87.aunes 28.17.6.palm.138. 10.
88.aunes 29. 1.3.palm.139. 10.
89.aunes 28.15.--palm.138.— } palmes 413. dict renforcé à ſ 53. —— ——l. 1094. 9.—
90.aunes 28. 5.—palm.135. 10.
91.aunes 29. —palm.139.—dict demy renforcé à ſ 46.6.—— —— ——l. 323. 3.6.
Emb.deſdictes 2.Caiſſes n° 1.2.prouiſiõ à 1.pour $\frac{0}{0}$,& autres frais, l. 263.——

Monnoye courante de Genes, l. 11113.14.—

Leſquelles l.11113.14.font doublons d'Eſpagne 958.1.6.à l.11.12. l'vn,& à l.7.7. tournois,ſont en credit à Lumaga de Genes, —— —— —— —— | à 19. | l. 7041. | 17.
Port de Genes à Lyon des ſatins l. 30.-- dace de Suſe l. 35. & doüanne de Lyon l.252.-tout en credit à deſpences,—— —— —— ——l.317.— }
Port des veloux l.30.dace l.41.doüanne de Lyon,l.308.9.4. tout ——l.379.9.4. } | à 4. | l. 696. | 9.
Pour aduance en credit, à profits & pertes —— —— —— —— | à 41. | l. 1828. | 6.

—— | l. 9566. | 13.

——————1625.——————

OCTAVIO, ET MARC-ANTOINE LVMAGA de Genes, doiuent que les portons crediteurs au Carnet des Roys 1625. f° 4. & en ce, —— —— ——l.32913.14.— | à 5. | l. 21291. | 17.

——————1625.——————

PIERRE LAMY D'ALEP, doit ▽ 6000.-- de reaux à ſ 70.-- tournois l'vn,à luy enuoyez par le Vaiſſeau l'Ange Gabriel,Capitaine Iean Baptiſte Lagorio, pour employer en achapt des ſoyes valans à raiſon d'vn eſcu de reaux pour 1.$\frac{1}{2}$ piaſtre, en credit à Benoiſt Robert de Marſeille, en ce, —— —— —— —— —— —— —— —— piaſtres 9000.—— | à 3. | l. 21000. | ——
▽ 12166.$\frac{2}{3}$ de reaux à ſ 69.9.l'vn à luy enuoyez, & conſignez à George Boulano, Capitaine du Vaiſſeau S.François de Paule à 1.$\frac{1}{2}$ piaſtre pour ▽, —— —— piaſtr. 18250.—— | à 3. | l. 42431. | 5.
Et piaſtres 265. aſpr. 33. que à 93. aſpr. $\frac{1}{3}$ pour piaſtre luy ont eſté remis de Conſtantinople par Iean Scaich faiſant ▽ 176.$\frac{2}{3}$ de reaux à ſ 70.l'vn,& à 1.$\frac{1}{2}$ piaſt. ſont piaſt. 265.22.— | à 20. | l. 618. | 6.
▽ 498.- de reaux qu'il a tiré de noſtre ordre à Marſeille ſur Benoiſt Robert à payer à ſ 70.l'vn à Scipion Manfredy, Capitaine du Vaiſſeau S. Antoine, pour valeur receuë de luy audict Alep,en ce—— —— —— —— —— ——piaſtr. 748.14.— | à 3. | l. 1743. | ——

Piaſtres 28263.36.— | —— | l. 65792. | 11.

A V O I R pour les cy-apres vendus à diuers,

245.aunes 81. 5.—				
246.aunes 80. 2.6.				
247.aunes 81. 2.6.				
248.aunes 80.12.6.	Satin noir dict à l.8.10.-- pour Iean des Lauiers debiteur en ce,	à 17 l.	5494.	17. 11
249.aunes 80.—				
250.aunes 81.13.4.				
251.aunes 80.16.8.				
252.aunes 80.16.8.				

81.aunes 29. 1.3. Veloux noir 3.poil à l.14.15.—				
82.aunes 29.—				
83.aunes 29. 7.6. dict 2. poil à ──l.13.15.—				
84.aunes 29.13.4.				
85.aunes 29. 7.6.				
86.aunes 28.15.— dict poil ½ à ── l.12.15.— Pour Robert Gehenaud de Paris,debiteur en ce	à 16. l.	4071.	15. 3
87.aunes 28.17.6.				
88.aunes 29. 1.3.				
89.aunes 28.15.-- dict renforcé à── l.11.15.—				
90.aunes 28. 5.—				
91.aunes 29. ──dict demy renforcé à l.10.15.—				

	l. 9566.	13. 2

────1625.────

A V O I R en Roys 1625. pour 2.Canies fatins , & veloux confignées à Gabaleon
le 15.Ianuier 1625.montant auec les frais en ce , ─── ─── ─── l. 11113.14. à 19. l. 7041. 17.─
1000. doublons d'Italie effectifs à l.10.18.l'vn monnoye de Genes,qu'ils ont payé de
noftre ordre a Maluafie debiteurs en ce ─── l. 10900.── à 16. l. 7100.─
1000. doublons d'Italie effectifs a l. 10. 18. qu'ils ont liuré de noftre ordre à noftre
Pierre Alamel debiteur en ce, ─── ─── ─── l. 10900.── à 9. l. 7150.─

l. 32913.14.──	l. 21291.	17.──

────1625.────

A V O I R pour le nolis defdicts ⱱ 6000. de reaux qu'il a payez audict Capitaine
Lagorio , ─── ─── piaftres 15.─
Pour nolis de ⱱ 12166.⅞ de reaux qu'il a payez a George Boulano.─── piaftr. 30.─
Bales 16.─Rottes 719.⅞ foye legis a piaftres 11.& 2.medins le rotte font,─── piaftr. 7941.34.
Bales 34.-- Rottes 1600.--Soye dicte à piaftres 11.-le rotte ─── piaftr. 17600.──
Lefquelles bales 50.--nᵒ 1.à 50.ont efté chargées fur le Vaiffeau S.Antoine Pa-
tron Scipion Manfredy , auec ordre de les configner à Marfeille à Benoift Ro-
bert,lequel doit enfuiure noftre ordre , embalage & autres frais y compris 2.
pour ⅞,pour le Confulat , ─── ─── piaftr. 1299.36.
Menus defpens en Alexandrette,droict de Lermin, & Age d'Alexandrette, à 3.
pour ⅞.piaftres 823.9.prouifion dudict Lamy à 2.pour ⅞,piaftr.554.10.tout piaftr. 1377.19.

piaftres 28263.36.

Lefquels piaftres 28263. & 36.medins , calculez à raifon que les piaftres 27250. cy - contre
rendent l.63431.5. font en debit à foyes de Mer , ─── ─── à 3. l. 65789.─
Perte de monnoye en ce,─── ─── à 3. l. 3. 11. 8

	l. 65792.	11. 8

MARCHANDISES en compagnie de Bolofon pour ¼, & nous pour les ¼ enuoyées à Conftantinople par voye de Marfeille, és mains de Iean Scaich, pour en faire la vente, & chargées fur le Vaiffeau S. Hilaire, Capitaine Boutin.

461.aunes 24.——-Veloux incarnadin 2.poil ⎫		
1483.aunes 17.12.6.dict rouge cramoify ——⎰ à——l.17.——		
1527.aunes 24.15.—Satin canelé 5.couleurs —⎫		
1300.aunes 32. 6.8.dict——		
683.aunes 35. 5.—dict orangé paftel, ——⎬ à——l. 7.——		
1266.aunes 12.10.—dict——		
988.aunes 24. ——dict vert naiffant		
758.aunes 36. 2.6.dict fleurdelin Arabefque,⎭		
1852.aunes 33.—— dict canellé 4.fleurs à——l. 6.5.—⎰		

Pour comptant rabbatu l'efcompte à 15.pour ⅙, refte en credit à Manis au Carnet des Roys 1625. f° 6. & en ce , —— à 5. l. 1798. 15.

504.aunes 12.10.—Veloux fonds d'argent Turque 4. fleurs,⎫		
59.aunes 17.12.6.dict fonds d'or ——		
419.aunes 12.10.—dict fonds bleuf, —— ⎬ à l. 18,		
701.aunes 17.12.6.dict fonds blanc, ——		
720.aunes 18. 7.6.Veloux fonds taffetas Napolitaine orangé paftel à l.9.—⎭		

pour comptant en ce à 8. l. 1249. 17.

Frais d'embalage, caiffe de bois, & toile cirée par defpences, —— à 4. l. 6. ——

Port de Lyon à Marfeille de ladicte Caiffe l.8.12. fortie de Marfeille l.9.3. en credit à Robert, —— à 3. l. 17. 15.

Pour ¼ de piaftres 265.que monte la remife faicte par noftre compte par ledict Scaich en Alep à bon côpte de la vente cy-côtre, que faifons bô à Bolofon au Carnet de Pafq.1525.f°6.afpres 8255.¼ à 38. l. 206. 2.

Pour ¼ de 4.bales Camelots acheptez à Conftantinople par ledict Scaich , pour foude du prouenu de la vente cy-contre en credit à Camelots en compagnie de Bolofon, ——afpres 45667.¼ à 21. l. 975. 10.

53923.—

Pour nos ¼ du profit qu'il a pleu à Dieu enuoyer en ce compte, —— à 41. l. 1377. 9.

——	l. 5631.	8.

1625.

IEAN SCAICH de Conftantinople doit pour le net procedit de la vente par luy faicte de nos marchandifes, tant au comptant que en trocque de Camelots, —— afpr.161769.—— à 20. l. 3455. 19.

Pour aduance fur la remife de 265.piaftres par luy faicte en Alep, qui fe font paffées audict lieu à raifon de 2.¼ piaftre pour vn efcu de reaux de ₰ 70.piece, en ce , —— à 20. l. 88. 17.

——	l. 3544.	16.

AVOIR pour $\frac{1}{3}$ de l'achapt & despens cy-contre, en debit à Boloson au Carnet des Roys 1625. f.6. & en ce — à 5. l. 1024. 2. 6

461.aunes 10.——pics 18.—Veloux incarn.2.poil
1483.aunes 9. 3.4.pics 16.10.dict rouge, —— } pics 34.$\frac{1}{2}$ à 510. aspres le pic sõt aspr. 17555.
720.aunes 18. 7.6.pics 32. 5.Veloux fonds armoisin orangé à 255.aspres le pic, —— aspr. 8224.
701.aunes 17.12.6.pics 31.—Vel.à la Turque fõds blãc, à piast.6.le pic, & la piast.à 90.aspr. 16740.
1483.aunes 8. 9.2.pics 14.10.Vel.rouge cram.à 510.aspr. le pic cõptant à Solimã Aga, aspr. 7395.
683.aunes 35. 5.—pics 62.—Satin orangé
1527.aunes 24.15.—pics 44.10.dict canelé
988.aunes 24.——pics 43.—dict vert, — } pics 149.$\frac{1}{2}$ à 190. aspr. le pic vendu à Thomas Fournety, pour payer en Alep dans 2. mois, — asp. 28405.
1266.aunes 12.10.—pics 22.—dict orangé à 210.aspres le pic, font — aspr. 4620.
1852.aunes 33.——pics 57. 5.dict canelé à 210.asp.le pic, — asp. 12022.
59.aunes 17.12.6.pics 31.—Vel.à la Turque fõds d'or à piast.7.le pic, & la piast.à 100.aspr. 21700.
461.aunes 14.——pics 25.—Veloux incarnadin 2.poil à 510.aspr.le pic, — asp. 12750.
758.aunes 36. 2.6.pics 65.—Satin fleurdelin à piastres 2.& la piast.à 100.aspr. — aspr. 13000.
504.aunes 12.10.—pics 22.—Vel.à la Turque fonds d'argent
419.aunes 12.10.—pics 22.—dict fonds bleuf — } pics 44.à aspr.816. le pic
Vendu à Cacan Elias Osiel, pour payer en Camelots 4. fil à piastres 260. la table de pieces 34. — aspr. 35900.

aspres 178311.

Frais ensuiuis tant à la reception que vente desdictes marchandises
pour Nolis de ladicte Caisse n° 1.receu par le Vaisseau S. Hilaire & payé au Capitaine Boutin, — aspres 270.
Droict de doüanne à 5.pour %, de 7.pieces satin, tirant aunes 198. font pics 356.estimées à 150.aspr.le pic font asp.2672.
Pour le mesme droict de 7. pieces veloux aunes 110. pics 198.à 400.aspres le pic font — aspres 3960.
Pour Sarafage à 5. aspres pour mille, pour l'estimeur de doüanne à vn sequin la Caisse, & autres frais, — asp.6160.
Prouision de la vente à 2.pour %, — asp.3480. } aspr. 16542.

Reste aspres 161769.

Lesquels aspres 161769. font piastres 1470.$\frac{5}{8}$ à 110. aspres la piastre, & à ₰ 47. tournois l'vn, font en debit à Iean Scaich en ce, — à 20. l. 3455. 19. 4
Pour benefice de remise faicte en Alep par ledict Scaich, — à 20. l. 88. 17. 4
Pour nos $\frac{1}{3}$ du profit faict sur la vente des Camelots enuoyez de Cõstantinople, à 21. l. 803. 16. 5
1300. aunes 32. 6. 8.Satin canelé 5.couleurs à l.8. -- restans à vendre és mains dudict Scaich en debit au liure B, f° 4.& en ce, — à 44. l. 258. 13. 4

— l. 5631. 8. 11

——— 1625. ———

AVOIR pour 4.tables Camelots blancs 4.fil contenant 168. pieces à piastre 260. la table de 34. pieces qu'il a acheptées de Elias Osiel, & chargées sur le Vaisseau S. François, Patron Baralier, pour descharger à Marseille, & les consigner à Benoist Robert, — aspres 128470.
Menus despens à l'achapt desdicts Camelots pour les Gouuerneurs & Ianissaires, de Camp à 40. aspres la table de 34.pieces, — aspr. 204.
Port du Camp à la doüanne de Constantinople, & Ianissaires de Contrade, — aspr. 120.
Droict de doüanne à 5.pour % payé pour 5.tables estimées à mil 25.aspres la table de pieces 34.font aspres 3100.Dare Doro, & Sarafage aspr.130.tout — aspr. 3230.
Menus droicts de ladicte doüanne aspres 176.embalage, port au Vaisseau, & autres mememus frais, tout — aspr. 2410.
Prouision à 2. pour % — asp. 2569.

aspres 137003.

Lesquels aspres 137003. ont esté calculez à raison que les aspres 161769. cy-contre ont rendu l.3455.19.4. sont en debit à Camelots en compagnie de Boloson, — à 21. l. 2926. 10. —
Et piastres 265.& aspres 32.que à 93.aspres $\frac{1}{2}$ la piastre, il a remis de nostre ordre en Alep à Pierre Lamy debiteur en ce — aspr. 24766. à 19. l. 618. 6. 8

Aspres 161769. — l. 3544. 16. 8

CAMELOTS DE LEVANT en compagnie de Boloson pour $\frac{1}{3}$, & nous pour les $\frac{2}{3}$ doiuent pour les cy-apres enuoyez de Constantinople par Iean Scaich.

bal. 4. Pieces 168.- Camelots greges 4. fil, montant auec les frais en ce, — à 20. l. 2926. 10.
Pour voyture & doüanne desdictes 4. bales Camelots en credit à despences - l. 72.7.4.
Prouision de la vente à 2. pour % l. 86.2. courratage à $\frac{1}{2}$ pour % .. 14.6. tout - l. 100.8.— } à 4. l. 172. 15.
Pour le $\frac{1}{3}$ de la vente au comptant cy-contre, rabatu le $\frac{1}{3}$ des frais en credit audict Boloson au Carnet de Pasques 1625. à 6. & en ce, — à 38. l. 222. 8.
Pour le $\frac{1}{3}$ de la vente à terme, apartenant audict Boloson, en ce — à 21. l. 1155. —
Pour nos $\frac{2}{3}$ des profits qu'il a pleu à Dieu y enuoyer, en ce — à 10. l. 803. 16.

l. 5280. 10.

— 1625. —

VESPASIAN BOLOSON doit

En Pasques 1628. pour ℔ 5219. Soye lege à l. 10.17.6. d'accord à luy liuré le 3. Decembre 1625. en ce, à 3. l. 56756. 12.
Porté crediteur au liure B, f° 3. & en ce, — à 44. l. 1155. —

l. 57911. 12.

— 1625. —

CAMELOTS DE LEVANT de nostre compte doiuent pour les cy-apres,

bal. 7. pieces 294. Camelots greges 2. fil à d. 6.16.$\frac{1}{2}$ — ducats 1966. 3.
bal. 5. pieces 210. dict — 3. fil à d. 7.16. — d. 1610. —
bal. 3. pieces 126. dict — 4. fil à d. 10. 6. — d. 1291. 12.
Frais d'embalage, & prouision à 1. pour % — d. 208. 7.
bal. 15.

ducats 5075. 22.
Pour age desdicts ducats 5075.22. à 120. pour %, pour reduire le payement en monnoye de change, — d. 845. 23.

Reste monnoye de change d. 4229. 23.
Calculé à ₰ 50.- tournois pour vn ducat, sont en credit à Tasca — à 21. l. 10574. 18.
Pour port, dace, & doüanne desdictes 15. bales, reuenant à l. 83.6.8. pour bale — à 4. l. 1250. —
Pour auance en credit à profits & pertes, — à 41. l. 4450. 2.

l. 16275. —

— 1625. —

ALEXANDRE TASCA de Venise doit que le portons crediteur au Carnet des Roys 1625. f° 6. & en ce, — d. 4229. 23. à 5. l. 10574. 18.
Porté crediteur au Carnet de Pasques 1625. f° 6. & en ce, — d. 7051. 15. à 38. l. 17457. 15.

d. 11281. 14. — l. 28032. 13.

— 1625. —

SATINS DE FLORENCE doiuent pour les cy-apres,

391. aunes 46.10.— br. 95. — Satin noir, & pastel Arabesque à l. 7. — ▽ 88. 13. 4.
514. aunes 39. 8.9. br. 80.10. dict noir & incarnadin,
571. aunes 60.15.— br. 124. — dict à fleurs, — } à — l. 8. — ▽ 218. 2. 8.
396. aunes 47.— br. 96. — dict noir, & fleurdelin,
570. aunes 51.— br. 104. — dict noir, & colombin,
589. aunes 51.10.— br. 105. — dict noir, & blanc, —
585. aunes 49. 7.6. br. 100.15. dict —
390. aunes 60.15.— br. 123.15. dict noir, & iaune, —
515. aunes 44.16.8. br. 91.10. dict noir, & pastel, —
395. aunes 41.15.— br. 85. 5. dict noir, & isabelle, } à — l. 7. — ▽ 659. 3. 4.
385. aunes 48. 7.6. br. 98.15.
496. aunes 75. 5.— br. 153.10. } dict à la Chine, — à — l. 7. — ▽ 235. 8. 8.
Embalage & gabelle ▽ 14.13.6. prouision à 2. pour % ▽ 24. tout — ▽ 38. 13. 6.

▽ 1240. 1. 6.

Calculé à l. 3. tournois, pour vn escu d'or de Florence, sont en credit à Daspichio, à 25. l. 3720. 4.
Port & dace l. 109.10.— doüanne de Lyon de ℔ 140. l. 184.6. tout — à 4. l. 293. 16.
Pour aduance en credit à profits & pertes, — à 41. l. 673. 14.

l. 4687. 15.

A V O I R pour le ⅓ de l'achapt cy-contre appartenant à Bolofon, debiteur en ce,———	à 20.	l.	975.	10.—
Et pour les cy-apres vendus à diuers,				
1. pieces 42.--Camelots greges 4.fil à l.27.-pour Blauf,le 30.Auril 1625. pour Touffainct 1627. ——	à 22.	l.	1134.	
1. pieces 42.--dict à l.20. —pour comptant le 15. May 1625. à Goyet, & Decoleur , ——	à 5.	l.	840.	
1. pieces 42.--dict à l.27.10.pour Glotton le 15.Septembre 1625.pour Roys 1628.———	à 16.	l.	1155.	
1. pieces 42.--dict à l.28. —pour Enemond Duplomb le 20. Decembre 1625.pour Pafques 1628. ——	à 39.	l.	1176.	
4. piec. 168.	——	l.	5280.	10.—

————————————————1625.————				
A V O I R pour le ⅓ à luy appartenant de la vente de 4. bales Camelots en compagnie auec luy				
pour receuoir a fes rifques des debiteurs,& termes cy-bas,				
Antoine & Hugues Blauf en Touffaincts 1627.—l.378.———				
Ettienne Glotton en Roys ——— ———1628.—l.385.——	à 21.	l.	1155.	
Enemond Duplomb en Pafques ——— 1628.—l.392.——				
En debit au liure B, fº 3.&c en ce , ————	à 44.	l.	56756.	11. 6
	——	l.	57911.	11. 6

————————————————1625.————				
A V O I R pour les cy-apres vendus à diuers,				
7. pieces 294. Camelots greges 2. fil à l.25. —pour Blauf,pour Pafques 1628.——— ———	à 21.	l.	7350.	
5. pieces 210. dict ——— —3. fil à l.26. —pour Raymond Orlic, pour Pafques 1628. ———	à 39.	l.	5460.	
3. pieces 126. dict ——— ——4. fil à l.27.10.pour Enemond Duplomb , pour Pafques 1628. ——	à 39.	l.	3465.	
15. pieces 630.	——	l.	16275.	

————————————————1625.————				
A V O I R en Roys 1625.pour 15. bales Camelots de Leuant nº 1. à 15. qu'il nous a enuoyées par				
conduicte de Pons S.Pierre le 15.Ianuier 1625. montant en ce ———————d. 4229.23.	à 21.	l.	10574.	18.
Pafques 1625.pour 8.bales foye lege nº 16. à 23. qu'il nous a enuoyé par conduicte				
de George Schein le 17.Auril 1625.montant en ce, ——— ———d. 4635. 2.	à 3.	l.	11587.	15. 1
Pafques 1625. pour 2.Caiffes tabis de Venife,par enuoy du 20.May 1625.——— ———d. 2416.13.	à 22.	l.	5870.	
ducats 11281.14.	——	l.	28032.	13. 1

————————————————1625.————				
A V O I R pour les cy-apres ,				
391.aunes 46.10.—Satin noir,& paftel———à l.7.5.				
514.aunes 39. 8.9.dict noir & incarnadin, à l.8.5. pour Enemond Duplomb , debiteur en ce,——	à 39.	l.	1164.	8
571.aunes 60.15.—dict à fleurs, ———				
396.aunes 47.——dict noir,& fleurdelin,				
570.aunes 51.——dict noir, & colombin,				
589.aunes 51.10.—dict noir,& blanc , —				
585.aunes 49. 7.6.dict ———				
390.aunes 60.15.—dict noir,& iaune , — à l.7.10.pour Raymond Orlic , debiteur en ce , ——	à 39.	l.	5523.	15.
515.aunes 44.16.8.dict noir,& paftel , —				
395.aunes 41.15.—dict noir, & ifabelle,				
381.aunes 48. 7.6. dict à la Chine , —				
496.aunes 75. 5.				
	——	l.	4687.	15. 8

	SARGES ET REVERCHES de Florence doiuent pour les cy-apres,					
pieces	3.$\frac{1}{2}$ aunes 117.19.3.br.240.$\frac{3}{4}$ canes 60.& br.$\frac{1}{4}$ sarge noire Florence à l.35.la cane, ——	▽ 280.17.6.				
	Embalage,gabelle,& autres frais, —— —— —— ——	▽ 8. 4.3.				
		▽ 289. 1.9.				
	Calculé à l.3.- tournois,pour vn escu de Florence,sont en credit à Daspichio, —		à 25.	l.	867.	5.
	Port de Florence à Lyon , & dace de Suse l.54. doüanne dudict Lyon l. 26. 13.4. tout en credit à despences, —— —— —— —— —— —		à 39.	l.	80.	13.
pieces	3.—aunes 110. 5.--br.225.--canes 56.& br.1.reuerche rouge cramoisy à l.42.la cane ——	▽ 315.--				
	Pour l'embalage,gabelle,& autres frais — —— —— ——	▽ 9.11.				
pieces	6.$\frac{1}{2}$					
		▽ 324.11.				
	Calculé à l.3.tournois,pour vn escu de Florence,en credit à Daspichio, ——		à 25.	l.	973.	13.
	Pour port,dace,& doüanne de Lyon,en credit à despences, —— —— —		à 39.	l.	80.	13.
	Pour aduance,en credit à profits & pertes , —— —— —— ——		à 41.	l.	330.	14.
			——	l.	2352.	19.

—— 1625. ——

	TABIS DE VENISE doiuent pour les cy-apres,					
pieces	24.aunes 768.——br.1344.— tabis noir plein ondé à gros 22.$\frac{1}{3}$ —— —— ——	d. 1250.16.--				
pieces	20.aunes 647. 8.4.br.1133.— dict couleurs ordinaires à gros 25.$\frac{1}{3}$ —— —— ——	d. 1195.22.--				
pieces	4.aunes 128.17.6.br. 225.$\frac{1}{2}$ dict cramoisy à gros —— —— 27.$\frac{1}{3}$ —— —— ——	d. 256.19.--				
	Embalage,dace,prouision à 1.pour $\frac{0}{0}$,& autres frais, —— ——	d. 172. 6.--				
pieces	48.--					
		ducats 2875.15.--				
	Distrait pour age à 119. pour $\frac{0}{0}$ —— —— —— ——	d. 459. 2.--				
		Monnoye de change d. 2416.13.--				
	Tirez à Lyon en Pasques 1625.à 123.$\frac{1}{2}$ pour $\frac{0}{0}$,sont en credit à Tasca , — —		à 21.	l.	5870.	——
	Port de Venise à Lyon,& dace de Suse desdictes 2.Caisses , — — l.181.16.-- } Doüanne de Lyon, —— —— —— — —— —— l.482. 1.8. }		à 39.	l.	663.	17.
	Pour aduance en credit à profits & pertes , —— —— —— ——		à 41.	l.	1413.	17.
			——	l.	7947.	15.

—— 1625. ——

	FRANCOIS VERDIER , THEODE PICQVET , ET IEAN BAPT. DECOQVIEL,				
	doiuent pour Pasq.1627.℔ 1406.-soye Messine fine à l.13.la ℔ liurée à eux le 19.Mars 1625.en ce,—	à 3.	l.	18278.	——
	Roys 1628. pour ℔ 611.-Doppion de Milan à l.6.15.-liuré à eux le 28.Nouemb.1625. en ce,	à 23.	l.	4735.	5.
	Roys 1628. pour ℔ 2050.-soye lege à l.11.-la ℔ liurée à eux le 3.Decembre 1625.en ce——	à 3.	l.	22550.	——
	Roys 1627. pour ℔ 1886.-filage de Raconis à l.10.18.9.liuré à eux le 16.dudict en ce , ——	à 7.	l.	20628.	2.
		——	l.	66191.	7.

—— 1625. ——

	ANTOINE, ET HVGVES BLAVF de Lyon, doiuent du 30. Auril 1625. pour				
	Touss.1627. pieces 42.--camelots greges à l.27. la piece liuré à eux,en ce—— —— ——	à 21.	l.	1134.	——
1626.	Roys 1627.pour aun.128.--tabis de Venise canelé cramoisy à l.6.10.liuré à eux le 3.Ianuier 1626. —	à 27.	l.	832.	——
	Pasq. 1628.pour piec.294.--Camelots greges de Leuant 2.fil à l.25.liuré à eux le 15.dudict , ——	à 21.	l.	7350.	——
	Roys 1627.pour aun.100.--Tapisserie de Bergame à l.6.10. hauteur aunes 2.$\frac{3}{4}$ liuré le 3. Feur. 1626.	à 13.	l.	650.	——
	Roys 1627.pour aun.110.$\frac{1}{4}$ Reuerche de Florence rouge cramoisy à l.11.-liuré à eux le 3.Mars 1626.	à 22.	l.	1212.	15.
		——	l.	11178.	15.

AVOIR pour les cy-apres vendues à diuers,

es	3.¼ aunes 117.19.3. farge noirè Florence à l.9.10.-pour Enemond Duplomb debiteur en ce ——	à 39.	l.	1120.	4. 2
es	3.-aunes 110. 5.-reuerche rouge cramoisy à l.11.-pour Antoine & Hugues Blauf debiteurs, ——	à 22.	l.	1212.	15.
es	6.¼		—— l.	2332.	19. 2

——1625.——

AVOIR pour les cy-apres.

es	24.aunes 768.———-tabis noir plein ondé à l.5.-pour Herue, & Sauarry debiteurs en ce, ——	à 18.	l.	3840.	
es	20.aunes 647. 8.4.dict couleurs ordinaires à l.5.5.- pour Estienne Glotton debiteur, en ce, ——	à 16.	l.	3398.	18. 9
es	4.aunes 128.17.6.dict cramoisy à l.5.10.- pour Robert Gehenaud debiteur en ce, ——	à 16.	l.	708.	16. 3
es	48.—		—— l.	7947.	15. —

——1625.——

AVOIR que les portons debiteurs au Carnet de Pasques 1625.f° 7.escompté à 20.pour ⁰⁄₀ ——

	à 38.	l.	18178.	
Portez debiteurs au Carnet d'Aoust 1625.f° 7.escompté à 25. pour ⁰⁄₀ ——	à 42.	l.	4735.	5. —
Portez debiteurs au liure B,f° 4.pour soude, ——	à 44.	l.	43178.	2. 6
	——	l.	66191.	7. 6

——1626.——

AVOIR que les portons debiteurs au liure B,f° 4.pour soude———   à 44. l. 11178. 15. —

SATINS, ET DAMAS DE LVCQVES doiuent pour les cy-apres,
1.aunes 31.——-br.62.——-Damas blanc ℔ 9.--] ℔ 11.3. à ducats 4.19. d.55.13.9. ——-v 58.16.6.
pour le ¼ de la couleur ℔ 2.3. ∫

2.aunes 46.10.--br. 93.——Satin incarnad.d'Espagne℔ 11.10.]
3.aunes 42. 7.6.br. 84.15.--dict gris plombé ——℔ 12. 2.
4.aunes 46.10.--br. 93.—-dict noir à la Geneuoife, ℔ 14. 9.
5.aunes 55.12.6.br.111. 5.--dict ————————℔ 22. 9.
6.aunes 52.10.--br.105.——-dict ——————℔ 22. 4.
7.aunes 53.—-br.106.——-dict —————℔ 22. 1. }℔ 194.1.once en noir
8.aunes 54.16.8.br.109.13.4.dict——————℔ 21.--
9.aunes 53.10.--br.107.——-dict —————℔ 22. 3.
10.aunes 57.17.6.br.115.15.--dict ————℔ 23.10. à d.4.16.la℔ d.931.12.v 984. 1.8.
11.aunes 48. 2.6.br. 96. 5.--dict canellé, ——℔ 12. 1.
pour le ¼ de ℔ 36.couleur - ℔ 9.—-]
Pour l'auantage de ℔ 11.10.incarnadin d'Espagne à l.10.font l.65.1.8.v 8.13.7.
Pour doüanne,& embalage ——————————v 16.18.4.
Pour la prouifion à 2. pour ⁰⁄₀ ——————-v 21. 7.4.

En credit à Auguftin Sexty au Carnet des Roys 1625.f⁰ 6. —— v 1089.17.5. à 5. l. 3091. 11.

Port & dace de Sufe l.105.9.doüanne de Lyon l.149.8. tout par defpences , à 39. l. 254. 17.
Pour aduance en credit à profits & perres, à 41. l. 205. 11.
l. 3512. 0.

————1625.————
DOPPIONS DE MILAN, en compagnie de Philippe, & Luc Sene pour ⅓, Bolofon
pour ⅓, & nous pour l'autre tiers, doiuent pour les cy-apres,
bal.1.n⁰ 1. ℔ 600.-Doppion net à l.7.10. ————————l. 2250.——-
Embalage l.12.dace de Milan,& nouarre l.191.4.6.tout ——l. 203. 4.6.
Prouifion à 2.pour ⁰⁄₀ ———————————l. 49. 1.--
l. 2502. 5.6.à 24. l. 1251. 2.

bal. 2.n⁰ 2.3.℔ 300.-Doppion dict à l.7.10.————————l. 4500.——-
Embalage l.24.-dace de Milan l.382.9.prouifió à 2.pour ⁰⁄₀ l.98.2.l. 504.11.--
l. 5004.11.-- à 24. l. 2502. 5.

bal. 4.n.4.à 7.℔ 1200.- Doppion dit à l.7.10. ————l. 9000.——-
Embalage,& dace l.812.18.prouifion à 2.pour ⁰⁄₀ l.196.4.tout —l. 1009. 2.--
l.10009. 2.-- à 24. l. 5004. 11.

bal. 2.n⁰ 8.9.℔ 600.-Doppion dict à l.7.12.6. ————l. 4575.——-
Embalage l.24.dace l.382.9.prouifion à 2.pour ⁰⁄₀ l.99.12.tout-l. 506. 1.--
l. 5081. 1.-- à 24. l. 2540. 10.

bal.10.n.10.à 19.℔ 3000.-Doppion dict à l.7.12.6. ——l.22875.——-
Embalage l.120. dace l.1912.5.prouifion à 2. pour ⁰⁄₀ l.498. tout l. 2530. 5.--
l.25405. 5.--à 24. l. 12702. 11.

bal. 5.n⁰ 20.à 24.℔ 1500.-Doppion dict à l.7.12.6. ——l.11437.10.--
Embalage l.60:-dace l.956.2.6.prouifion à 2.pour ⁰⁄₀ l.249. tout -l. 1265. 2.6.
l.12702.12.6. à 24. l. 6351. 6.

b.10.n⁰ 25.à 34.℔ 3000. Doppion dict à l.7.12.6. ——l.22875.—-
Embalage l.120.-dace l.1912.5. Prouifion à 2.pour ⁰⁄₀ l. 498. tout l. 2530. 5.--
bal.34.——- 43055.1.--
l.25405. 5.--à 24. l. 12702. 11.
Pour port,dace de Sufe & doüanne de Lyon de 18.bales en credit à defpences — à 39. l. 1155.
Pour port,dace,doüanne, & courratage de 9.bales,payé par lefdicts Sene credi-
teurs au Carnet de Pafques 1625.f⁰ 9.& en ce à 38. l. 607. 15.
Port,dace,doüanne , & courratage de 7.bales par Bolofon audict Carnet f⁰ 6. cy à 38. l. 595. 10.
Pour courratage de 18.bales,par nous vendués en credit à defpences , — à 39. l. 54.--
1412.5.2.
Pour ⅓ de la vente cy-contre appartenát efdicts Philippe,& Luc Sene,crediteurs à 24. l. 18160. 18.
Pour ⅓ de ladicte vente appartenant audict Bolofon crediteur en ce , à 25. l. 18160. 18.
Pour noftre tiers de l.1212.17.6. que fait perdre Charles Rouier au compte des
debiteurs affignez par Bolofon en ce, à 24. l. 404. 5.
Pour aduance en credit à profits & perres, à 41. l. 2600. 16.
l. 84794. 5.

A V O I R pour les cy-apres vendus à diuers,

		à 18.	l.	770.	13.	1
1.aunes 31.———Damas blanc , à ————————l.6.10.—⟩						
2.aunes 46 10.——Satin incarnadin d'Efpagne,à ——l.7.— ⟩ pour Herue,& Saitatty debiteurs,en ce						
3.aunes 42. 7.6.dict gris plombé à————————l.5.15.—⟩						
4.aunes 46.10.—℔ 14.9.⟩						
5 aunes 55.12.6.℔ 29.9. ⟩						
6.aunes 52.10.—℔ 21.4. ⟩℔ 109.11.onces noir à l.18.-la ℔, pour Enemond Duplomb debiteur,——		à 39.	l.	1978.	10.	
7.aunes 53.———℔ 21.1. ⟩						
8.aunes 54.16.8.℔ 21.—⟩						
9.aunes 53.10.—⟩ aunes 111.7.6.dict noir à l.4.10.l'aune,pour Eftienne Glotton, debiteur en ce, —		à 16.	l.	501.	3.	9
10.aunes 57.17.6. ⟩						
11.aunes 48. 2.6.℔ 11.1. once dict canelé ———⟩ ℔ 15.1.once à l.20.pour Raymond Orlie,debiteur		à 39.	l.	301.	13.	4
℔ 3.-pour le ¼ de la couleur ⟩						
		———	l.	3552.	———	2

———1625.—

A V O I R pour le ⅓ de l.43055.1.que monte l'achapt cy-contre,en debit a Philippe,& Luc Seue, au Carnet de Pafques 1625.f° 16.& en ce,————————————————— à 38. l. 14351. 13. 8

	à 38.	l.	14351.	13.	8
Pour le ⅓ dudict achapt appartenant audict Bolofon debiteur audict Carnet f° 16.& en ce,——	à 38.	l.	14351.	13.	8
Pour le ⅓ des frais cy-contre en debit efdicts Seue audict Carnet f° 9.& en ce , ———	à 38.	l.	804.	1.	8
Pour le ⅓ defdicts frais en debit audict Bolofon,audict Carnet f° 6.& en ce,———	à 38.	l.	804.	1.	8
Et les cy-apres vendus à diuers.					
bal. 1.n° 1.—— ℔ 105.Doppion de Milan à l.8. --pour Lantillon,pour Touffainéts 1627.debiteur	à 28.	l.	1624.	———	
bal. 4.n° 2.à 5.℔ 821.Doppion dict à ——— l.7.17.6.pour Iean de la Foreft,pour Touffainéts 1627.	à 28,	l.	6465.	7.	6
bal. 2.n° 6. 7.℔ 401.dict à——————l.7.16.3.pour Eftienne Chally, pour Touffainéts 1627.	à 29.	l.	3132.	16.	3
bal. 3.n° 8.à 10.℔ 611.dict à——————l.7.15.—pour Antoine Gayot , pour Touff. 1627.debit.	à 25.	l.	4735.	5.—	
bal. 4.n°11,à 14.℔ 808.dict à——————l.7.17.6.pour Fleury Gros, pour Roys 1628.debit.en ce	à 30.	l.	6363.—		
bal. 1.n°15.—— ℔ 207.dict à——————l.7.16.3.pour François Verthema, pour Roys 1628.——	à 36.	l.	1617.	3.	9
bal. 3.n°16.à 18.℔ 611.dict à——————l.7.15.-pour Verdier,Picquet,& Dec.pour Roys 1628.	à 22.	l.	4735.	5.—	
bal. 9.n°19.à 17.℔ 1847.dict à diuers pris , vendus par Philippe, & Luc Seue, à diuers payables					
l.6465.7.6.en Touffainéts 1627.& l.8079.15.en Roys 1628. en ce ——	à 24.	l.	14545.	2.	6
bal. 7.n°28.à 34.℔ 1441.dict à diuers pris vendus par Bolofon à diuerfes perfonnes , payables					
l.1611.6.3.en Touffainéts 1627.& l.9653.8.9.en Roys 1628.en ce ——	à 24.	l.	11264.	15.—	
bal.34.——					
		———	l.	84794.	5.	8

PHILIPPE, ET LVC SEVE, compte des debiteurs qu'ils nous affignent prouenus
de la vente des Doppions en compagnie, qu'ils ont faicte aux cy-apres,

A Theophile, & Iean Buiffon, —————— ——l.1622. 5.—		
Gregoire Quinet, ———————— ——l.5236.12.6. ⎫ PourTouffaincts 1617.		à 15. l. 14545.	2
Philippe Olier, ——————————l.1606.10.— ⎬		
Iean Barry, dict Maifonnette, ———— ——l.1606.10.—		
Iules, & Iean Baptifte de Belly, ——— ——l.1614. 7.6. ⎬ pour Roys 1628. —		
Iean François Aignes, ——————l.4858.17.6.		

———————————1625.———————————

VESPASIAN BOLOSON, compte des debiteurs qu'il nous affigne prouenus de la
vente par luy faicte aux cy-apres des Doppions en compagnie,

Failly

A Audry, ——— ——————l.1611. 6.3. pour Touffaincts 1617. ⎫		
A Maifonnette, ————— ———l.1614. 7.6.		
A Veiffiere, & Chally, ———— ———l.5218.15.— ⎬		à 13. l. 11264.	15
A Charles Rouier, ———l.1617. 3.9. ⎬ pour Roys 1618. —		
Qu'il a pris pour fon compte, ——l.3203. 2.6.		

———————————1625.———————————

NEGOCE DE MILAN. compte de l'achapt des Doppions en compagnie,
de Seue, Bolofon, & nous, doit en credit au Carnet d'Aouft 1625.f.16. & en ce, ———l.86110.2.— à 42. l. 43055. 1.

———————————1625.———————————

PHILIPPE, ET LVC SEVE, compte des debiteurs que leur affignons doiuent que
leur faifons bon pour les cy-apres, qui ont payé par efcompte, fçauoir,

Hierofme Lantillon, ——— ———l. 541. 6.8. ⎫		
Iean de la Forefts, ———— ———l.2155. 2.6.		
Eftienne Chally, ——— ———l. 1064. 5.5. ⎬ Touffaincts 1627.		
Bolofon, ———— ———l.2678.15.—		
Antoine Gayot, ——— ——l.1578. 8.4.	portez crediteurs au Carnet	
François Verthema, ——— ———l. 539. 1.3. ⎫	d'Aouft 1625.f° 17. & en ce, à 42. l. 12773.	9.
Fleury Gros, ——— ——l.2121.— ⎬		
Bolofon, ——— ———l. 537. 2.1. ⎬ Roys 1628.———		
Verdier, Picquet, & Decoquiel, —l.1578. 8.4.—		

Pour leur ¼ à compte des debit.qu'ils nous affignét l.2155.2.6. Touff. 1627. ⎫ en credit à autre cópte, à 24. l. 4848. 7.
A compte dict —— —— —— l.2693.5.— Roys 1628. ⎬
Pour leur ¼ des ¼ de l.1212.17.10.que Rouier fait perdre à compte des debit.affignez par Bolofon, à 24. l. 404. 5.
Pour leur ¼ du quart reftant par ledict Rouier, audict Carnet d'Aouft 1625.f° 17.cy ——— à 42. l. 134. 15.

—— l. 18160.	18.

A V O I R qu'ils nous font bon pour les cy-apres,

Gregoire Quinet,──────l.3236.12.6.			
Philippe Olier ,────────l.1606.10.─			
Theophile,& Iean Buiſſon,───────l.1622. 5.─ Portez debiteurs pour les ⅓ au			
Iules,& Iean Baptiſte de Belly,─────l.1614. 7.6. Carnet d'Aouſt 1625.f° 17.cy à 42.	l. 9696.	15.	─
Iean Barry dit Maiſonnette,──────l.1606.10.──			
Iean François Aignes ,──────l.4858.17.6.			
14545.2.6.			
Et Pour le ⅓ à eux appartenant en debit à autre compte en ce,──── à 24.	l. 4848.	7.	6
────l. 14545.		2.	6

────1625.────

A V O I R qu'il nous fait bon pour les cy-apres,

Pour luy meſme ,─────l.3203. 2.6.			
Veiſſiere,& Chally,───────l.3218.15.─ porté debiteur pour les ⅓ au Carnet			
Maiſonnette,────────l.1614. 7.6. d'Aouſt 1625.f° 17.& en ce,──── à 42.	l. 6431.	14.	2
Audry ,─────────l.1611. 6.3.			
Et pour le ⅓ à luy appartenant en debit à autre compte en ce ,──── à 25.	l. 3215.	17.	1
Pour ⅓ de l.1212.17.10.que montent les ⅓ de l.1617.3.9. deus par Charles Rouier, lequel a faiĉt			
faillite,& accordé auec ſes creanciers de ne payer que le quart de ſes debtes dans vn an,faiſant perdre			
les ⅓,& a baillé pour Caution Iean Prat, ainſi qu'appert par ſon contraĉt d'accord receu Deſchuyes			
Notaire,en datte du 15.Septembre 1625.en debit audiĉt Boloſon à autre compte en ce ,──── à 25.	l. 404.	5.	11
Pour ⅓ deſdiĉtes l.1212.17.10.que lediĉt Rouier nous fait perdre en debit à Seue,──── à 24.	l. 404.	5.	11
Pour noſtre tiers deſdiĉtes l.1212.17.10. En debit à Doppions,──── à 23.	l. 404.	5.	11
Et pour les ⅓ de l. 404. 6. que lediĉt Boloſon fait bon pour ſoude du compte dudiĉt Rouier, au			
Carnet d'Aouſt 1625.f° 17.& en ce ,──── à 42.	l. 269.	10.	8
Et pour le ⅓ à luy appartenant en debit à autre compte,──── à 25.	l. 134.	15.	4
────l. 11264.		15.	─

────1625.────

A V O I R pour les cy-apres,

bal. 1.n° 1.──℔ 300.-Doppion de Milan conſigné à Pons S.Pierre le 9.Iuillet, ─l. 2502. 5.6. à 23.	l. 1251.	2.	9
bal. 2.n° 2. 3.℔ 600.-diĉt conſigné audiĉt le 15.dudiĉt ,──────l.5004.11.── à 23.	l. 2502.	5.	6
bal. 4.n° 4.à 7.℔ 1200.-diĉt conſigné audiĉt le 18. dudiĉt ──────l.10009. 2.── à 23.	l. 5004.	11.	─
bal. 2.n° 8. 9.℔ 600.-diĉt conſigné audiĉt le 24.dudiĉt ───── l. 5081. 1.── à 23.	l. 2540.	10.	6
bal.10.n°10.à 19.℔ 3000.-diĉt conſigné audiĉt le 27.dudiĉt ─────l.25405. 5.── à 23.	l. 12702.	12.	6
bal. 5.n° 20.à 24.℔ 1500.-diĉt conſigné à Schem le 31.dudiĉt ──────l.12702.12.6. à 23.	l. 6351.	6.	3
bal.10.n°25.à 34.℔ 3000.-diĉt conſigné audiĉt le 6.Aouſt 1625. ──────l.25405. 5.── à 23.	l. 12702.	12.	6
l.86110. 2.── ──── l. 43055.		1.	─

────1625.────

A V O I R que leur aſſignons à recenoir à leurs riſques des debiteurs,& termes cy-bas pour leur ⅓
de l.54482.15.que monte la vente des Doppions en compagnie auec eux, ſçauoir

Eſtienne Chally ,───────l.1044. 5.5.			
Hieroſme Lantillon ,─────l. 541. 6.8.			
Antoine Gayot ,────────l.1578. 8.4.			
Iean de la Foreſts ,───────l.2155. 2.6. pour Touſl.1627.			
Pour le ⅓ des debit.qu'ils nous aſſignét pour la vête par eux faiĉte,l.2155. 2.6.			
Boloſon pour le ⅓ des debiteurs qu'il nous aſſigne ,───l. 537. 2.1.			
Fleury Gros,─────────l.2121.──			
François Verthema ,───────l. 539. 1.3.			
Verdier,Picquet,& Decoquiel ,─────l.1578. 8.4. pour Roys 1628.			
Pour le ⅓ des debiteurs qu'ils nous aſſignent,────l.2693. 5.──			
Boloſon pour ⅓ des debiteurs qu'ils nous aſſigne ,──l.3217.16.3.			
à 23.	l. 18160.	18.	4

VESPASIAN BOLOSON, compte des debiteurs que luy assignons doit que luy faisons bon pour les cy-apres qui ont payé par escompte, sçauoir

Hierosme Lantillon, —— —— l. 541. 6.8.	
Iean de la Forests, —— —— l.2155. 2.6.	
Estienne Chally, —— —— l.1044. 5.5. ⟩Toussainct 1627.	
Philippe, & Luc Seue, —— —— l.2155. 2.6.	
Antoine Gayot, —— —— l.1578. 8.4.	
Fleury Gros , —— —— l.2121.——	
François Verthema, —— —— l. 539. 1.3.⟩	
Philippe & Luc Seue, —— —— l.2693. 5.— ⟩Roys 1628.	
Verdier,Picquet,& Decoquiel, —— l.1578. 8.4.	

—————— Porte cred.au Carnet d'Aoust 1625.f.17. |à 42.| l. 14406. ——
Pour 56 ⅟₇ à cópte des deb.qu'il nous assigne l.2678.15.--Touss.1627.⟩en credit à autre compte, — |à 14.| l. 3215. | 1
A compte dict , —— l. 537. 2.1.Roys 1628.⟩ |à 14.| l. 404.
Pour son ⅟₇ des ⅟₇ de l.1212.17.10.que Rouier fait perdre à compte des debiteurs par luy assignez,— |à 24.| l. 404.
Qu'il a receu pour son ⅟₇ du quart restant par ledict Rouier, à compte dict en ce , —— |à 24.| l. 134. | 1

—— l. 18160. 1

———————1625.———————
DOPPIONS OVVREZ à Lyon,doiuent pour les cy-apres,
℔ 611.Doppion de Milan à l.7.15.-donné à ouurer à Antoine Gayot de S.Chaudmond en ce , — |à 13.| l. 4716.
℔ 621.dict à l.5.5.donné à ouurer à diuers,appert au liure des Ouuriers, & en ce , —— |à 12.| l. 3360.
℔ 422.dict à l.5.5.donné à ouurer à diuers,appert audict liure des ouuriers,& en ce, —— |à 12.| l. 2215. | 10

℔ 1654.
—— ℔ 300.Verône Doppió à ₰16.la ℔⟩ouurée par Gayot,cred.au Carnet d'Aoust 1625.f°3. |à 42.| l. 540.
℔ 400.Rôdelette dicte à ₰ 15.—⟩
℔ 165.Veronne dicte à ₰16. —⟩fabriq.par Ieã Feuly cred.audict Carnet f° 3.& en ce |à 42.| l. 507.
℔ 500.Rôdelette dicte à ₰ 15. —⟩
℔ 272.Bourre renduë par ledict,
℔ 17.Pour discal sur lesdictes 8.bales.

℔ 1654.— —— l. 11258.

———————1625.———————
SOYES OVVREES à Lyon,doiuent pour les cy-apres baillées à ouurer à diuers,
℔ 2088.Filage de Raconis à l.9.10.donné à ouurer à diuers,apert au liure des ouuriers, — |à 7.| l. 19836.
℔ 1662.Soye legis à l.7.10.-baillé à ouurer à diuers,appert audict liure, & en ce, — |à 3.| l. 12465.
℔ 1500.-- Orgãc.de Raconis à ₰ 12.la ℔,ouuré par Vianey cred.au Carnet d'Aoust 1625.f°3. |à 42.| l. 900.
℔ 538.— Organcin dict à ₰ 12. fabriqué par Louys Burlet , crediteur audict Carnet, f° 3.cy |à 42.| l. 322. | 16
℔ 50.— discal
℔ 500.-- Organcin de legis à ₰ 25.la ℔ fabriqué par Vianey crediteur audict Carnet,f°3.cy |à 42.| l. 625.
℔ 750.-- Veronne.& rondelet.de legis à ₰ 23.ouurée par Gayot,cred.audict Carnet f° 3.cy |à 42.| l. 862. | 10
℔ 210.-- Organcin de legis à ₰ 25.-fabriqué par Molandier,crediteur audict Carnet,f°3.— |à 42.| l. 262. | 10
℔ 175.— bourre
℔ 27.— discal
℔ 560.Soye Messine à l.11.— baillée à ouurer à Antoine Gayot en ce , — |à 3.| l. 6160.
℔ 300.-- Organc.de Messine à ₰30.⟩ouuré par ledict Gayot,credit.au Carnet d'Aoust f° 3. |à 42.| l. 714.
℔ 240.-- Trame de Messine à ₰ 22.⟩
℔ 20.-- discal
Pour aduance en credit à profits & pertes , — |à 41.| l. 8795. | 14
℔ 4310.—℔ 4310. — l. 50943. 10

———————1625.———————
FABIO D'ASPICHIO de Florence, doit
Porté crediteur au Carnet de Pasques 1625.f° 14.& en ce , —— v 1529. 3.3. |à 38.| l. 4587. | 9
Porté crediteur au Carnet d'Aoust 1625.f° 14.& en ce, — v 324.11.-- |à 42.| l. 973. | 13

v 1853.14.3.—— l. 5561. | 2

A V O I R que luy affignons à receuoir à fes rifques des debiteurs, & termes cy-bas pour fon ⅐ de
l.54482.15.que montre la vente des Doppions en compagnie auec luy,

Eftienne Chally, ──── ──── ──── ────l.1044. 5.5.			
Hierofme Lantillon,──── ──── ──── ────l. 541. 6.8.			
Antoine Gayot, ──── ──── ──── ────l.1578. 8.4.			
Iean de la Forefts, ──── ──── ────l.2155. 2.6. pour Touff.1627.			
Philippe,& Luc Seue, pour debiteurs qu'ils affignent ──── ────l.2155. 2.6.	à 23. l. 18160.	18.	4
Pour fon ⅐ des debiteurs qu'il affigne pour vente par luy faiête,l. 537. 2.1.			
Fleury Gros, ──── ──── ────l.2121.────			
François Verthema, ──── ──── ──── l. 539. 1.3.			
Verdier,Picquet,& Decoquiel , ──── ────l.1578. 8.4. pour Roys 1628.			
Philippe & Luc Seue, pour debiteurs qu'ils affignent , ────l.2693. 5.──			
Pour fon ⅐ des debiteurs par luy affignez,────l.3217.16.3.			

────────1625.────────

A V O I R pour les cy-apres.

℔ 300.Veronne deDoppion à l.8.12.6. ──── pour Charles Hauard de Paris , debiteur en ce,	à 31. l. 5987.	10.	──
℔ 400.Rondelette diête à ──l.8.10.			
℔ 272.Bourre de Doppion à ₫ 27. ── Pour Iean de la Forefts de Lyon,debiteur en ce,	à 28. l. 1769.	14.	──
℔ 165.Veronne diête à ──l.8.10.──			
℔ 500.Rondelette diête à l.6.──reftans en magafin au 3.Auril 1626. en debit à marchandifes en ge-neral,	à 43. l. 3000.		
℔ 1637. Pour defaduance en debit à profits & pertes ,	à 41. l. 500.	·16.	──
	──── l. 11258.		

────────1625.────────

A V O I R pour les cy-apres,

℔ 650.-Veronne de legis à ──── l.12.── enuoyée en Anuers és mains d'Hannecard , en ce	à 26. l. 7800.		
℔ 100.- Organcin de legis à ──l.12.10.pour Charles Hauard,pour Touff.1626.debiteur en ce,	à 31. l. 1250.		
℔ 538.Organcin de Raconis à l.12.──pour Fleury gros,pour Roys 1627.en ce,	à 30. l. 6456.		
℔ 300.-Organcin de Meffine à l.15.10. pour Charles Hauard, pour Roys 1627.en ce,	à 31. l. 4650.		
℔ 240.- Trame de Meffine à ──l.15.── pour Cefar,& Iulien Granon,pour Roys 1627.en ce,	à 6. l. 3600.		
℔ 500.- Organcin de legis à ──l.12. 5.pour Hierofme Lantillon, pour Pafques 1627.	à 28. l. 6125.		
℔ 210.-Organcin diê à ──── l.12.10.pour Iean de la Forefts,pour Pafques 1627.	à 28. l. 2625.		
℔ 1500.-Organcin de Raconis à l.12.──pour Hierofme Lantillon,pour Pafques 1627.	à 28. l. 18000.		
℔ 175.-Bourre de legis à ──── ₫ 50.── pour Fleury Gros, pour Pafques 1627.	à 30. l. 437.	10.	──
℔ 4213.──	──── l. 50943.	10.	
℔ 97.── pour difcal,			
℔ 4310.──			

────────1625.────────

A V O I R en Pafques 1625.pour vne Caiffe fatins nº 1.qu'il nous a enuoyé par con-
duiête de George Schench le 3.Mars 1625.montant auec les frais──── ──── ▽ 1240. 1.6.

	à 21. l. 3720.	4.	6
Pafques 1625.vne bale farges de Florence nº 2.côfignée le 15.dudiêt à Pons S.Pierre ▽ 289. 1.9.	à 22. l. 867.	5.	3
Aouft 1625.pour vne bale reuerche de Florence nº 3,confignée à Schen,le 6.Iuin 1625.▽ 324.11.──	à 22. l. 973.	13.	──
▽ 1853.14.3. ────	l. 5561.	2.	9

I 3

MARCHANDISES de noſtre compte enuoyées en Anuers és mains de Gilles Hannecard,
pour vendre pour noſtre compte doiuent pour les cy-apres,
bales 3.n° 1.à 3.℔ 650.Veronne de legis à l.12.-par enuoy du 10.Auril 1625.en ce, ——— à 25. l. 7800.
————Pour voyture deſdictes 3.bales l. 9. 4. menus frais ₰ 8. courratage de la vente
cy-contre à 2.₰ pour liure l.11.2. prouiſion à 1.⅟₂ l.20.tout monnoye de gros
d'Anuers,en credit audict Hannecard au Carnet de Paſq.1625.f°5.cy l.40.14. à 38. l. 244. 4.

l. 8044. 4.

————————1625.————————
GILLES HANNECARD d'Anuers compte des debiteurs qu'il nous aſſigne, doit pour
les cy-apres,calculé à l.6.-tournois pour vne liure de gros,
Pour Giraud Sentelles,& François Angelgrand,pour le 27.Auril 1626.——— l. 212. 3.6. à 26. l. 1273. 1.
Ioſeph Veſpreet,pour le 17.May 1626.l'eſcompte à volonté,——— l. 208. 9.2. à 26. l. 1250. 15.
Herman Vanhauure pour le 25.May 1626.———— l. 411. 1.6. à 26. l. 2466. 9.
Guillaume de Decher pour le 3. Iuin 1626.——— l. 504.— à 26. l. 3024.

l.1335.14.2. l. 8014. 5.

————————1625.————————
MARCHANDISES de noſtre compte enuoyées à Paris és mains de Taranget, & Rouſier,
pour en faire la vente doiuent pour les cy-apres,
268.aunes 16. 2.6.Veloux noir fonds armoiſin petite façon,
317.aunes 22. 2.6.dict
266.aunes 21.10.--dict à tail } à l. 9.
291.aunes 17.15.-Veloux noir fonds ſatin ras petite façon,
281.aunes 17.11.8.dict
267.aunes 18. 2.6.dict } à l.12.
297.aunes 18. 8.4.dict à Vialbera
307.aunes 17.13.4.Veloux fonds ſatin verd 4.fleurs Arabeſq,
331.aunes 17. 8.4.dict
321.aunes 18.17.6.dict 3.fleurs, } à l.16.
298.aunes 17.15.--dict celeſte,
299.aunes 18. 5.-Veloux fonds ſatin morelin cramoiſy 3. fleurs à l.19.
136.aunes 11.10.-Velous à la Turque fonds ſatin incarnad.4.fleurs à l.20.
118.aunes 26. 2.6. } Velous noir ras 3.trames à————l.15. Par enuoy du 3.Mars
135.aunes 22. 6.8. 1625. dans vne à 8. l. 3851. 4.
311.aunes 34.13.4. Caiſſe n° 1.conſi-
312.aunes 34.13.4. } Gaſe noire de ſoye torte à liſton à ₰ 50.-pour enuoy du 15.dudict,——— gnée à Lorrin,— à 15. l. 548. 19.
313.aunes 35. 2.6.
314.aunes 55. 2.6.
266.aunes 31. 2.6.
242.aunes 28.13.4.
140.aunes 37. 2.6. } Creſpon noir de Milan à l.3.- par enuoy du 8. Auril 1625. à 12. l. 476. 15.
269.aunes 30.13.4.
272.aunes 31. 6.8.
139.aunes 60.—
163.aunes 60. 6.8. }
168.aunes 60. 5.— Sargette noire de Milan à l.3.-par enuoy du 16.dudict——— à 13. l. 722. 10.
181.aunes 60. 5.—
Marcs 20. ——Or filé 55.à l.16.—
Marcs 60. —dict—555.à l.27.—
Marcs 60. —dict—5555.à l.28.— } Par enuoy du 6.May 1625.——— à 4. l. 5580.
Marcs 40. —dict 55555.à l.29.—
Marcs 20. —dict 555555.à l.30.—
Prouiſion du vendu cy-contre à 2. pour ⅟₂ l.228. voitures & autres menus frais
l.97.10.- tout en credit eſdicts Taranget , & Rouſier , au Carnet de Paſques
1625.f° 16. & en ce ——— à 38. l. 325. 10.
Pour aduance en credit , à profits & pertes ——— à 41. l. 97. 8.

l. 11402. 7.

AVOIR pour les cy-apres venduës à diuers,

℔ 103. 8.onces veronne de legis à ⅊ 41.pour Seutelles,& Angelgrand le 27.Auril , terme l'an ——	à 26.	l.	1273.	1.	——
℔ 101.11.onces veronne dicte —— à ⅊ 41.pour Ioseph Vespreet,le 17.May 1625.pour l'an ——	à 26.	l.	1250.	15.	——
℔ 195.12.onces dicte——— à ⅊ 42.pour Herman Vanhaure le 25.dudict,pour l'an ——	à 26.	l.	2466.	9.	——
℔ 240. ——dicte ——— à ⅊ 42.pour Guillaume de Decher le 3.Iuin ,.pour l'an ——	à 26.	l.	3024.		——
℔ 640.15.onces Perte sur ce compte en debit à profits & pertes,———	à 41.	l.	29.	19.	—
℔ 9. 1.once difference de poids.					
℔ 650.——		l.	8044.	4.	

——————1625.——

AVOIR que les portons debiteurs au Carnet de Pasques 1625. F 5. est compté à 8.

pour cent , ——— ——— ——— —— ——l. 212. 3.6.	à 38.	l.	1273.	1.	
Pour l'escompte de l.1123.10.8.de gros à 5.pour ½ qu'il a rabbatu aux debiteurs cy-contre en Toussainct 1625. ——— ——— ——— ——l. 53.10.—					
Et l.1070.0.8.de gros qu'il a receu des debiteurs cy-contre , & payé suiuant nostre ordre à Iean Baptiste Decoquiel d'Anuers,debiteur en ce, ——— ——l.1070.——8.	à 37.	l.	6741.	4.	
l.1335.14.2.———		l.	8014.	5.	

——————1625.——

AVOIR pour les cy-apres vendus a diuers,

268.aunes 16. 2.6.⎫					
317.aunes 22. 2.6. ⎬ aunes 59.¼ veloux noir fonds armoisin à l.9.10.- pour Aymé le Roy , en ce—	à 27.	l.	567.	12.	6
166.aunes 21.10.—⎭					
291.aunes 7.5.—Veloux noir fonds satin à l.12.10. ——— ⎫					
507.aunes 17.15.4. ⎬aunes 35.⅓ Veloux verd fonds satin à l.16.10. ⎬ pour Robert Gehenaud,——	à 27.	l.	675.	15.	—
531.aunes 17.8. 4.⎭					
291.aunes 18. 10. ⎫					
281.aunes 17.11.8. ⎬aunes 64.½ Veloux noir fonds satin petite façon à l. 12. 10. pour Herue , &					
267.aunes 18. 2.6. ⎬ Sauary, ———	à 27.	l.	801.	11.	3
297.aunes 18. 8.4.⎭					
521.aunes 18.17.6.Veloux verd fonds satin 3.fleurs, ———⎫à l.16.10.pour Iean des Lauiers,—	à 27.	l.	604.	6.	8
298.aunes 17.15.—dict celeste ——— ⎭					
299.aunes 18. 5.—Veloux fonds satin morelin cramoisy 3. fleurs à l.19. 10. ⎫					
136.aunes 11.10.—Veloux à la Turque fonds satin incarnad. 4. fleurs à l.21. ⎬Pour Lindo,& Heron,	à 27.	l.	826.	2.	6
139.aunes 61. ——Sargette noire de Milan à ——— ——l. 3.15.⎭					
118.aunes 6. 2.6.Veloux noir ras 3.trames à l.16.- Vendu comptant ——	à 27.	l.	98.		
311.aunes 34.13.4.⎫aunes 69.6.8.Gafe noire de soye torte à l.3.pour Guillaume Freson,—	à 27.	l.	208.		
312.aunes 34.13.4.⎭					
155.aunes 20. ——Veloux noir ras 3.trames à l.16.- pour Iean Vllard,en ce——	à 27.	l.	320.		
313.aunes 35. 2.6.⎫aunes 70.¼ Gafe noire à ⅊ 55.- pour Pamphile de la Cour,	à 27.	l.	193.	3.	9
314.aunes 35. 2.6.⎭					
266.aunes 31. 2.6.⎫					
241.aunes 28.13.4.⎬aunes 127.⁷⁄₁₂ Crespon noir de Milan à l.3.5.pour Samson , & Deuilars, ——	à 27.	l.	414.	12.	11
140.aunes 37. 2.6.⎬					
269.aunes 30.13.4.⎭					
163.aunes 60. 6.8.⎫					
168.aunes 60. 5.—⎬aunes 180.¼ Sargette noire de Milan à l.3.15.pour Malepard,& Gandrion, —	à 27.	l.	678.	2.	6
181.aunes 60. 5.—⎭					
Marcs 20. ——Or filé 55.à l.29.—⎫pour Louys du Bois, en ce———	à 27.	l.	2380.		
Marcs 60. ——dict 555.à l.30.—⎭	à 27.	l.			
Marcs 60. ——dict 5555.à l.31.—pour Claude Boffey, ———	à 27.	l.	1860.		
Marcs 40. ——dict 55555.à l.32.—pour Nicolas Libert,———	à 27.	l.	1280.		
Marcs 15. ——dict 555555.à l.33.—pour Nicolas de Lestre,———	à 27.	l.	495.		
155.aunes 2. 6.8.Veloux noir ras 3.trames⎫Donné esdicts Taranget,& Roufier,pour Estrennes——					
271.aunes 31. 6.8.Crespon noir de Milan, ⎬					
Marcs 5. ——Or filé 555555. qui se font perdus.		l.	11402.	7.	1

I 4

FRANCOIS TARANGET, ET FRANCOIS ROVSIER, Compte des debiteurs qu'ils nous affignent, doiuent pnur les cy-apres,

		l.	
Aymé le Roy le 18. Mars 1625. pour Roys 1626.	à 26.	l. 567.	12.
Robert Gehenaud , le 20. dudict pour Roys 1626.	à 26.	l. 673.	15.
Herue , & Sauarry , le 20. dudict pour Roys 1626.	à 26.	l. 801.	11.
Iean des Lauiers le 3. Auril 1625. pour Pafques 1626.	à 26.	l. 624.	6.
Lindo , & Heron , le 8. dudict pour Pafques 1626.	à 26.	l. 816.	2.
Comptant le 10. Auril 1625.	à 26.	l. 98.	
Guillaume Frefon , le 18. dudict pour Pafques 1626.	à 26.	l. 208.	
Iean Vllard , le 18. dudict pour Pafques 1626.	à 26.	l. 320.	
Pamphile de la Cour, le 25. dudict pour Pafques 1626.	à 26.	l. 193.	3.
Samfon,&de Vilars, le 18.May 1625.pour Pafques 1626.	à 26.	l. 414.	12.
Malepard , & Gaudrion,le 25. dudict pour Aouft 1626.	à 26.	l. 678.	2.
Louys du Bois , le 28. dudict pour Aouft 1626.	à 26.	l. 2380.	
Claude Boffey , le 5. Iuin 1625. — pour Aouft 1626.	à 26.	l. 1860.	
Nicolas Libert , le 28. dudict pour Aouft 1626.	à 26.	l. 1280.	
Nicolas de Leftre le 15.Iuillet 1625. pour Aouft 1626.	à 26.	l. 495.	
		l. 11402.	7.

————————————✚1625.✚————————————

DENIS BERTHON, ET OLIVIER GASPARD de Lyon , doiuent pour noftre part de l.100000.de fonds & capital à eux remis pour le negocier en commandite durant 3. ans à commencer au 3.Ianuier 1625. Sçauoir l. 30000. - fournis pour ledict Berthon , l.30000.-- pour ledict Gafpard,& l.40000.que nous fourniffons pour participer à leur negociation pour ⅓ aux profits & pertes qu'il plaira à Dieu y enuoyer,& eux pour les ⅔.Appert par la Scripte de compagnie,& en ce au Carnet des Roys 1625.f° 6. — à 5. l. 40000.

Et l.19280.-pour noftre tiers de l.57840.- que montent les profits qu'il a pleu à Dieu y enuoyer, ainfi qu'apert par leur liure de raifon, ——————— l.19280.--⎫
Surquoy diftrait l.4512.-que leur faifons bon à caufe qu'ils fe font chargez de tous ⎪
les debiteurs,marchandifes,& autres effects tant bons que mauuais reftans de ladicte ⎬ à 41. l. 14768.
compagnie , laquelle demeure refoluë par ce moyen , ainfi qu'il eft contenu par le con- ⎪
tract entre nous paffé , receu par Gorrel Notaire, ———————l. 4512.--⎭

Refte qu'ils doiuent payer auec le principal en Pafques 1628. ——— ———l.14768.--

		l.	
		l. 54768.	

————————————✚1625.✚————————————

CLAVDE CICERY, ET FRANÇOIS CERNESIO de Venife , compte des debiteurs que leur affignons,doiuent que les portons crediteurs au Carnet de Pafques 1625.f°11.

		l.	
pour Eftienne Glotton,& en ce ,	à 38.	l. 1920.	
Portez crediteurs au liure B, f° 3.& en ce,	à 44.	l. 3416.	
		l. 5336.	

————————————✚1625.✚————————————

IEAN BAPTISTE BEREGANY de Vincenfe compte des debiteurs , que luy affignons doit que le portons crediteur au Carnet de Pafques 1625. f° 12. cy

		l.	
	à 38.	l. 217.	10.
Porté crediteur au Carnet d'Aouft 1625.f° 12.cy	à 42.	l. 153.	6.
Porté crediteur au Carnet des Sainċts 1625. f° 12.efcompté à 107.⅓ pour ⅖	à 42.	l. 10199.	14.
		l. 10570.	10.

AVOIR pour les cy-apres qui ont payé,

Ayné le Roy escompté à $7.\frac{1}{2}$ pour $\frac{0}{0}$ — l. 567.12. 6. Robert Gehenaud, escompté à $7.\frac{1}{2}$ — l. 675.15.— Herue, & Sauarry, escompté à $7.\frac{1}{2}$ — l. 801.11. 3. Comptant dez le 10. Auril 1625. — l. 98.—.— Guillaume Freson, l'escompte à 10. pour $\frac{0}{0}$ — l. 208.— Iean Vllard, l'escompte à 10. pour $\frac{0}{0}$ — l. 320.— Pamphile de la Cour, escōpté à 10. pour $\frac{0}{0}$ — l. 193. 3. 9. Samson, & de Vilars, escompté à 10. pour $\frac{0}{0}$ — l. 414.12.11. Malepard, & Gandrion, escōpté à $12.\frac{1}{2}$ — l. 678. 2. 6. Louys du Bois, l'escompte à $12.\frac{1}{2}$ — l. 2380.—.— Claude Boissey, l'escompte à $12.\frac{1}{2}$ — l. 1860.—.— Nicolas Libert, l'escompte à $12.\frac{1}{2}$ — l. 1280.—.— } Portez debiteurs au Carnet de Pasques 1625. f° 16.—	à 38.	l.	9476.	17.	11
Iean des Lauiers, — l. 604. 6. 8. Lindo, & Heron, — l. 826.12. 6. Nicolas de Lestre, — l. 495.—.— } En debit au liure B, f° 4. cy	à 44.	l.	1925.	9.	2
	—	l.	11402.	7.	1

1625.

AVOIR que les portons debiteurs au liure B, f° 27. & en ce, —	à 44.	l.	54768.	—	—

1625.

AVOIR pour les marchandises cy-apres venduës pour leur compte, pour receuoir à leurs risques des debiteurs, & termes cy-bas specifiez,

12. aunes 384. tabis noir de Venise ondé à l. 5. —vendu à Glotton, pour Pasques 1626. —	à 28.	l.	1920.	—	—
42. Camelots de Leuant greges 4. fil à — l. 28. —pour Enemond Duplomb, pour Aoust 1628. —	à 39.	l.	1176.	—	—
4. aunes 128. Tabis canelé cramoisy à l. 6.10.-pour Blauf, pour Roys 1627. —	à 22.	l.	832.	—	—
8. aunes 256. Tabis couleurs ordinaires à l. 5.10.-pour Raymond Orlic, pour Roys 1627. —	à 39.	l.	1408.	—	—
	—	l.	5336.	—	—

1625.

AVOIR pour les marchandises cy-apres venduës pour son compte, pour receuoir à ses risques des debiteurs, & termes cy-bas,

℔ 58.-Floret, à — l. 3.15.- vendu à Estienne Glotton, pour Pasques 1626. —	à 28.	l.	217.	10.	—
℔ 530.-Trame de Vincense à — l. 16.— vendu à Iean Iacques Manis; pour Aoust 1626. —	à 31.	l.	8480.	—	—
℔ 593. Bourre de soye à — ¦ — ₰ 58. —vendu à Cesar, & Iulien Granon, pour Aoust 1626.	à 6.	l.	1719.	14.	—
℔ 26.10. onces Doppion de Vincense à l. 5.15.-vendu comptant au Carnet d'Aoust 1625. f° 14. —	à 28.	l.	153.	6.	8
	—	l.	10570.	10.	8

REPARTIMENS doiuent à veloux de Milan, ——————— l.1141.11.8. | à 8.
A Gafes , ——————— l. 98.10. | à 10.
A Bas de foye, ——————— l. 180.— | à 10. } l. 5557. 1
A Beregany de Vincenfe, ——————— l. 217.10.— | à 17.
A Cicery , & Cernefio de Venife, ——————— l.1920.— | à 17.
A Veloux de Milan, ——————— l. 237. 9.2. | à 8.
A Gafes , ——————— l. 109.19.4. | à 10.
A Bas de foye, ——————— l. 360.— | à 10.
A Crefpons, ——————— l. 193. 5.— | à 12. } l. 1418. 5
A Or filé , ——————— l. 290.— | à 4.
A Sargette de Milan , ——————— l. 227.16.3. | à 13.
A Veloux de Milan , ——————— l. 925. 1.8. | à 8.
A Gafes,——————— l. 214.11.6. | à 10.
A Bas de foye, ——————— l. 509.— | à 10.
A Tapifferie de Bergame, ——————— l. 150.— | à 13. } l.11776. 19
A Beregany , ——————— l. 153. 6.8. | à 17.
A Cochenille, ——————— l.7680.— | à 34.
A Mufc, ——————— l.1620.— | à 34.
A Souchons , ——————— l. 525.— | à 37.
A Ican Bertrand, pour Pierre Richard, par Caiffe au Carnet d'Aouft 1625.f⁰ 3. cy ——— | à 42. | l. 431. 8
A Ican & Pierre du Lac d'Vfez, par Caiffe audict Carnet, f⁰ 3.cy ——— | à 42. | l. 257.
A Antoine Roux de Saumieres, par Caiffe audict Carnet, f⁰ 3. & en ce , ——— | à 42. | l. 286. 2.
En Touffainęts 1625. que faifons bon à Ioachin Laurens, & Dauid Salicoffre , pour les parties cy-
apres à eux tranfportées , fçauoir;
Barthelemy Mas de Seiffac ——————— l.264.18.-
Pierre Antoine Guy de Limoux , ——————— l.308. 9.- } au Carnet des Sainęts 1625.f⁰ 15.cy | à 42. | l. 868. 15
Ican Barrau de Caftres , ——————— l.295. 8.-
868.15.--
En Roys 1626.les parties cy-apres tranfportées à Galiley,& Batelly,
André Pirouard de Limoux, ——————— l. 281. 1.-
Louys de Coudrey de Dieppe , ——————— l. 337.18.--
Pierre Arnoux de Roüan , ——————— l. 500.—
Pierre le Franc, ——————— l. 217.15.— } Au Carnet des Roys 1626.f⁰ 11.cy | à 42. | l. 3171. 17
Chriftophle Brodrigue, ——————— l. 621.—
Richard Herbert,——————— l.1214. 3.-
3171.17.--
Pafques 1626.les parties cy-apres tranfportées à Lumaga,& Mafcranny,
Charles Seuclin,——————— l. 630.—
Ican de Compans,——————— l. 417. 8.-
Ionas Nolet de la Motte, ——————— l. 939.18.- } au Carnet de Pafques 1626.f⁰ 15.cy | à 42. | l. 3699. 10.
René Pepin de S.Ican d'Angely,——————— l. 685. 3.6.
François Ferret de la Chaftaigneraye, ——————— l.1027. 1.--
3699.10.6.

——— | l. 25447. | 15.

HIEROSME LANTILLON de Lyon doit donner du 11.Iuillet 1625.
Pour Touff.1627.℔ 103.Doppion de Milan à l. 8.— d'accord à luy liuré courratier Petit , ——— | à 23. | l. 1624.
Pafques — 1628.℔ 4174.Soye lege à ——— l.10.15.d'accord à luy liuré le 12. Decembre 1625. | à 3. | l. 44870. | 10.
1626. | Pafques — 1627.℔ 500.Organcin de legis à l.12. 5.à luy liuré le 15. Feurier 1626. ——— | à 25. | l. 6125.
Pafques — 1627.℔ 1500.Orgãc.de Raconis à l.12.— à luy liuré le 12.Mars 1626. ——— | à 25. | l. 18000.

——— | l. 70619. | 10.

IEAN DE LA FORESTS de Lyon, doit du 1.Aouft 1625.
Pour Touff.1627. ℔ 821.--Doppion de Milan à l.7.17.6.à luy liuré & d'accord,courratier Iufty , — | à 23. | l. 6465. | 7.
Roys — 1627. ℔ 14.--Filage de Raconis à l.11.liuré à luy le 16.Decembre 1625. — | à 7. | l. 154.
1626. | Roys — 1627.aum.210.⁵⁄— Crefpon noir leger de Naples à l.3.-liuré à luy le 10.Feurier 1626. — | à 12. | l. 631. | 17.
Pafques — 1627. ℔ 210.--Organcin de legis à l.12.10.d'accord à luy liuré le 15.dudict en ce,— | à 25. | l. 2615.
Pafques — 1627.pour marchandifes à luy venduës, & liurées le 3.Mars 1626. montant en ce — | à 25. | l. 1769. | 14.

——— | l. 11645. | 19.

AVOIR pour Eſtienne Glotton, debiteur en ce,	à 16.	l. 3557.	11.	8
Pour Robert Gehenaud, debiteur en ce,	à 16.	l. 1418.	9.	9

Pour Claude Catillon, compte de voyages l.2104.7.3. que de tant, il a faict cedulles ou lettres de change en noſtre nom, aux enſuiuantes perſonnes payables à iceux ou aux porteurs d'icelles en diuers termes, ſçauoir

A Pierre Richard de Nyſmes,	l.431. 8.9.		
A Iean & Pierre Dulac d'Vſez,	l.237.—	pour Aouſt 1625.	
A Antoine Ronx de Saumieres,	l.286. 2.6.		
A Barthelemy Mas de Seiſſac,	l.264.18.—		à 5. l. 2104. 7. 3
A Pierre Antoine Guy de Limoux,	l.308. 9.—	pour Touſſaincts 1625.	
A Iean Barrau de Caſtres,	l.295. 8.—		
A André Pirouard de Limoux,	l.281. 1.—pour Roys 1626.		

Pour Claude Catillon, compte de voyage l.6590.6.6. qu'il nous aſſigne à payer aux crediteurs, & termes cy-apres ſpecifiez par ces cedulles ou lettres de change qu'il a faictes en noſtre nom,

A Louys de Coudrey de Dieppe,	l. 337.18.—		
A Pierre Arnoux de Roüan,	l. 500.—		
A Pierre le Franc,	l. 217.15.—	pour Roys 1626.	
A Chriſtophle Brodrigue,	l. 621.—		à 38. l. 6590. 6. 6
A Richard Herbert,	l.1214. 3.—		
A Charles Seuelin,	l. 630.—		
A Iean de Compans,	l. 417. 8.—		
A Ionas Nolet de la Motte,	l. 945.18.—	pour Paſques 1626.	
A René Pepin de S.Iean d'Angely,	l. 685. 3.6.		
A François Ferret de la Chaſtaigneraye,	l.1027. 1.—		

Pour diuerſes marchandiſes venduës comptant au Carnet de 1625. fº 14. & en ce,	à 42.	l. 11776.	19.	10
		l. 25447.	15.	

————1625.————				
AVOIR que le portons debiteur au Carnet d'Aouſt 1625. fº 18. eſcompté à 22.⅟	à 42.	l. 1624.		
Porté debiteur au liure B, fº 5. pour ſoude de ce compte,	à 44.	l. 68995.	10.	
		l. 70619.	10.	

————1625.————				
AVOIR que le portons debiteur au Carnet d'Aouſt 1625.fº 19. eſcompté à 22.⅟ pour º/º	à 42.	l. 6465.	7.	6
Porté debiteur au liure B, fº 5. pour ſoude du preſent,	à 44.	l. 5180.	11.	6
		l. 11645.	19.	

DRAPS DE LAINE de Dauphiné,& Languedoc,doiuent pour les cy-apres,
Achapt faict en Dauphiné, & Languedoc,par Claude Catillon,

A Romans au comptant de Tassy Motet.

pieces 5.n° 1.à 5.aun.109.$\frac{1}{2}$ Drap blanc Romans à l.3.8. —— l.372. 6.—

A Valence au comptant de Claude Garnon.

pieces 2.n° 6. 7.aun. 39.$\frac{1}{2}$ Sarge blanche Valence à l.3.12. —— l.142. 4.—

Au Crest de Gabriel Chappaix comptant.

pieces 6.n° 8.à 13.aun.150.$\frac{1}{4}$ Courdellat blanc crest à ⅌ 32. —— l.209. 4.—

Au Montelimar d'Estienne Laueyne comptant.

pieces 9.n° 14.à 22.aun. 90.—Sarge blanche }
pieces 5.n° 23.à 27.aun. 45.—Dicte grise — } à l.3.4. —— l.425.12.—

A Vsez de Iean,& Pierre du Lac,pour Aoust 1625.

pieces 5.n° 28.à 32.aun.131.$\frac{1}{3}$ Canes 79.—Sargette grise à l.3.la cane, —— l.237.——

A Nysmes de Pierre Richard pour Aoust 1625.

pieces 12.n° 33.à 44.aun.319.$\frac{7}{12}$ Canes 191.6.p.Cadis de Nysmes coul.ord.à ⅌ 45.-la Cane l.431. 8.9.

A Saunieres d'Antoine Roux pour Aoust 1625.

pieces 6.n° 45.à 50.aun.158.$\frac{7}{8}$ Canes 95.3.pans Cadis gris cramoisy à l.3.-la cane —— l.286. 2.6.

A Couques de Iacques Audrieu, comptant.

pieces 5.n° 51.à 55.aun. 69.$\frac{1}{6}$ Canes 41.4.pans Bigearre Carcassonne à l.6.14. —— l.278. 1.—

A Seissac de Barthelemy Mas,pour Toussaincts 1625.

pieces 8.n° 56.à 63.aun. 91.—Canes 54.5.pans Bigearre Seissac,à l.4.17. —— l.264.:8.—

A Lodesue de François Carriere, au comptant.

pieces 2.n° 64. 65.aun. 26.—Canes 15.5.pans Bure de Lodesue, à l.4. —— l. 62.10.—

A Carcassonne de Iean Maffre,comptant.

pieces 6.n° 66.à 71.aun. 82.$\frac{2}{3}$ Canes 49.5.pans Estamet blanc la grasse à l.5.1. —— l.250.10.—

A Chalabre de Pierre Boyer,comptant.

pieces 1.n° 72. — aun. 20.—Canes 11.7.pans Courdellats gris Chalabre à ⅌ 34. —— l. 20. 3.9.

A Limoux de Pierre Antoine Guy,comptant.

pieces 2.n° 73. 74.aun. 34.$\frac{1}{8}$ Canes 20.5.pans Sescins blanc à l.5.17. —— l.120.13.—

Dudict Guy, pour Toussaincts 1625.

pieces 6.n° 75.à 80.aun. 95.$\frac{1}{8}$ Canes 57.1.pan Sarge blanche Limoux à l.5.8. —— l.308. 9.—

A Castres de Iean Barrau,pour Toussaincts 1625.

pieces 4.n° 81.à 84.aun. 93.$\frac{1}{3}$ Canes 56.—Courdell.blãc Castres lisiere rouge à ⅌ 43. }
pieces 6.n° 85.à 90.aun.145.$\frac{1}{6}$ Canes 87.4.pans Courdellats dict lisiere noire à ⅌ 40. } l.295. 8.—

A Limoux d'André Pirouard,pour Roys 1626.

pieces 8.n° 91.à 98.aun.121.$\frac{1}{3}$ Canes 73.-Estamet blanc Limoux à l.3.17. —— l.281. 1.—

Embalage,despence de bouche,& autres menus frais faicts

pieces 98. audict voyage en vn mois, —— l.103. 2.2.

——	à 5.	l.	4088.	13.
Pour aduance en credit à profits & pertes, ——	à 41.	l.	796.	5.
	——	l.	4884.	18.

—— 1625. ——

ESTIENNE CHALLY de Lyon, doit donner du 8.Aoust 1625.				
Pour Touss.1627.℔ F 401.Doppion de Milan à l.7.16.3.liuré à luy courratier Petit,en ce, ——	à 23.	l.	3132.	16.
Pasques — 1628.℔ 1044.Soye lege à l.10.16.3.d'accord à luy liuré le 10.Decembre 1625.en ce, ——	à 3.	l.	11288.	5.
Roys —— 1627.℔ 1259.Filage de Raconis à l.11.-à luy liuré le 15.dudict, ——	à 7.	l.	13849.	——
	——	l.	28270.	1.

AVOIR pour les cy-apres vendus à diuers,

piec. 9.n° 14.à 22.aun. 90.——-Sarge de Montelimar coul. ordin. à l.4.——⎫				
piec. 8.n° 56.à 63.aun. 91.——-Bigearre Seiſſac , à ————————l.3.——				
piec. 5.n° 1.à 5.aun.109.——-Drap noir Romans,à ————————l.4.——				
piec. 2.n° 6. 7.aun. 39.10.--Sarge de Valence canelé cramoiſy, à l.5.——⎬Enuoyé à Sourzach en	à 31.	l.	2012.	
piec. 6.n° 8.à 13.aun.130.15.--Courdellats du Creſt couleurs ord.à l.2.— Foire de Pentecoſte,				
piec. 4.n° 81.à 84.aun. 93. 6.8.Courd. Caſtres coul. ordinaires à ∮30.—				
piec. 8.n° 91.à 98.aun.121.13.4.Eſtamet de Limoux couleurs ord. à l.3.10.⎭				
piec.12.n° 33.à 44.aun.319.11.8.Cadis de Nyſmes coul.ord. à ∮30.—⎫ enuoyé audiĉt Sourzach en				
piec. 5.n° 51.à 55.aun. 69. 3.4.Bigearre Carcaſſonne,à ——————l.4.10.⎰ Foire de S.Frenne, en ce	à 31.	l.	790.	12.	6
piec. 5.n° 28.à 32.aun.131.13.4.Sargettes de Nyſmes couleurs ord.à ∮50.--⎫				
piec. 6.n° 45.à 50.aun.158.17.6.Cadis gris cramoiſy Nyſmes , ——à ∮35.--				
piec. 2.n° 64. 65.aun. 26.——-Bure de Lodeſue, à ————l.3.——				
piec. 6.n° 66.à 71.aun. 82.13.4.Eſtamet blanc la Graſſe,à————l.4. —⎬ enuoyé aux noſtres de				
piec. 1.n° 72.——-aun. 10.——-Courdellat gris Chalabre , à——∮26.--⎰ Milan , —— ——	à 6.	l.	1931.	15.	8
piec. 5.n° 73. 74.aun. 34. 7.6.Sezeins blancs , à ————l.4. 5.				
piec. 6.n° 75.à 80.aun. 95. 2.6.Sarge noire Limoux,à——————l.5. --⎬				
piec. 6.n° 85.à 90.aun.145.16.8.Courdellats de Caſtres coul.ordin. à ∮35.⎭				
piec. 5.n° 23.à 27.aun. 43.——-Sarge griſe Montelimar à l.3.10.reſtant en magaſin au 3.Auril 1626.	à 43.	l.	150.	10.	
piec.98.——		l.	4884.	18.	2

————1625.————

AVOIR que le portons debiteur au Carnet d'Aouſt 1625. f° 19. Eſcompté à 122.$\frac{1}{2}$ pour $\frac{0}{0}$, &

en ce , —————— ———————— ————————	à 42.	l.	3132.	16.	5
Porté debiteur au liure B,f° 5.pour ſoude de ce compte,—— —— ——	à 44.	l.	25137.	5.	
	——	l.	28270.	1.	5

K

DRAPS DE LAINE de France,& Poictou,doiuent pour les cy-apres,
Achapt fait en France,& Poictou par Catillon noftre homme,
A Beauuais de Pierre Marcel,pour comptant le 20.Iuin 1625.

pieces	6.n° 1.à 6.aun. 81. 5.—Sarge blanche Beauuais à l.3.14.————l.300.12.6.—	
pieces	6.n° 7.à 12.aun. 84. ———Sarge dicte 2.enuers à ——l.4. 1.———l.340. 4.———	} l. 716.16.6.
pieces	8.n° 13.à 20.aun.————Bayette Beauuais à ———l.9.10.la piece.l. 76.—	

A Dieppe de Louys de Condrey, pour Roys 1626.

pieces	4.n° 21.à 24.aun. 55.15.—Sarge noire Dieppe à l.6.1.3. ——————l. 337.18.—

A Roüan de Pierre Arnoux d'Arnetal, pour payer
l.177.19.9.comptant,& l.500.- en Roys 1626.

pieces	1.n° 25.————aun. 28.15.—Sarge Arnetal à——— ——l.4 2.6.—l.118.11.——	
pieces	1.n° 16.————aun. 29. 5.—Bure brune à ——————l.4.—— ——l.117.—	
pieces	1.n° 27.————aun. 26.10.—Dicte More,à ——— ——l.4. 2.6.—l.109. 6.3.	} l. 677.19.9.
pieces	1.n° 28. ————aun. 30.15.—Dicte Perpignan ,à—— ——l.4. 8.9.—l.156. 9.—	
pieces	1.n° 29. ———aun. 35.15.—Sarge blanche Limeftre, à ——l.5.10.——l.196.12.6.	

De Pierre le Franc,pour Roys 1626.

pieces	1.n° 30.————aun. 33.10.—Sarge Sigouye blanche à l.6.10.———————l. 217.15.—

De Pierre Lambert du Seau,au comptant.

pieces	1.n° 31.————aun. 20. 2.6.Drap blanc du Seau, à ———— l.8. 5.——l.166.——	
pieces	1.n° 32.————aun. 30. 5.—Bure du Seau , à ———— ——l.7.10.—l.222.17.6.	} l. 388.17.6.

De Chriftophle Brodigue Anglois,pour Roys 1626.

pieces	23.n° 33.à 55.aun.————Croifez blancs à l.27.la piece , ———— ——l. 621.—

De Richard Herbert,pour Roys 1626.

pieces	35.n° 56.à 90.aun.359.15.—Croifez cramoify à l.3.7.6.———————l.1214. 3.—

De Charles Seuelin Anglois,pour Pafques 1626.

pieces	7.n° 91.à 97.aun.————Bayette blanche d'Angleterre à l.90.la piece , ——l. 630.—

De Iean Compans,pour Pafques 1626.

pieces	1.n° 98.————aun. 10. 5.—Efcarlatte de Berry , à ——— l.14. 7.6.—l.147.6.9.	
pieces	1.n° 99.————aun. 18.12.6.Efcarlate du Seau , à ——l.14.10.——l.270.1.3.	} l. 417. 8.—

A Romorantin de Iean Thion , comptant

pieces	1.n° 100.————aun. 11.15.—Bure Romorantin à l.70.10.la piece ——l. 70.10.—	
pieces	2.n° 101.à 102.aun. 20.———Drap blanc Romorantin, à l.68.la piece —l.136.——	} l. 206.10.—

A la Motte de Ionas Nolet,pour Pafques 1626.

pieces	32.n° 103.à 134.aun.482.10.—Bure la Motte à ⨍ 39.—————————l. 939.18.—

A S.Iean d'Angely de René Pepin,pour Pafques 1626.

pieces	25.n° 135.à 159.aun. 288.10.—Bute S.Iean, à ⨍ 47.6.—————————l. 685. 3.6.

A la Chaftaigneraye de François Ferret,pour Pafq.1626.

pieces	18.n° 160.à 177.aun. 234.——Drap Prefdean couleurs ordinaires à ⨍ 50.l.585.—	
pieces	11.n° 178.à 189.aun. 153.15.—Bure blanche à ⨍ 42.————l.322.17.6.	} l.1027. 1.—
pieces	4.n° 190.à 193.aun. 56.15.—Drap rouge,& celefte Poictou à ⨍ 42. —l.119. 3.6.	

Embal.defpence de bouche en 40.iours,& autres frais, l. 178. 9.—

pieces	193.———		à 38.	l. 8158.	19.
	Pour aduance en credit à profits & pertes,—————————		à 41.	l. 1683.	15.
				l. 9942.	15.

———1625.———
FLEVRY GROS de Lyon,doit donner du 19.Aouft 1625.

Pour Roys 1628.℔ 808.-Doppion de Milan à l.7.17.6.d'accord à luy liuré Courratier Derichy,	à 23.	l. 6363.	
Roys 1627.℔ 1049.-Filage de Raconis à l.10.17.6.à luy liuré le 16.Decembre 1625.———	à 7.	l. 11407.	17.
Roys 1627.℔ 538.-Organcin de Raconis à l.12.- liuré à luy le 20.dudict.	à 25.	l. 6456.	
Pafques 1627.℔ 175.-Bourre de legis à ⨍ 50.-liuré à luy le 4.Mars 1626.———	à 30.	l. 437.	10.

		l. 24664.	7.

AVOIR pour les cy-apres vendus diuers,

eces	1.n° 29. ——— aun. 35. ——Sarge noire Limeſtre à l. 6.- ⎫ enuoyé à Sourzach en Foire de Pêtec. à 31.	l. 931.	5.
eces	25.n° 135.à 159.aun.288.10.--Bure S. Ican à ——— ⎰ 50. ⎰		
eces	32.n° 103.à 134.aun.482.10.--Bure la Motte à ——— ⎱ 42.- ⎫ enuoyé audict Sourzach en		
eces	7.n° 91.à 97.aun.———Bayette blanche d'Angleterre à l. 95.-⎰ Foire de S.Frenne——— à 31.	l. 1678.	5.
eces	6.n° 1.à 6.aun. 82.——Sargette de Beauuais coul.ord.à l. 5.- ⎤		
eces	6.n° 7.à 12.aun. 84. ——-Dicte à 2.enuers noire à ——l. 5.10.-		
eces	4.n° 21.à 24.aun. 56. ——Sarge noire Dieppe à —— l. 7.-		
eces	1.n° 30.——aun. 33.- ——Sarge noire Sigouie à —— l. 7.10.-		
eces	1.n° 31.——aun. 20.——Drap du Seau noir à —— l.11.		
eces	1.n° 32.——aun. 30.- ——Bure du Seau à —— l. 8.-		
eces	35.n° 56.à 90.aun.359.15.--Croiſez cramoiſy à —— l. 4.- ⎬ en debit à neg.de Piedmôt à 11.	l. 5941.	
eces	1.n° 98.——aun. 11.——-Eſcarlate de Berry, —⎫ ⎰		1 -
eces	1.n° 99.——aun. 19.——-Eſcarlate du Seau, ⎬à—l.16.-		
eces	1.n° 100.——aun. 11.——Bure Romorantin à ——l.10.-		
eces	2.n° 101. 102.aun. 20.——Drap noir Romorantin à ——l.12.-		
eces	18.n° 160.à 177.aun.234.——Drap Preſdean couleurs ordin. à l.3.-		
eces	11.n° 178.à 189.aun.153.15.--Bure blanche Poictou, —⎫à ⎰ 50.-		
eces	4.n° 190.à 193.aun. 57.——Drap rouge,& celeſtePoict.⎰		
eces	8.n° 13.à 20.aun.———Bayette de Beauuais à l.12.la piec. ⎫		
eces	4.n° 25.à 28.aun.115. 5.-Sarges d'Arnetal,à —l. 5. l'aune ⎬ enuoyé aux noſtres de Milan, - à 6.	l. 1392.	5.
eces	23.n° 33.à 55.aun.240.—— -Croiſez coul.cómunes à l. 3.- ⎰		
eces	193.———	—— l. 9942.	15.

1625.

AVOIR que le portons debiteur au Carnet d'Aouſt 1625.f° 19. eſcompté à 25. pour ⅞ ——— à 42.	l. 6363.			
Porté debiteur au liure B, f° 5. pour ſoude ——— à 44.	l. 18301.	7.	6	
—— l. 24664	7.	6		

K 2

MARCHANDISES de noftre compte enuoyées à Sourzach, en Foire de Pentecofte és mains de Claude Catillon noftre homme, pour illec en procurer la vente, doiuent pour les cy-apres,

pieces	2.n° 29.———aun. 35.——Sarge noire Limeftre à l. 6.—		à 30. l.	931.
pieces	25.n° 135.à 159.aun.288.10.—Bure de S.Iean à———⊕ 50.—			
pieces	9.n° 14.à 22.aun. 90.——Sarge de Montelimar couleurs ordinaires à l. 4.—			
pieces	8.n° 56.à 63.aun. 91.——Bigearre Seiflac, à ———————l. 3.—			
pieces	5.n° 1.à 5.aun.109. ——Drap noir Romans à —————l. 4.—			
pieces	2.n° 6.à 7.aun. 39.10.—Sarge de Valence canellé cramoify à ———l. 5.—		à 29. l.	1011.
pieces	6.n° 8.à 13.aun.130.15.—Courdellats du Creft couleurs ordinaires à—l. 2.—			
pieces	4.n° 81.à 84.aun. 93. 6.8.Courdellats de Caftres diuerfes couleurs à ⊕ 50.—			
pieces	8.n° 91.à 98.aun.121.13.4.Eftamet de Limoux couleurs ordinaires à—l. 3.—			
	Defpence de bouche faiéte par ledict Catillon, loüage de banc, droiét de ville, & autres menus frais,		à 31. l.	90.
	Et les cy-apres enuoyées audiét Sourzach en Foire de S.Frenne.			
pieces	12.n° 28.à 39.aun.319.11.8.Cadis de Nyfmes couleurs ordinaires à l. 30.——		à 29. l.	796.	1
pieces	5.n° 51.à 55.aun. 69. 3.4.Bigearre Carcaffonne à ———————l. 4.10.—			
pieces	32.n° 103.à 134.aun.482.10.—Bure la Motte, à ————————⊕ 42.—		à 50. l.	1678.	
pieces	7.n° 91.à 97.aun.————————Bayette blanche d'Angleterre à —— l.95.la piece.			
	Defpence de bouche, loüage de banc, droiét de ville, prouifion de Rodolphe Leon, pour auoir gardé les marchandifes, demeurées de refte de la Foire de Pentecofte,		à 31. l.	180.	13
pieces	125.			
	Perte de remifes ou change de diuerfes efpeces en piftolles au Carret d'Aouft 1625.f° 14.& en ce, ———————		à 42. l.	112.	
	Frais d'embalage, & fortie de ville l.82.10.port de Lyon à Sourzach l.250.-tout ——————————		à 39. l.	332.	10
	Profit qu'il a pleu à Dieu enuoyer en ce compte, ———————		à 41. l.	1049.	17
			———— l.	8163.	12

———1625.———

CLAVDE CATILLON, compte de voyages au pays de Suiffe, doit qu'il nous affigne à receuoir des debiteurs & termes cy-bas, pour ventes par luy faiétes à Sourzach en Foire de Pentecofte, calculé à ⊕ 33.4.pour florin, valant 15.bach,

Abraham de Vert de Berne, pour payer en Foire de Sainéte Frenne prochain, florins 158.b.10.cr.	à 31. l.	264.	5
Salomon Yerffel de Zurich, pour lediét temps, ————fl. 330.—	à 31. l.	550.	
Michel Fennel de Lucherne, pour lediét temps ————fl. 230. 8.—	à 31. l.	384.	4
Sebaftien Hogger de S.Gal, pour lediét temps, ————fl. 392. 6.—	à 31. l.	654.	
Comptant ————————————————fl. 673. 2.—	à 31. l.	1121.	17
Et en Foire de Sainéte Frenne aux cy-apres,			
Salomon Yerffel de Zurich, pour Foire de Pentecofte prochain, ———fl. 417. 15.—	à 31. l.	696.	8
Sebaftien Hogger de S.Gal, pour lediét temps ————fl. 473. 11. 2.	à 31. l.	789.	11
Vendu comptant ————————————fl. 2221. 15. 2.	à 31. l.	3703.	12
	fl.4698. 4.—	———— l.	8163.	12

———1625.———

IEAN IACQVES MANIS de Lyon, doit

en Aouft 1626.pour ℔ 530.trame de Vincenfe à l.16. - à luy vendu, & liuré le 16. Aouft 1625. ———	à 27. l.	8480.	
Roys 1627.pour 3.bales foyes onurées d'Italie à luy venduës, & liurées le 3.Septembre 1625. ——	à 7. l.	10774.	10
	———— l.	19254.	10

———1625.———

CHARLES HAVARD de Paris, doit du 20.Aouft 1625.liuré à Mercier,

en Aouft 1626.pour marcs 470.-Or filé afforty à l.28.le marc de la premiere forte, en ce———	à 4. l.	14540.	
Touff. 1626.pour ℔ 700.-Veronne, & rondel.Doppió, liuré audiétMercier le 3.Sept.1625.en ce	à 25. l.	5987.	10
Touff. 1626.pour ℔ 100.-Organcin de legis à l.12.10. liuré audiét le 12. dudiét, en ce ———	à 25. l.	1250.	
Roys 1627.pour ℔ 300.-Organcin deMeffine à l.15.10.liuré audiét le 25.Decemb.1625.en ce	à 25. l.	4650.	
	———— l.	26427.	10

A V O I R pour les cy-apres vendües en Foire de Pentecofte,

eces	2.n° 29. —— aun. 35. —Sarge noire Limeftre à bach 68.l'aune pour Abrahā de Vert,deb.en ce	à 31.	l.	264.	8.	10
eces	9.n° 14.à 22.aun. 90. —Sarge Montelimar couleur ord.à bach 55.-pour Salomō Yerffel, en ce	à 31.	l.	550.		
eces	8.n° 56.à 63.aun. 91. —Bigearre Seiffac à bach 38.-pour Michel Frennel,en ce	à 31.	l.	384.	4.	5
eces	5.n° 1.à 5.aun.109. —Drap noir Romans à bach 54.- pour Sebaftien Hogger,en ce	à 31.	l.	654.		
eces	25.n° 135.à 159.aun.288.10. Bure S.Iean à bach 35.- vendu comptant à diuers ,	à 31.	l.	1121.	17.	6

Et les cy-apres vendües en Foire de Saincte Frenne.

eces	2.u° 6. 7.aun. 39.10.—Sarge de Valée canelé cram.à bach 66.	pour Salomō Yerffel, en ce	à 31.	l.	696.	8.	10
eces	6.n° 8.à 15.aun.130.15.—Courd.du Creft,couleur ord.à bach 28.		à 31.	l.			
eces	4.n° 81.à 84.aun. 93. 6.8.Courd.de Caftres diuerfes coul. à B.24.	pour Sebaft.Hogger,en ce	à 31.	l.	789.	11.	
eces	8.n° 91.à 98.aun.121.13.4.Eftamet de Limoux coul.ord.à bach 40.		à 31.	l.			
eces	12.n° 28.à 39.aun.319. —Cadis de Nyfmes,couleurs cōmunes à bach 14.—						
eces	5.n° 51.à 55.aun. 69. —Bigearre Carcaffoune à——— ———bach 50.—	vendu comptant à 31.	l.	3703.	2.	3
eces	32.n° 103.à 134.aun.482.10.- Bure la Motte, ——— ——à bach 33.—						
eces	7.n° 91.à 97.aun.———Bayettes d'Angleterre —— à florins 60. - la piece						

eces	125.———		——	l.	8163.	12.	10

—1625.—

A V O I R pour defpence de bouche par luy Faicte en fon voyage de Sourfach, pour Foire de

Pentecofte,loüage de banc,droict de ville,& autres frais,——— ——— ———fl. 54.——-	à 31.	l.	90.	——	
Porté debiteur au Carnet de Pafques 1625.f° 14.& en ce, ——— ———fl. 619. 2.-	à 38.	l.	1031.	17.	6

Autre defpence de bouche par luy faicte en Foire de Saincte Frenne audict Sourzach

Loüage de banc,droict de ville,prouifion de Rodolphe Leon,tout ——— ———fl. 113. 9.—	à 31.	l.	186.	13.	4

Et les parties cy-apres qu'il a receu des debiteurs,cy-contre en Foire Saincte Frenne.

D'Abraham vert, ——— ——— ———fl. 158.10.—					
Salomon Yerffel , ——— ———fl. 330.—					
Michel Frennel,——— ———fl. 230. 8.—	porté debiteur au Carnet				
Sebaftien Hogger, ——— ———fl. 392. 6.—	d'Aouft 1625.f° 14.& en ce,	à 42.	l.	6855.	2.
Salomon Yerffel efcompté à 5. pour ½ —fl. 417.13.—					
Sebaftien Hogger efcompté à 5. pour ½ —fl. 473.11.2.					
De la vente au comptant rabbatu les frais, fl.2108. 4.2.					

fl.4111. 8.--

	fl. 4898.4.--		l.	8163.	12.	10

—1625.—

A V O I R

En Aouft 1626. efcompté à 7.½ l. 8480. ———	porté debit.au Carnet des Saincts 1625.f° 6.—	à 42.	l.	19254.	10.	
Roys 1627. efcompté à 12.½ l.10774.10.						

—1625.—

A V O I R que le portons debiteur au Carnet des Saincts 1625.f° 15.par Lumaga,& Mafcranny,

efcompté à 107.½ pour ½, & en ce ———		à 42.	l.	14540.		
Porté debiteur au liure B,f° 5.& en ce, ———		à 44.	l.	11887.	10.	

	——	l.	26427.	10.	

K 3

BLEDS DIVERS en participation de Picquet,& Straſſe,pour $\frac{1}{4}$, Iacques de Pures pour $\frac{1}{4}$,
Leonard Berthaud pour $\frac{1}{4}$,& nous pour $\frac{1}{4}$,doiuent pour les cy-apres acheptez de diuers,ſçauoir

10000.	Aſnées bled froumēt(de 6.bichets l'aſnée)à l.9.l'aſnée acheptez comptant de diuers,par Caiſſe au Carnet des Roys 1625. fº 3. & en ce ———————————————	à 5.	l.	90000.	
846.	Aſnées pour 700.meſure de Maſcon à l.9.l'aſnée achepté comptant audict lieu,par Caiſſe audict Carnet,fº 3.& en ce, ———	à 5.	l.	6300.	
437.	Aſnées pour 500. bichots à payement pour 480.à l. 7. le bichot achepté comptant à Chalon , audict Carnet fº 3.& en ce , ———————————	à 5.	l.	3360.	

                                                                    99660.——

Pour la voyture deſdictes 1283. aſnées acheptées en Bourgogne , deſpence de bouche faicte audict voyage,& port dans les greniers l.451.3.loüage de 7.greniers pour 6.mois l.140.-pour noſtre prouiſion deſdictes.99660. à 1.pour $\frac{1}{2}$.l.996.12. grabelage , & paleage l.67.5. -- tout en credit à deſpences ——————————

	pences ———————————	à 39.	l.	1655.	
	Pour ſoulde de la vente faicte à Genes par Lumaga, ———	à 32.	l.	6679.	16.
	Pour ſoulde de la vente faicte en Eſpagne,& Portugal,en ce ———	à 34.	l.	43496.	17.
	Pour ſoulde de la vente des marchandiſes acheptées à Roüan,en ce ———	à 34.	l.	22657.	14.
	Que faiſons bon à Pierre Sauſet,pour ſes gages & ſalaires, en ce ———	à 33.	l.	2000.	
	Pour noſtre $\frac{1}{4}$ du profit qu'il a pleu à Dieu enuoyer ſur ce compte , en ce ———	à 41.	l.	11422.	16.

                                                                    ——— l. 186572. 4.

———————————————— 1625. ————————————————

BLEDS DIVERS en participation de Picquet, & Straſſe , pour $\frac{1}{4}$, Depures pour $\frac{1}{4}$, Berthaud pour $\frac{1}{4}$,& nous pour $\frac{1}{4}$,enuoyez en Arles és mains de Girard Pillet, pour en faire la vente par conduicte de Patron Pelor,doiuent pour les cy-apres,

1283.	Aſnées bled à l.8.- que à 114.pour $\frac{1}{2}$ de Lyon,font 1462.ſaumées,meſure d'Arles , ———	à 32.	l.	10264.	
	Pour l'auoir fait charger ſur vn grand Bateau à 6.deniers pour aſnée par deſpences , ———	à 39.	l.	36.	11.
	Pour la voyture deſdictes 1283.aſnées à l.4.- l'aſnée qu'il a payé audict Patron Pelot , y compris tous peages,frais du deſchargement,& loüage de magaſin,qu'il nous a tiré par ſa lettre payable à Verdier,Picquet,& Decoquiel,crediteurs au Carnet des Roys 1625.fº 7.cy ———	à 5.	l.	6107.	10.
	Pour $\frac{1}{4}$ de la vente cy-contre faicte en Arles,appartenant à Picquet, & Straſſe crediteurs,en ce ———	à 40.	l.	2114.	15.
	Pour $\frac{1}{4}$ de ladicte vente en credit à Iacques Depures,en ce ———	à 40.	l.	1586.	
	Pour $\frac{1}{4}$ de ladicte vente en credit à Leonard Berthaud,en ce ———	à 40.	l.	1057.	6.
	Pour ſoulde en credit à bleds de noſtre compte , ———	à 32.	l.	321.	19.

                                                                    ——— l. 21488.

———————————————— 1625. ————————————————

BLEDS DIVERS en Compagnie de Picquet , & Straſſe , Depures , Berthaud,& nous , enuoyez à Genes és mains d'Octauio,& Marc-Antoine Lumaga,pour en faire la vente,doiuent pour les cy-apres,

878.	Aſnées bled à l.12.l'aſnée pour 1000.Saumées d'Arles,que à 150.eymines de Genes,pour cent ſaumées font 1500. eymines à luy enuoyées ſur le Galion S.Martin , Capitaine François Caſal , d'accord à ₷ 30.pour ſaumée d'Arles à Genes, en ce ———	à 32.	l.	10536.	
	Pour $\frac{1}{2}$ de la vente cy-contre faicte à Genes,appartenant à Picquet, & Straſſe,crediteurs ———	à 40.	l.	5141.	12.
	Pour $\frac{1}{4}$ de ladicte vente en credit à Depures , ———	à 40.	l.	3856.	4.
	Pour $\frac{1}{4}$ à Berthaud,crediteur en ce , ———	à 40.	l.	2570.	16.

                                                                    ——— l. 22104. 12.

			à 40.	l. 33771.	13.	4
	AVOIR pour le $\frac{1}{3}$ de l'achapt & defpens cy-contre en debit à Picquet, & Straffe, en ce					
	Pour le $\frac{1}{4}$ dudict achapt en debit à Iacques de Pures, en ce,		à 40.	l. 25328.	15.	—
	Pour le $\frac{1}{6}$ dudict achapt en debit à Leonard Berthaud, en ce		à 40.	l. 16885.	16.	8
83.	Afnées bled à l.8. -- l'afnée enuoyées en Arles és mains de Girard Pillet, pour en faire la vente par conduicte de Patron Pelot, en ce		à 32.	l. 10264.		
00.	Pour foude du compte des bleds vendus en Arles, en ce		à 32.	l. 321.	19.	9
	Afnées bled froment à l.10.-- l'afnée qu'auons mis és mains & puiffance de Pierre Saufet noftre facteur, pour faire conduire à Marfeille, & charger fur Mer pour faire voile és villes d'Efpaigne & Portugal, qu'il entendra en auoir plus grand difette, pour vendre, à noftre plus grand auantage, en ce,		à 34.	l. 100000.		—
			—	l. 186572.	4.	9

━━━ 1625. ━━━

			à 40.	l. 2048.	—	4
	AVOIR pour le $\frac{1}{3}$ des frais cy-contre faicts en Arles, en debit à Picquet, & Straffe, en ce					
	Pour le $\frac{1}{4}$ defdicts frais en debit à Iacques de Pures,		à 40.	l. 1536.	—	3
05.	Pour le $\frac{1}{6}$ defdicts frais en debit à Berthaud, en ce		à 40.	l. 1024.	—	2
	Afnées pour 462. faumées bled à l.14.10.-la faumée venduë comptant en Arles par ledict Pillet, defduit l.355.-- pour fa prouifion, & frais par luy faicts au chargement de 1000. faumées qu'il a enuoyées de noftre ordre à Genes, refte qu'il a remis de noftre ordre à Marfeille à Benoift Robert, debiteur en ce		à 3.	l. 6344.		
78.	Afnées à l.12.-l'afnée pour 1000. faumées qu'il a fait charger fur le Galion S. Martin, pour configner à Genes és mains d'Octauio, & Marc-Antoine Lumaga, en ce,		à 32.	l. 10536.		
			—	l. 21488.		9

━━━ 1625. ━━━

			à 38.	l. 15424.	16.	—
	AVOIR pour les cy-apres,					
78.	Afnées bled pour 1500. eymines, fçauoir 300. eymines à l.16. -- & 1200. à l.16.10. venduës comptant audict Genes, defduit l.2200.- pour nolis, prouifion, & autres menus frais en debit efdicts Lumaga, au Carnet de Pafques 1625. f° 4. l.22400,		à 38.	l. 15424.	16.	—
	Pour foude en debit à bleds de noftre compte,		à 32.	l. 6679.	16.	—
			—	l. 22104.	12.	—

PIERRE SAVSET, compte du voyage de Mer que luy faiſons faire, doit l. 50000. -- à luy
comptant, pour aller faire la vente des bleds qu'auons mis entre ſes mains , pour iceux faire conduire
és villes d'Eſpagne, & Portugal, qu'il entendra en auoir plus grand diſerte , pour vendre à noſtre plus
grand auantage, au Carnet des Roys 1625. fº 3. & en ce , —— —— —— —— —— à 53. l. 50000. ——

6000. Fanegues bled froment meſure de Calix, qu'il a vendu comptant audiét lieu à marauedis 2300. la Fa-
negue, calculé à marauedis 400. pour v, ſont en ce —— —— —— —— marauedis 1380000. à 34. l. 103500. ——

84000. Alquid bled froument meſure de Liſbonne à 150. raix l'alquid qu'il a vendu comptant audiét lieu, calculé à raix 160. pour vne liure tournois, ſont en ce —— —— —— raix 1160000. à 34. l. 78750. ——

—— l. 232250. ——

———— 1625. ————

PIERRE SAVSET, compte des effects qu'il a chargez ſur la Nauire Eſpagnole Capitaine
Diego laynes, laquelle par la grace de Dieu eſt arriuée à Roüan, doit ſuiuant ſa lettre qu'il nous a enuoyé dudiét Roüan,

220529. Reaux à ◗ 5. —— —— —— —— —— —— —— l. 55132. ⎞ à 33. l. 136377. 16.
10746. Piſtoles d'Eſpagne à l. 7. 6. —— —— —— —— l. 78445. 16. ⎬
       Diuerſes eſpeces, —— —— —— —— —— —— l. 1800. ⎠

AVOIR qu'il a payé pour Nolis de 10000.afnées bled froment de Lyon iufqu'à Marfeille,y compris les peages en ce, —————— | à 34. | l. | 39700.

Pour nolis defdiêtes 10000. afnées qu'il nous a mandé auoir chargé fur 2. Galions , fçauoir fur le Galion Faulcon,Capitaine Iean Baptifte Lagorio 4000.afnées,& fur le Galion S.Michel,Patron Pierre Courtin 6000.afnées,accordé à ♓ 15.l'afnée,de Marfeille à Seuille,s'eftant embarqué fur S.Michel lefquels font arriuez à fauuement,en ce, ————— | à 34. | l. | 7500.

♈ 8000.- d'or fol,que à marauedis 398.pour ♈.nous a remis en payements de Pafques 1625.par lettre d'Antoine Spinola,fur Lumaga,& Mafcranny, debiteurs au Carnet defdiêts payemens de Pafques f° 15.& en ce, ——— marauedis 3184000.- | à 38. | l. | 24000.

♈ 6795.- que à marauedis 400. pour ♈ , nous a remis efdiêts payemens par lettre de François Catan,fur Guetton debiteurs au Carnet de Pafques 1625.f° 8.cy——— ——m. 2718000.- | à 38. | l. | 20385.

Pour nolis de 4000.afnées de Seuille iufqu'à Lifbonne,ayant fait faire voile au Galion Faulcon,à marauedis 100.pour afnée,y compris tous peages & paffages,fuiuant fa lettre d'aduis eferite à fon defpart de Seuille, ———m. 400000.- | à 34. | l. | 3000.

Pour 7498000. marauedis,qu'il a changez en reaux à marauedis 34. le real , font reaux 220529.que à ♓ 5.- tournois l'vn , valent l. 55132. ——— ———m. 7498000.- | à 33. | l. | 55132.

marauedis 13800000.-

Pour intermetteurs , faquins, paleages , & autres menus frais faiêts à Lifbonne, en ce, ——— ———raix 48000.- | à 34. | l. | 300.

Pour 12552000.raix changez en 10746. piftolles d'Efpagne ,à raix 1168. pour piftolle,que à l.7.6.tournois l'vne , valent l.78445.16. qu'il a chargez fur la Nauire Efpagnolle auec les reaux,mis le tout dans vn Coffre pour conduire iufqu'à Roüan , & les configner à luy-mefme,en ce, ——— ———raix 12552000.- | à 33. | l. | 78445. | 16.

raix 12600000.-

Et l.2800.- pour refte de l.50000.-à luy baillés à fon defpart,defquels il n'a employé que l.47200.- comme deffus qu'il a mis dans lediêt coffre fur ladiête Nauire Efpagnole , en laquelle il s'eft embarqué,en ce ——— | à 33. | l. | 2800.

Perte de remife ou change de diuerfes efpeces en reaux & piftolles,en ce——— | à 34. | l. | 987. | 4.

——— | | l. | 232250.

———1625.———

AVOIR l.360.- qu'il a payé à Diego Laynes , Capitaine de la Nauire Efpagnole, pour nolis de luy & des effeêts qu'il a tranfportez à Roüan , en reaux & piftoles y compris fa defpence de bouche, comme par fa lettre du 18.Septembre 1625.& en ce | à 34. | l. | 360.

Pour 45. tonneaux , & 3.barils Caffonnade blanche pefant ℔ 28597. net à l. 40. le cent font l.11438.16.-tout en debit à marchandifes en compagnie,——— | à 34. | l. | 11634. | 18.

50. pieces bayettes d'Angleterre à l.90.-la piece,font l.4500.- Embalage,& autres frais l.97.2.-tout—— | à 34. | l. | 4597. | 2.

800. Cochenille Meftecque à l.14.-la ℔ , & l.308.pour les frais,tout ——— | à 34. | l. | 11508.

℔ 90. Mufc de Ponant en veffie à l.13.——— ———l. 1170.- ⎱
es 60. diêt hors de veffie à l.20.——— ———l. 1200.- ⎰ | à 34. | l. | 2370.

Nous a remis de Paris par lettre de Lumaga , & Mafcranny , fur les leurs icy debiteurs au Carnet d'Aouft 1625.f° 15.cy——— | à 42. | l. | 50000.

Pour defpence de bouche,& autres menus frais par luy faiêts audiêt voyage,——— ——— | à 34. | l. | 720.

Luy auons donné pour fes peines & vacations,en ce | à 32. | l. | 1000.

Et l.53187.18. - receu de luy comptant pour foude à fon retour dudiêt voyage par Caiffe au Carnet d'Aouft 1625.f° 3. & en ce ——— | à 42. | l. | 53187. | 18.

——— | | l. | 136377. | 16.

BLED FROMENT en participation de Picquet,& Strasse,pour $\frac{1}{3}$, de Pures pour $\frac{1}{4}$,Berthaud pour $\frac{1}{6}$,& nous pour $\frac{1}{4}$,mis au gouuernement de Pierre Sauset nostre Facteur,pour iceux faire conduire à Marseille,& charger sur Mer pour faire voile és villes d'Espagne & Portugal, qu'il entendra en auoir plus grande disette,pour vendre à nostre plus grand auantage,doit pour les cy-apres,

10000.	Asnées bled froment à l.10.- l'asnée, ——	à 32.	l.	100000.	——
	Pour les nolis,& peages que ledict Sauset nous a mandé auoir payé de Lyon à Marseille, ——	à 33.	l.	39700.	——
	Pour nolis desdictes 10000.asnées de Marseille à Seuille à ♁ 15.pour asnée par ledict Sauset, ——	à 33.	l.	7500.	——
	Pour nolis de 4000. asnées de Seuille iusqu'à Lisbonne à marauedis 100. pour asnée compris tous peages & passages par ledict Sauset, ——	à 33.	l.	3000.	——
	Pour frais faicts dans Lisbonne,paleages,intermetteurs, & autres menus frais, ——	à 33.	l.	300.	——
	Payé à Diego Laynes,Capitaine de la Nauire Espagnole,pour le nolis dudict Sauset, & des effects qu'il a transportez à Roüan, en ce ——	à 33.	l.	360.	——
	Pour despence de bouche,& autres frais faicts par ledict Sauset, ——	à 33.	l.	720.	——
	Pour $\frac{1}{3}$ de l.44385.- que nous ont esté remis de Seuille à bon compte de la vente des bleds que faisons bon à Picquet,& Strasse,crediteurs en ce, ——	à 40.	l.	14795.	——
	Pour $\frac{1}{4}$ desdictes l.44385.- que faisons bon à Iacques Depures, crediteur en ce ——	à 40.	l.	11096.	5.
	Pour $\frac{1}{6}$ desdictes l.44385.- que faisons bon à Berthaud,crediteur en ce ——	à 40.	l.	7397.	10
	Perte de remise ou change de diuerses especes en pistoles & reaux,en ce ——	à 33.	l.	987.	4
	Pour $\frac{1}{3}$ de l.103187.18.-qu'auons receu pour soude de la vente desdicts bleds, que faisons bon esdicts Picquet,& Strasse,en ce ——	à 40.	l.	34395.	19.
	A Depures,pour son $\frac{1}{4}$, ——	à 40.	l.	25796.	19
	A Berthaud pour son $\frac{1}{6}$ ——	à 40.	l.	17197.	19.
		——	l.	263246.	17.

—— 1625. ——

MARCHANDISES en compagnie de Picquet, & Strasse, pour $\frac{1}{3}$, Depures pour $\frac{1}{4}$, Berthaud pour $\frac{1}{6}$,& nous pour $\frac{1}{4}$,acheptées à Roüan par Pierre Sauset à son retour d'Espagne, & Portugal,doiuent pour les cy-apres,

℔	28597. Cassonnade blanche net à l.40.le $\frac{0}{0}$,embalage,& autres frais l.196.tout en ce, ——	à 33.	l.	11654.	16.
	50.Pieces bayettes d'Angleterre blanches à l.90.la piece, & l.37.2.pour embalage, & autres frais	à 33.	l.	4597.	2.
℔	800.Cochenille Mestecque à l.14.-& l.308.- pour les frais,tout en ce, ——	à 33.	l.	11508.	——
onces onces	90.Musc de Ponant en vessie à —— l.13.—— l.1170.—— 60.Dict hors de Vessie à —— l.20.—— l.1200.—— } ——	à 33.	l.	2370.	——
	Voyture de Roüan à Lyon, & Doüanne dudict Lyon,l. 1944. prouision dudict achapt à 1. pour $\frac{0}{0}$ l.320.-- tout par despences, ——	à 39.	l.	2264.	10.
	Pour $\frac{1}{3}$ de la vente cy-contre,rabbatu le tiers des frais en credit à Picquet,& Strasse, ——	à 40.	l.	11269.	11.
	Pour $\frac{1}{4}$ de ladicte vente rabbatu le $\frac{1}{4}$ des frais en credit à Depures, ——	à 40.	l.	8452.	3.
	Pour $\frac{1}{6}$ de ladicte vente rabbatu le $\frac{1}{6}$ des frais en credit à Berthaud, ——	à 40.	l.	5634.	15.
		——	l.	57730.	19.

A V O I R pour les cy-apres,

∘c. Afnées pour 6000. Fanegues mefure de Calix à marauedis 2300. la fanegue vendüès				
comptant audiĉt Calix par lediĉt Saufet,calculé à maraued. 400. pour v̄,—— marauedis 13800000.	à 33.	l. 103500.		
∘o. Afnées pour 84000. alquid mefure de Lifbonne à 150. raix l'alquid vendu comptant				
audiĉt Lifbonne,calculé à raix 160.pour vne liure tournois,—— —— ——raix 12600000.	à 33.	l. 78750.		
Pour ⅟₃ de l. 50000.- (baillés à Pierre Saufet, pour payer les peages & nolis de 10000.				
afnées bled) que nous font bon Picquet,& Straffe,en ce,——	à 40.	l. 16666.	13.	4
Pour ⅟₄ defdiĉtes l.50000.- que nous font bon Iacques Depures,en ce—— —— ——	à 40.	l. 12500.		
Pour ⅟₆ defdiĉtes l.50000.-nous font bon Leonard Berthaud,en ce—— —— ——	à 40.	l. 8333.	6.	8
Pour foude en debit à bleds de noftre compte ,—— —— —— ——	à 32.	l. 43496.	17.	6
∘o.		l. 263246.	17.	6

————1625.————

A V O I R pour les cy-apres venduës à diuers,

℔ 34316. Caffonade blanche à l.39.le ⅟₂ pour comptant , qu'auons pris pour noftre compte , & enuoyé				
aux noftres de Milan, en ce —— —— —— —— ——	à 6.	l. 13383.	4.	9
50.Pieces Bayettes d'Angleterre à l.95.la piece,pour comptât enuoyé aux noftres de Milan,en ce	à 6.	l. 4750.		
℔ 480.Cochenille Meftecque à l.17.-la ℔,vendu comptant à Doulcet, & Yon , par Caiffe au Carnet				
d'Aouft 1625.f° 14.& en ce—— —— —— ——	à 28.	l. 7680.		
℔ 480.diĉte à l.15.- la ℔,pour comptant enuoyé aux noftres de Milan,en ce—— ——	à 6.	l. 7200.		
∘es 108.Mufc en Veffie à l.15. l'once, vendu comptant à Iean Iuge, au Carnet d'Aouft 1625.f° 14. &				
en ce , —— —— —— —— ——	à 28.	l. 1620.		
∘es 72.Diĉt hors de veffie à l.22.- pour comptant enuoyé aux noftres de Milan,en ce—— ——	à 6.	l. 1440.		
Pour foude en debit à bleds de noftre compte , —— —— —— ——	à 32.	l. 21657.	14.	4
		l. 57730.	19.	1

MARCHANDISES DIVERSES doiuent pour les cy-apres,
Achapt faict en Flandres par André Montbel,en Mars,& Auril,Et premierement
A Paris pour comptant 4.balles bas d'Eftame n⁰ 1. à 4.

- 87.Douzaines bas d'eftame,pour femme,à————— —————l.11.10.——l.1000.10.--——
- 70.Douzaines dict pour homme,à————— ——— ———l.15.10.——l.1085.—--— } l. 2163.
- 8.Douzaines dict pour enfans, à——— ——— ——l. 8.——l. 64.-——
- Embalage ,——— ——— ——— ——l. 13.10.--

A Amyens pour comptant vne balle Sarges de Londres n° 5.

- 8.Pieces Sarge mefiée fines Londres,à——— ——l.16.——l.128.—-
- 4.Pieces dicte,à———————————— l.17.——l. 68.-
- 4.Pieces dicte, à——— ——— ———l.17.10.——l. 70.— } l. 429.12.-
- 5.Pieces dicte,à——————— ——— l.18.——l. 90.-
- Dans laquelle balle y a 4.pieces noir en foye Guede,qui coufte pour
  la teinture ⊕ 30.la piece,appreft de 21.pieces,& embalage tout ——l. 73.12.--

A l'Ifle en Flandres de Giles Cardon,pour payer dans 6.mois.

- 20.pieces Camelots de l'Ifle ordinaires——— à ⊕ 21.la piece l.210.——
- 10.pieces Camelots ¼——— ——— à ⊕ 50.——l. 25.—
- 10.pieces dict——— ——— ——— à ⊕ 60.——l. 30.—
- 10.pieces dict——— ——— ——— à ⊕ 70.——l. 35.—
- 10.pieces dict——— ——— ——— à ⊕ 90.——l. 45.—
- 10.pieces dict——— à ⊕ 100.——l. 50.—

Monnoye de gros l.395.——

Calculé à l.6.-tournois,pour vne liure de gros,font ——— ——l. 2370.——
Comptant audict l'Ifle, de diuerfes perfonnes,

- 100.pieces farge de Honfcor blanche 3. fers ——— à ⊕ 98.——l.490. ⌝
- 20.pieces dicte noire.——— ——— à ⊕ 93.——l. 93.- │
- 50.pieces Camelots ¼ noirs,& couleurs à ⊕70.la piece l'vne pour l'autre — l.175. ⌟

l.758.

Laquelle fomme de l.758. a efté payée en 631.½ doublons d'Efpagne à ⊕ 24. l'vn
monnoye de gros,& à l.7.7.tournois,font en ce ——— ———l. 4643.——

A Cambray de Charles Franqueuille,pour payer dans 9.mois,

47.pieces toiles Baptifte à l.24.la piece la premiere forte , & les autres en augmentant
de ⊕ 20.chacune jufqu'à la derniere qui coufte l.60.en tout ——— —l.1739.——
20.pieces toile Cambray à l.30.la premiere,&les autres augmentant de ⊕20.
iufqu'à l.49.la derniere,——— ——— ——— —l. 790.——

l.2529.—l. 15174.——

A Valancienne de Henry Henin,pour payer dans 9.mois,

10.pieces toiles Baptiftes à l.50.la premiere , & les autres augmentant de ⊕ 20.- chacune iufqu'à l.59.la derniere piece, font ——— ———l. 545.-
20.pieces toile Cambray à l.60.la premiere,& les autres augmentant de ⊕ 20.
chacune, ——— ——— ——— —l. 645.-

l.1190.—l. 7140.——

A Tourney de Giles le Veau , pour payer dans 6.mois,

27.Demy pieces tripe de Veloux defpuis 3.cordes iufques à 9. à ⊕ 27. la premiere demy piece,& les autres augmentant de ⊕ 2.6.chacune iufqu'à la
derniere,que monte ⊕ 92. en tout ——— ——l.80.6.6.-l. 481.19.-

A Gam de Iean Vamberge,pour payer dans 6.mois.

- 100.℔ fil d'Efpine à gros 25.la ℔ ——— ——— —l. 10. 8.4.-
- 200.℔ dict——— ——à ⊕ 3.la ℔ ——— ——— ——l. 30.——-
- 150.℔ dict——— ——à ⊕ 4.la ℔ ——— ——— ——l. 30.——-
- 50.pieces tenant aunes 1500. toille de Gam à diuers pris afforties , tene-
  nant l'vne pour l'autre à 30.gros l'aune de Flandres,——— —l.187.10.--

l.257.18.4.-l. 1547.10.-

Rapporté le mefme debit en ce à 36.-l. 33949. 1.-

AVOIR pour les cy-apres venduës à diuers,

8.pieces Sarges de Londres meflées — à l.18.la piece l.	144.—	
4.pieces dictes — à l.19. — l.	76.—	
5.pieces dictes — à l.20. — l.	100.—	
4.pieces dictes noires, — à l.21. — l.	84.—	
200.pieces Camelots de l'Ifle ordinaires — à l.10. — l.	2000.—	en debit à negoce de Milan, à 6. l. 25070.
100.pieces farges de Honfcot, coul. 3. fers à l.40. — l.	4000.—	
47.pieces Toiles Baptiftes à diuers prix, — l.	10600.—	
20.pieces Toile Cambray à diuers prix — l.	5150.—	
100.pieces Toile d'Holande à ꝑ 40. l'aune, — l.	2916.—	

A Eftienne Glotton le 16.Mars 1626.pour Pafques 1627.

87.douzaines bas d'eftame , pour femme — à l.14. la douzaine — l.1218.—		
70.douzaines dict pour homme — à l.18. — l.1260.—		
8.douzaines dict pour enfans, — à l.10.— l. 80.—		
10. pieces Camelots ⅔ — à l.20. — l. 100.—		à 16. l. 10308.
10.pieces dict — à l.25. — l. 250.—		
10.pieces dict — à l.30. — l. 300.—		
10.pieces dict — à l.35. — l. 350.—		
10.pieces dict — à l.40. — l. 400.—		
20. pieces Sarge de Honfcot noire — à l.40. — l. 800.—		
50.pieces Camelots ⅔ noire, & couleurs — à l.30.la piece l'vne pour l'autre — l.1500.—		
10.pieces Toiles Baptiftes à l.350.- la premiere,& les autres augmentant de l.10. cha-cune,iufqu'à l.440. — l.3950.—		

A Enemond Duplomb le 18.Mars 1626.pour Pafques 1627.

10.pieces toile Cambray à l.400. la premiere , & les autres augmentant de l.10. cha-cune, — l.4450.—		
7. demy pieces Tripe de veloux à l.10. — l. 70.—		à 39. l. 6495.
200.℔ fil d'Efpine — a ꝑ 20.la ℔ — l. 100.—		
50.pieces aunes 625.-toile de Gam a l.3.l'aune l'vne pour l'autre afforties, — l.1875.—		

A Raymond Orlie de Bourdeaux le 18.dedict pour Pafques 1627.

20.demy-pieces tripe de Veloux de 3. cordes iufqu'à 9.à l.25. - la demy - piece , l'vne pour l'autre, — l.500.—		
100.℔ fil d'Efpine à ꝑ 25. —l.250. — l.475.—		à 39. l. 1719.
150.℔ fil dict fin à ꝑ 30. —l.225. —		
200.℔ Cheucliere de Bouldruc à l.3. - la ℔ — l.600.—		
12.pieces toiles houppées blanches à l.12.la piece , — l.144.—		

Rapporté le mefme credit en ce, à 36.	l. 43592.	

MARCHANDISES DIVERSES doiuent pour les parties du debit de leur compte
precedent,en fuitte de l'achapt fait en Flandres par Montbel,——— ——— —à 35.—l.33949.1.—
En Anuers de Gilles Hannecard,pour payer dans 6.mois,
50.pieces Croifez de Flandres à ◍ 50. la plufpart , & les autres augmentent de ◍ 20.
en tour—— ——— ——— ——— ——— ——— l.372.10.—
200.℔ Cheueliere de Bouldruc,à gros 80.la ℔——— ——— ——— —l. 66.13.4.-
15.pieces aunes 70. pour aun. 280. carrées Tapiſſeries de Flandres hauteur
aunes 3.¼ à ◍ 6.l'aune carrée font ——— ——— ——— l. 84. ——
8.pieces aunes 34.pour aunes 170.carrées Tapiſſeries diéte hauteur aunes
3.½ à ◍ 8.——— ——— ——— ——— ——— l. 68.— ——

l.591. 3.4.-l. 3547.——

A Amſterdam de Iean Vangroc h,pour 6.mois,
20.pieces aunes 564. — toiles naturelles à diuers pris , reuenant l'vne pour l'autre à
gros 44. l'aune ——— ——— ——— ——— l.103.8.——
12.pieces toiles houpées blanches à ◍ 25.la piece,——— ——— l. 15.——

l.118.8.—l. 710.8.—

Achepté par Michel Pic de Midelbourg és lieux cy-bas,pour comptant fuiuant
l'ordre à luy donné pour fe preualoir de la valeur à Paris au pair.
A Atlem.
100.pieces aunes 2500. - toile d'Holande à diuers prix , reuenant l'vne pour l'autre à vn
florin l'aune , font ——— ——— ——— —fl.2500.——
A Leydem.
10.pieces Sarge de Leydem à vn plomb ——— —à fl.47.la piece— —fl. 470.——
30.pieces diéte 2. plombs ——— ——— —à fl.51. ——— —fl.1530.——
50.pieces diéte 3.plombs,——— ——— —à fl.56. ——— —fl.2800.——
20.pieces Sarge de Seigneur au grand plomb doré à fl.98. ——— —fl.1960.——

Calculé à ◍ 20.-tournois pour florin, font———fl.9260.—l. 9260.——

Pour plufieurs frais enfuiuis à l'achapt defdiétes marchandifes , tant pour embalage
defpence de bouche en 2.mois , que autres menus frais,ainfi qu'appert par ie menu au compte qu'il a rendu——— ——— ——— ——— l. 2711.——

			l.50177.9.—	à 36.	l. 50177.	9
Pour aduance en credit à profits & pertes,———				à 41.	l. 6209.	14
				——	l. 56387.	3

————1625.————
ANDRE' MONTBEL compte de voyages doit du 28.Mars 1625.l.11025.- à luy comptant
en 1500.-doublons d'Efpagne pour faire l'emplette & achapt des marchandifes à luy par nous com-
mifes au voyage de Flandres,que luy faifons faire au Carnet des Roys 1625.f.3.& en ce, ——— | à 5. | l. 11025. |
Et l.30970.17.- pour l.5161.16.2. monnoye de gros qu'il a tiré en Anuers fur Iean Baptifte Deco-
quiel,pour payer aux debiteurs & termes fpecifiez en fon compte,en ce ,——— ——— | à 37. | l. 30970. | 17 |
Et l.9260.-pour florins 9260.-que Michel Pic de Midelbourg a tiré de fon ordre à Paris au pair fur
Lumaga,& Mafcranny,crediteurs au Carnet de Pafques 1625.f.15.& en ce,—— —— | à 38. | l. 9260. |

	l. 51255.	17

————1625.————
FRANCOIS VERTHEMA de Lyon doit du 4.Nouembre 1625. Courratier lufty,
Pour Roys 1628.℔ 207.-Doppion de Milan à l.7.16.3.d'accord à luy liuré,en ce——— | à 23. | l. 1617. | 3 |
Roys ——— 1627.℔ 210.Filage de Raconis à l.11.-liuré à luy le 16.Decembre 1625. ——— | à 7. | l. 2310. |
Touffaincts 1626.℔ 208.Bourre de Soye à l.3.2.6, à luy liuré le 20.dudiét ——— | à 12. | l. 650. |

	l. 4577.	3

AVOIR pour les parties du credit en leur compte precedent ————— ——— ——— à 35. l. 43592.
Et les cy-apres reftans en magafin au 3. Auril 1626.
En debit à marchandifes en general.

50.pieces Croifez de Flandres à l.60. - l'vne pour l'autre , ——————l.3000.			
15.piec.aun. 40.⅞ pour aun.163.⅞ carrées tapifferie de Flädres hautcur aun.1.¹¹⁄₁₇ à l.4.l. 653. 6.8.			
8.piec.aun. 19.⅞ pour aun. 99.⅞ carrées tapiff.diéte haut.aun.2.⅛ à l.5.l'aun.carrée,l. 495.16.8.	à 43. l. 12795.	3	4
2.piec.aun.564.—toiles naturelles à diuers pris reuenant l'vne pour l'autre à ⍉ 30.—l. 846.			
10.pieces Sarge de Leydem à vn plomb à l.55. la piece ——— ——— —l. 550.			
30.pieces diéte 2.plombs——— ———à l.60.——— ———l.1800.			
50.pieces diéte 3.plombs——— ———à l.65.——— ———l.3250.			
10.pieces Sarge de Seigneur au grand plomb doré à l. 110. la piece ——— ———l.2200.			

——— l. 56387. 3. 4

============================1625.============================

AVOIR du 27.May 1625.l.50177.9.à quoy montent l'achapt, & defpens de diuerfes marchandifes par luy fait en Flandres,dont l.9946.11.ont efté payez comptant,& l.40230.17.à payer en diuers
termes ainfi qu'appert par fon compte,en ce ——— ——— ——— à 36. l. 50177. 9.
Pour 145.piftoles d'Efpagne qu'il a remis à Iean Baptifte Decoquiel d'Anuers à ⍉ 24. l'vne monnoye de gros,& à l.7.7.tournois , font en ce ——— à 37. l. 1065. 15.
Receu de luy comptant à fon retour dudiét voyage,au Carnet des Pafques 1625.f.3. & en ce, ——— à 38. l. 12. 13.

——— l. 51255. 17.

============================1625.============================

AVOIR que le portons debiteur au Carnet d'Aouft 1625.f.19.efcompté à 25.pour ⁰⁄₀ ——— à 42. l. 1617. 3. 9
Porté debiteur au liure B,f.5. pour foude , ——— ——— ——— à 44. l. 2960.

——— l. 4577. 3. 9

L 2

IEAN BAPTISTE DE COQVIEL d'Anuers doit pour 145 piftoles d'Efpagne à
ƒ 24.-l'vne,monnoye de gros,& à l.7.7.tournois à luy remifes par André Montbel,en ce l. 174. — à 36. l. 1065. 1
En Touffainᵈts 1625. qu'il a receu fuiuant noftre ordre de Gilles Hannecard , —— l.1070. 0.8. à 26. l. 6741.
Porté crediteur au Carnet des Sainᵈts 1625.f.12.& en ce , —— —— —— l.3934.19.7. à 42. l. 23163. 1

L.5179.—3. l. 30970. 1

——————————————————— 1625. ———————

ANDRE' MONTBEL demeurant à noftre feruice,compte du voyage de Bourgogne,Fran-
che-Comté , & Lorraine , que luy faifons faire , pour illec faire achapt de fer doux & rompant doit
l.7300.à luy comptant en 1000.doublons d'Efpagne au Carnet de Pafques 1625.f.3.& en ce, —— à 38. l. 7300.
Et l.5868.8. payé fuiuant fa lettre à Claude Rambaud , pour valeur qu'il a receu à Dijon en marchandifes de Iean Boudronnet par Caiffe au Carnet de Pafques 1625.f.3.& en ce —— —— à 38. l. 5868. 8
Nous a tiré par fa lettre payable à Picquet, & Straffe . pour valeur receuë à Dijon , de Benigne de
Monhy audiᵈt Carnet de Pafques 1625. f.14. & en ce , à 58. l. 3500.—

—— l. 16668. 8

——————————————————— 1625. ———————

FER doux & rompant doit par les cy-apres ,
bandes 6578.℔ 283140.Fer doux achepté en Bourgogne par André Montbel,en ce, —— à 37. l. 12584.
bandes 1815.℔ 79880.Fer rompant achepté en Lorraine par lediᵈt Montbel, —— —— à 37. l. 2870. 13
 1000.℔ 8750.Souchons acheptez audiᵈt lieu par lediᵈt —— à 37. l. 373.
bandes 457.℔ 21380.Fer rompant de l'achapt dudiᵈt Montbel , —— —— à 37. l. 768. 4
 Defpence de bouche,& autres frais enfuiuis audiᵈt achapt, —— à 37. l. 72.
bandes 9850.- Voyture de 6578.bandes fer doux à l.5.-pour 40. bandes de S.Iean de Laune à Lyon
 l.822. 5. doüanne de Lyon à ƒ 26.8. pour cent bandes l.87.14. aux gagnedeniers
 pour le defcharger du Bateau au magafin à ƒ 8.pour cent bandes l.26.6. tout —— à 59. l. 936.
 Pour voyture de ℔ 110010.à l.7.10.pour milier pris à Grey l.825.Doüanne de Lyon
 à ƒ 43.pour cent bandes l.70.7.3.port du Bateau au magafin l.13.-tout —— à 59. l. 908. 7
 Profit qu'il a pleu à Dieu enuoyer fur ce compte —— à 41. l. 1857. 7

—— l. 20370. 10

——————————————————— 1625. ———————

FER doux & rompant de compte à ½ auec Iean , & François du Soleil , remis entre leurs mains
pour en faire la vente,doit pour les cy-apres,
bandes 5578.℔ 240000.fer doux —— ⎱ à l.5. - pour comptant , —— à 37. l. 15994.
bandes 1815.℔ 79880.fer rompant ⎰ à l.5. - pour comptant , ——
 Prouifion defdiᵈts du Soleil à 2. pour ᵐⁿ , pour noftre ½ de la vente cy-contre credi-
bandes 7393.- teurs au Carnet d'Aouft 1625.f.16.& en ce, —— —— —— à 41. l. 175. 10
 Pour noftre ½ du profit,en ce —— à 37. l. 604. 2

—— l. 16773. 12

AVOIR que luy a efté affigné à payer aux debiteurs, & termes cy-apres fpecifiez par André Montbel, fçauoir

A Giles Cardon de l'Ifle, pour le 3. Octobre 1625. ——————l. 395.———⎫
A Iacques Lauau de Tourney, pour le 20. dudict ————————l. 80. 6.6. ⎪
A Iean Vanberge de Gam, pour le 25. dudict ——————————l. 257.18.4. ⎪
A Gilles Hannecard d'Anuers, pour le 30. dudict ——————l. 591. 3.4. ⎬ à 36. l. 30970. | 17.
A Iean Vangroch d'Amfterdam, pour le 3.Nouembre 1625.——l. 118. 8.— ⎪
A Charles Franqueuille de Cambray, pour le 10.Ianuier 1626. ——l.2529.—⎪
A Henry Henin de Valancienne, pour le 10. dudict —————l.1190.——⎭

Calculé à l.6.- tournois, pour vne liure de gros,—l.5161.16.2.
Pour fa prouifion à ÷ pour ÷ ———————————l. 17. 4.1.

l.5179.——3.

————————1625.————————

AVOIR pour le fer cy-apres achepté de diuers.

78. | Bandes fer doux achepté à Dijon, pour comptant pefant audict lieu ℔ 242000.à l.52. le milier rendu à S.Iean de Lāune, ——————————————— à 37. | l. 12584.
15. | Bandes fer rompant pefant poids de Bourgogne ℔ 68270.- à l.48.le milier rendu à Grey, font monnoye de Compté l.3276.19. à l.8. 6. 8. la piftole, & à l.7.6. tournois, qu'il a achepté comptant de Claude Odet,Maiftre des Forges de Fontanois en Lorraine, & enuoyé par conduicte de Samfon Gonichon, en ce ————————— à 37. | l. 2870. | 12.
co. | Souchons pefant ℔ 7475.- à l.57.- le milier rendu à Grey, font monnoye de compte l.426.1. à l.8.6.8. la piftolle,& à l.7.6.- tournois,font en ce, ——— à 37. | l. 373. | 4.
57. | Bandes fer rompant pefant ℔ 78270.à l.48.le milier,font l.876.19. monnoye de compte, qu'il a payé comptant en 105.piftoles d'Efpagne, & ◊ 52. monnoye en ce, ——— à 37. | l. 768. | 4.
| Pour defpence de bouche,& autres menus frais par luy faicts en Bourgogne,Franche-Comté, & Lorraine en 28.iours en ce———————— à 37. | l. 71. | 8.—

————— l. 16668. | 8.——

————————1625.————————

AVOIR pour les cy-apres vendus à diuers.

des | 1000.℔ 43140.-fer doux à l.5.la ℔ ÷ pour comptant à Iean,& François du Soleil,au Carnet de Paf-
des | 457.℔ 21380.- fer rompant à l.5.2. ⎱ ducs 1624. à 38. | l. 3247. | 7. | 6
des | 5578.℔ 240000.-fer doux——⎱ à l.5.le ÷,l'vn pour l'autre remis és mains defdicts du Soleil, pour en
des | 1815.℔ 79880.-fer rompant⎰ faire la vente de compte à ÷ auec eux en ce——— à 37. | l. 15994.
| 1000.℔ 8750.- Souchons à l.6.le ÷,vendu comptât à diuers,au Carnet d'Aouft 1625.f.14.& en ce à 28. l. 515.
| Pour profit fur le fer,de compte à ÷ auec lefdicts du Soleil, en ce——— à 37. l. 604. | 2. | 6
des | 9850. ——— l. 20370. | 10.——

————————1625.————————

AVOIR pour ÷ de l'achapt cy-contre en debit efdicts du Soleil au Carnet d'Aouft 1625.f.16.— à 42. l. 7997.
des | 2789.℔ 120000.fer doux à l.5.10.le ÷,pour Michel de la Veue qu'eft pour noftre moitié en ce—— à 38. l. 3300.
des | 2789.℔ 120000.fer dict à l.5.8.le ÷,pour Gabriel Lardier,qu'eft pour noftre ÷ en ce à 38. l. 3240.
des | 1815.℔ 79880.fer rompant à l.5.12.le ÷,pour Pierre Girard, pour noftre ÷ en ce ——— à 38. l. 2236. | 12. | 6
des | 7393. ——— l. 16773. | 12. | 6

L 3

IEAN ET FRANCOIS DV SOLEIL de Lyon, doiuent pour noſtre moitié
de la vente par eux faiſte du fer doux, & rompant, en compagnie auec eux, pour receuoir à nos riſques des debiteurs, & termes cy-bas,

Michel de la Veuë de S. Eſtienne, pour Aouſt 1625.—l.6600.—qu'eſt pour noſtre ½, en ce —	à 37.	l.	3300.	
Gabriel Lardier de S. Eſtienne, pour Touſſainſts 1625.—l.648c.—pour noſtre ½, en ce —	à 37.	l.	3240.	
Pierre Girard de S. Chaudmond, pour Touſſainſts 1625.—l.4473.5.—pour noſtre ½, en ce —	à 37.	l.	2236.	12.
		l.	8776.	12.

——1625.——

CARNET des payemens de Paſques 1625. doit

Pour Verdier, Picquet, & Decoquiel,—— —— ——	fº 7.—	——	à 14.	l. 14848.	1.
Pour Lumaga, & Maſcranny,—— ——	f.15.—	——	à 14.	l. 18766.	14.
Pour Claude Catillon, compte de voyages, ——	f.14.—	——	à 51.	l. 1031.	17.
Pour Philippe, & Luc Seue,—— ——	f.16.—	——	à 25.	l. 14351.	13.
Pour Veſpaſian Boloſon, —— ——	f.16.—	——	à 25.	l. 14351.	13.
Pour Taranget, & Rouſier, —— ——	f.16.—	——	à 27.	l. 9476.	1.
Pour Claude Catillon, compte de voyages, ——	f. 7.—	——	à 28.	l. 6590.	6.
Pour Octauio, & Mar-Antoine Lumaga de Genes, ——	f. 4.—	——	à 32.	l. 15424.	16.
Pour Lumaga, & Maſcranny de Lyon,——	f.15.—	——	à 33.	l. 24000.	
Pour André, & Philippe Guetton,——	f. 8.—	——	à 33.	l. 20385.	
Pour Iean, & François du Soleil,——	f.16.—	——	à 37.	l. 3247.	7.
Pour Gilles Hannecard, ——	f. 5.—	——	à 26.	l. 1273.	2.
Pour Philippe, & Luc Seue,——	f. 9.—	——	à 23.	l. 804.	1.
Pour Veſpaſian Boloſon, ——	f. 6.—	——	à 23.	l. 804.	1.
Pour André Montbel, compte de voyages, ——	f. 3.—	——	à 36.	l. 12.	14.
Pour Eſtienne Glotton de Tholouſe, ——	f.17.—	——	à 16.	l. 5557.	11.
Pour Iean des Lauiers de Paris,——	f.17.—	——	à 17.	l. 4474.	11.
Pour Herue, & Sauarry,——	f.17.—	——	à 18.	l. 4104.	10.
Pour Verdier, Picquet, & Decoquiel, ——	f. 7.—	——	à 22.	l. 1827-8.	
Porté crediteur en payement d'Aouſt, pour ſoude——	f.18.—	——	à 42.	l. 68081.	19.
				l. 243864.	19.

——1625.——

EFFECTS ET FACVLTEZ de Milan, doiuent

Pour les marchandiſes reſtantes à vendre audiſt lieu, ——	l.30500.—			
Pour l'argent comptant trouué en Caiſſe, ——	l.20000.—			
Pour Hieroſme Riua de Milan, au 20. Mars 1626.——	l.15500.—	l. 130500.—	à 40.	l. 65250.
Iacques Saba de Milan, pour le 3. Auril 1626. ——	l.34500.—			
Pietro Paulo Baſcapé de Milan, pour le 15. dudiſt ——	l.30000.—			

∇ 677.19.3. d'or ſol, que à ℔ 118. pour ∇, nous ont eſté tirez de Milan par Sebaſtien
Carcano, à payer à Picquet, & Straſſe, crediteurs au Carnet des Roys 1626. Fº 18. cy——l. 4000. à 42. l. 2033. 17.
∇ 2500.- d'or ſol, que à 80. pour ½, valent ∇ 2000. d'or de marc, nous ont eſté tirez de
Plaiſance, en Payement des Roys 1626. par Hieroſme Turcon à payer eſdiſts Picquet, &
Straſſe, crediteurs au Carnet deſdiſts payemens fº 18. & en ce——l. 15000. à 42. l. 7500.
∇ 1008.8. d'or ſol, que à ℔ 119. pour ∇, nous ont eſté tirez de Milan, en payemens de
Paſques 1626. par Emilio Homodeo à payer à Lumaga, & Maſcranny, crediteurs au Car-
net deſdiſts payemens fº 15. & en ce,—— l. 6000. à 42. l. 3025. 4.
Auance ſur ce compte,—— l. 100. à 39. l. 184. 8.

l. 155600.—	——	l. 77993.	10.

AVOIR qu'ils ont receu des debiteurs cy-contre,

		l.		
De Michel de la veuë en Aouft 1625.portez debiteurs audict Carnet fº 16.& en ce ,	à 42.	l.	3300.	
De Gabriel Lardier, ————————l.3240.- ⎫portez debiteurs au Carnet des Sainóts 1625.fº 16.	à 42.	l.	5476.	12. 6
De Pierre Girard , ————l.2236.12.6. ⎭				
		l.	8776.	12. 6

————————————1625.————

AVOIR pour foude des payemens des Roys en ce,

			l.		
AVOIR pour foude des payemens des Roys en ce,		à 5.	l.	128119.	3. 7
Pour Lumaga , & Mafcranny ,	fº15.	à 36.	l.	9260.	
Pour André Montbel , compte de voyages ,	f. 3.	à 37.	l.	7300.	
Pour Vefpafian Bolofon ,	f. 6.	à 20.	l.	206.	2. 2
Pour Alexandre Tafca de Venife ,	f. 6.	à 21.	l.	17457.	15. 1
Pour Fabio d'Afpichio de Florence,	f.14.	à 25.	l.	4587.	9. 9
Pour Picquet , & Straffe ,	f.14.	à 37.	l.	3500.	
Pour Vefpafian Bolofon ,	f. 6.	à 21.	l.	122.	8. 3
Pour Philippe,& Luc Seue,	f. 9.	à 23.	l.	607.	15. 1
Pour Gilles Hannecard ,	f. 5.	à 26.	l.	244.	4.
Pour André Montbel,compte de voyages ,	f. 3.	à 37.	l.	5868.	8.
Pour Vefpafian Bolofon ,	f. 6.	à 23.	l.	595.	10. 1
Pour Tanguet,& Roufter,	f.16.	à 26.	l.	315.	10.
Pour Claude Catillon , compte de voyages ,	f. 7.	à 30.	l.	8258.	19. 3
Pour Picquet , & Straffe ,	f.14.	à 40.	l.	19936.	12.
Pour Iacques Depures,	f. 4.	à 40.	l.	14952.	9.
Pour Leonard Berthaud ,	f. 4.	à 40.	l.	9968.	6.
Pour Claude Catillon compte de voyages ,	f. 7.	à 11.	l.	10316.	17. 6
Pour Cicery , & Cernefio ,	f.11.	à 27.	l.	1920.	—
Pour Beregany,	f.12.	à 27.	l.	217.	10.
			l.	243864.	19. 9

————————————1625.————

AVOIR que deuons payer aux crediteurs,& termes cy-bas fpecifiez,

				l.		
A Sebaftien Carcno de Milan au 3.Auril 1626.	l.	4000. ⎫				
A Hierofme Turcon de Plaifance v 2000.d'or de marc, en foire de S. Marc 1626. faifant à l. 150.pour v,	l.	15000. ⎬	à 40.	l.	12500.	
A Emilio Homodeo,pour le 3.May 1626.	l.	6000. ⎭				
		25000.-				
Et pour les marchandifes cy-contre reftantes audict Milan , lefquelles ont efté venduës à Picquet , & Straffe , d'accord à l.30600.monnoye imperiale payables à Lyon par les leurs en payemens des Roys 1626.à ꝑ 120.pour v,en debit au Carnet defdicts payemens f.18.& en ce—	l.	30600. —	à 42.	l.	15300.	
v 3305.14.9.d'or fol, que à ꝑ 121.pour v , nous ont efté remis dudict Milan, par les noftres pour foude de l'argent comptant fur Galiley,& Barelly, debiteurs au Carnet des Roys 1626.f.11.& en ce ,	l.	20000. —	à 42.	l.	9917.	4. 3
v 2627.2.4.d'or fol,que à ꝑ 118.pour v,nous ont efté remis dudict Milan,par Hierofme Rina,fur Bonuifv debiteur au Carnet des Roys 1626.f.11. & en ce,	l.	15500. —	à 42.	l.	7881.	7.
v 5798.6.4.d'or fol,que à ꝑ 119.auons tiré par noftre lettre fur Iacques Saba,payable au 3.Auril 1626.à Picquet,& Straffe,valeur icy des leurs,au Carnet des Roys 1626.f.18. & en ce,	l.	34500. —	à 42.	l.	17394.	19.
v 5000.- d'or fol,que à ꝑ 120.- auons tiré par autre lettre fur Bafcape,payable au 15. Auril 1626.à Fraçois Arbona,valeur de Cefar Ofio au Carnet des Roys 1626.f.9.& en ce	l.	30000. —	à 42.	l.	15000.	—
	l.	155600. —		l.	77993.	10. 3

ENEMOND DVPLOMB doit du 20.Decembre 1625.pour

Pafques 1628.pour 42.pieces Camelots greges à l.28.la piece d'accord à luy liuré en ce —— à 21.	l.	1176.	
Aouſt 1628.pour 42.pieces Camelots diĉt a l.28.-liuré à luy le 3.Ianuier 1626.en ce —— à 27.	l.	1176.	
Pafques 1628.pour 126.pieces Camelots diĉt 4. fil à l. 27. 10. liuré à luy le 15.dudiĉt —— à 21.	l.	3465.	
Aouſt 1627.pour 3.pieces Satins de Florence à luy liurez le 4.Feurier 1626.montant en ce —— à 21.	l.	1164.	
Roys 1627.pour aunes 66.⅓ Crefpon de Naples Morelin cramoify à l.3.10. — L.231.17.6. à 12.	}l.	811.	17.
Pieces 2. toiles d'or & argent 1.& 2.fil liurez à luy le 10.Feurier 1626.montant en ce —— L.580.— à 13.			
Pafques 1627.pour aunes 117.¹¹⁄₁₂ Sarge noire Florence à l.9.10.d'accord à luy liuré le 15.dudiĉt —— à 22.	l.	1120.	4.
Pafques 1627.pour ℔ 109.11.onces Satin noir Lucques à l.18. la ℔ liuré le 10. dudiĉt —— à 23.	l.	1978.	10.
Pafques 1627.pour diuerfes marchandifes à luy vendües,& liurées le 18.Mars 1626.montant en ce, à 35.	l.	6495.	—
——	l.	17586.	12.

————— 1626. —————

RAYMOND ORLIC de Bourdeaux doit du 4.Ianuier 1626.

Pour Roys 1627.aunes 256.tabis de Venife couleurs à l.5.10.configné a François Chapuis, — à 27.	l.	1408.	
Pafques —1628.pour 210.pieces Camelots greges 3.fil a l.26.configné audiĉt le 15. dudiĉt —— à 21.	l.	5460.	
Aouſt — 1627.pour aunes 469.⅓ Satins de Florence à l.7.10.confignez audiĉt le 4.Feurier 1626.— à 21.	l.	3523.	15.
Roys —— 1627.Pour aun.100.- Tapifferie de Bergame rouge a l.6.10.hauteur aunes 2.¼ liuré audiĉt le 15.dudiĉt à 13.	l.	650.	
Pafques — 1627.pour ℔ 15.1.once fatin canelé Lucques à l.20.la ℔ configné audiĉt le 10.dudiĉt — à 23.	l.	301.	15.
Pafques — 1627.pour diuerfes marchandifes à luy vendües,& liurées le 18.Mars 1626.montant en ce à 35.	l.	1719.	
——	l.	13062.	8.

————— 1626. —————

DESPENCES GENERALES doiuent pour le monter de toutes les voytures,douännes,courratages,changes,loüage de maifon,boutique,& magafins,defpence de bouche, gage des feruiteurs,& autres defpences generalement quelconques, ainfi qu'apert à vn liure particulier de menuë defpence,& au Carnet des payemens de l'année 1625.f.8.& en ce ——— à 42.

à 42.	l.	42709.	15.

AVOIR que le portons debiteur au liure B,f.5. pour soude du present,——— | à 44. | l. | 17386. | 12. | 4

———1626.———

AVOIR que le portons debiteur au liure B, f.5.pour soude, ——— — — | à 44. | l. | 13062. | 8. | 4

———1626.———

AVOIR

l.10304.13.4.En debit à pareil compte,pour soude d'iceluy,——— — —	à 4.	l.	10304.	13.	4
l. 80.13.4.En debit à Sarges de Florence, pour frais ensuiuis sur n° 2. — — —	à 22.	l.	80.	13.	4
l. 80.13.4.En debit à Reuerche de Florence,pour frais ensuiuis sur n° 3. — —	à 22.	l.	80.	13.	4
l. 663.17.8.En debit à Tabis de Venise,pour frais ensuiuis sur 2.Caisses , — —	à 22.	l.	663.	17.	8
l. 254.17.—En debit à Satins de Lucques,pour frais ensuiuis sur vne Caisse,— — —	à 23.	l.	254.	17.	—
l. 1155. ———En debit à Doppions en Compagnie,pour frais ensuiuis sur 18.bales,———	à 23.	l.	1155.	—	—
l. 54.———En debit esdicts Doppions pour coutratage du vendu,———	à 23.	l.	54.	—	—
l. 332.10.—En debit à marchandises enuoyées à Sourlach,pour frais y ensuiuis, ——— —	à 31.	l.	332.	10.	—
l. 1655. ———En debit à Bleds diuers,pour frais ensuiuis sur 11283.aînées , — —	à 32.	l.	1655.	—	—
l. 36.11.—En debit à Bleds enuoyez en Arles,——— — —	à 32.	l.	36.	11.	—
l. 2264.10.—En debit à Marchandises en participation acheptées à Roüan par Pierre Sauset , —	à 34.	l.	2264.	10.	—
l. 936. 5.—En debit à Fer doux,pour frais ensuiuis sur 6578.bandes,' — —	à 37.	l.	936.	5.	—
l. 908. 7.3.En debit à Fer rompant,pour frais ensuiuis sur 11001o.℔ fer rompant, ———	à 37.	l.	908.	7.	3
l. 184. 8.6.En debit à effects & facultez de Milan,pour benefice de monnoye , —— —	à 38.	l.	184.	8.	6
l.23798. 9.4.En debit à profits & pertes,pour soude , ——— — —	à 41.	l.	23798.	9.	4
	———	l.	42709.	15.	9

PICQVET, ET STRASSE de Lyon, doiuent pour leur $\frac{1}{3}$ de l'achapt, & despens de 11283. asnées bled, en ce	à 32.	l.	33771.	13
Pour le $\frac{1}{3}$ des frais faicts en Arles sur les bleds y enuoyez, en ce	à 32.	l.	2048.	—
Pour le $\frac{1}{3}$ de l. 50000. qu'ont esté baillés à Pierre Sauset, pour payer les peages & nolis de 10000. asnées bled, en ce	à 34.	l.	16666.	13
Portez crediteurs au Carnet des Roys 1625. f° 2. & en ce,	à 5.	l.	2114.	13
Portez crediteurs au Carnet de Pasques 1625. f° 14. & en ce	à 38.	l.	19936.	12
Portez crediteurs au Carner d'Aoust 1625. f° 18. & en ce	à 42.	l.	45665.	10
	—	l.	120203.	3

——— 1625. ———

JACQVES DEPVRES de Lyon, doit pour son $\frac{1}{4}$ de l'achapt, & despens de 11283. asnées bled, en ce	à 32.	l.	25328.	15
Pour le $\frac{1}{4}$ des frais faicts en Arles sur les bleds y enuoyez en ce	à 32.	l.	1536.	—
Pour le $\frac{1}{4}$ de l. 50000. baillés à Sauset, pour faire conduire 10000. asnées bled, en ce	à 34.	l.	12500.	—
Porté crediteur au Carnet des Roys 1625. f° 4. & en ce	à 5.	l.	1586.	—
Porté crediteur au Carnet de Pasques 1625. f° 4. & en ce	à 38.	l.	14952.	9
Porté crediteur au Carnet d'Aoust 1625. f° 4. & en ce	à 42.	l.	34249.	3
	—	l.	90152.	7

——— 1625. ———

LEONARD BERTHAVD de Lyon, doit pour son $\frac{1}{6}$ de l'achapt, & despens de 11283. asnées bled, en ce	à 32.	l.	16885.	16
Pour le $\frac{1}{6}$ des frais faicts en Arles sur les bleds y enuoyez en ce,	à 32.	l.	1024.	—
Pour $\frac{1}{6}$ de l. 50000. baillés à Sauset, pour faire conduire 10000. asnées bled en Espagne,	à 34.	l.	8333.	6
Porté crediteur au Carnet des Roys 1625. f° 4. & en ce	à 5.	l.	1057.	6
Porté crediteur au Carnet de Pasques 1625. f° 4. & en ce	à 38.	l.	9968.	6
Porté crediteur au Carnet d'Aoust 1625. f° 4. & en ce	à 42.	l.	22832.	15
	—	l.	60101.	11

——— 1626. ———

NEGOCE DE MILAN, Compte general doit pour le monter de toutes les marchandises y enuoyées de Lyon en ce,	l. 160706. 0. 10.	à 6.	l.	80353.	—
Pour soude du compte courant tenu au Carnet de 1625. f° 10. & en ce,	l. 25881. — 4.	à 42.	l.	12403.	2
Et pour les crediteurs que ledict negoce nous assigne à payer en diuers termes specifiez en ce a compte des effects dudict Milan,	l. 25000. —	à 38.	l.	12500.	—
Profits qu'il a pleu à Dieu enuoyer en ce negoce,	l. 39669. 16. —	à 41.	l.	20372.	5
	l. 251256. 17. 2.	—	l.	125628.	8

	à	l.		
A VOIR que les portons debiteurs au Carnet des Roys 1625.f.2.& en ce,	à 5.	l. 52486.	7.	
En Roys 1625.leur faifons bon pour le 1/7 de l.6344.-que monte la vente de 405.afnées bled faiĉte en Arles,en ce	à 32.	l. 2114.	13.	4
Pafques 1625.pour 1/7 de l.15424.16.- que monte la vente de 878.afnées bled faiĉte à Genes,en ce,	à 32.	l. 5141.	12.	
Pour 1/7 de l.44385. Que nous ont efté remis de Seuille à bon compte de la vente des bleds faiĉte à Calix par Pierre Saufet,en ce	à 34.	l. 14795.		
Aouft 1625.pour 1/7 de l.33808.14.9. que monte la vente des marchandifes acheptées à Roüan, rabbatu les frais en ce	à 34.	l. 11269.	11.	7
Pour 1/7 de l.103187.18.qu'auons receu de comptant,pour foude de la vente defdiĉts bleds,	à 34.	l. 34395.	19.	4
		l. 110203.	3.	3

1625.

	à	l.		
A VOIR que le portons debiteur au Carnet des Roys 1625.f.4.& en ce,	à 5.	l. 39364.	15.	3
En Roys 1625.pour 1/7 de l.6344.que monte la vente faiĉte en Arles de 405.afnées bled	à 32.	l. 1586.		
Pafques 1625.pour 1/7 de l.15424.16.que monte la vente de 878.afnées bled faiĉte à Genes,	à 32.	l. 3856.	4.	
Pour 1/7 de l.44385.que nous ont efté remis de Seuille à côpte de la vente des bleds faiĉte à Calix,	à 34.	l. 11096.	5.	
Aouft 1625.pour 1/7 de l.33808.14.9.que monte la vente des marchâdifes acheptées à Roüan,en ce	à 34.	l. 8452.	3.	8
Pour 1/7 de l.103187.18.- qu'auons receu de comptant,pour foude de la vente defdiĉts bleds, en ce	à 34.	l. 25796.	19.	6
		l. 90152.	7.	5

1625.

	à	l.		
A VOIR que le portons debiteur au Carnet des Roys 1625.f.4.& en ce	à 5.	l. 26243.	3.	6
En Roys 1625.pour 1/7 de l.6344.que monte la vente.afnées bled	à 32.	l. 1057.	6.	8
Pafques 1625.pour 1/7 de l.15424.16.que monte la vente de 878.afnées bled faiĉte à Genes,	à 32.	l. 2570.	16.	
Pour 1/7 de l.44385.que nous ont efté remis de Seuille à côpte de la vente des bleds faiĉte à Calix,	à 34.	l. 7397.	10.	
Aouft 1625.pour 1/7 de l.33808.14.9.que monte la vente des marchâdifes acheptées à Roüan,en ce	à 34.	l. 5634.	15.	10
Pour 1/7 de l.103187.18.qu'auons receu de comptant,pour foude de la vente defdiĉts bleds,en ce	à 34.	l. 17197.	19.	8
		l. 60101.	11.	8

1626.

	à	l.		
A VOIR pour le monter de toutes les marchandifes à nous enuoyées dudiĉt Milan , en ce ————————l.120756.17.2.	à 6.	l. 60378.	8.	6
Et l.130500.- monnoye imperiale à quoy fe montent generalement tous les effeĉts & faculrez reftans audiĉt Milan,fuiuant l'inuentaire qu'en a efté fait le 3.Mars 1626.par nous figné, clos,& arrefté ainfi qu'il eft contenu amplement au liure cotté A,tenu audiĉt lieu,& en ce debiteurs effeĉts de Milan, ————l.130500.-	à 38.	l. 65250.		
l.251256.17.2.—		l. 125628.	8.	6

PROFITS ET PERTES doiuent pour le Vaiffeau.S. Pierre qui s'eſt perdu,	à 14.	l.	5493.
Pour Doppions ouurez,	à 25.	l.	500.
Pour marchandiſes enuoyées en Anuers,	à 26.	l.	29.
Pour ſoude du compte des deſpenſes generales,	à 39.	l.	23798.
En credit au liure B, f.3. pour ſoude,	à 44.	l.	162713.
		l.	192536.

	à	l.		
A VOIR pour le Vaisseau le Cheualier de Mer,debiteur en ce,	à 17. l.	5322.	13.	5
Pour Satins de Bologne,de compte à ⅓ auec Fiorauanty,	à 18. l.	85.	3.	8
Pour Berthon,& Gaspard,	à 27. l.	14768.		
Pour marchandises vendues à Sourfach,	à 31. l.	2019.	17.	9
Pour bleds dirers en Compagnie,	à 32. l.	11422.	16.	11
Pour fer doux,& rompant,	à 37. l.	1857.	9.	9
Pour Negoce de Milan,compte general,	à 40. l.	20372.	5.	6
Pour Soyes de Mer,	à 3. l.	53428.	13.	4
Pour or filé de Milan,	à 4. l.	2378.	13.	
Pour Soyes d'Italie ,	à 7. l.	13400.	6.	10
Pour Veloux de Milan,	à 8. l.	1641.	15.	2
Pour Gases,	à 10. l.	294.	8.	8
Pour Bas de soye ,	à 10. l.	41.	10.	
Pour Crespons,	à 12. l.	731.		9
Pour Bourre de soye,	à 12. l.	207.	7.	8
Pour Doppion de Milan ,	à 12. l.	337.	8.	4
Pour Sargettes de Milan,	à 13. l.	150.	14.	7
Pour Tapisserie de Bergame,	à 13. l.	341.	12.	
Pour Toiles d'or & argent ,	à 13. l.	905.	5.	
Pour Crespes de Bologne,	à 13. l.	2206.	8.	3
Pour le Vaisseau le Cheualier de Mer,	à 15. l.	16397.	6.	3
Pour Draps de soye de Genes ,	à 19. l.	1828.	6.	10
Pour Marchandises enuoyées à Constantinople en participation de Boloson,	à 20. l.	1377.	9.	3
Pour Camelots de Leuant ,	à 21. l.	4450.	2.	
Pour Satins de Florence,	à 21. l.	673.	14.	6
Pour Sarges,& Reuerches de Florence,	à 22. l.	330.	14.	3
Pour Tabis de Venise,	à 22. l.	1413.	17.	4
Pour Satins,& Damas de Lucques,	à 23. l.	105.	11.	8
Pour Doppions de Milan ,	à 23. l.	1600.	16.	11
Pour soyes ouurées,	à 25. l.	8795.	14.	
Pour Marchandises és mains de Taranget , & Rousier ,	à 26. l.	97.	8.	8
Pour Draps de laine de Dauphiné,& Languedoc,	à 29. l.	796.	5.	2
Pour Draps de laine de France,& Poictou ,	à 30. l.	1683.	15.	9
Pour Marchandises diuerses ,	à 36. l.	6209.	14.	4
Pour le Negoce de Piedmont ,	à 10. l.	13751.	13.	2
		l. 192536.		8

M

CARNET des payemens d'Aouſt, & Touſſainŝs doit,

Pour Philippe, & Luc Seue, ——— f.17. ———	à 24.	l.	9696.	15
Pour Veſpaſian Boloſon , ——— f.17. ———	à 24.	l.	6451.	14
Pour Claude Catillon, compte de voyages, ——— f.14.	à 31.	l.	6815.	
Pour Pierre Sauſet , compte de voyages, ——— f. 3.par Caiſſe, ———	à 33.	l.	55187.	18
Pour Lumaga, & Maſcranny, ——— f.15.	à 33.	l.	50000.	
Pour Veſpaſian Boloſon , ——— f.17. ———	à 24.	l.	269.	10
Pour marchandiſes venduës comptant, ——— f.14.	à 28.	l.	11776.	19
Pour Iean, & François du Soleil , ——— f.16. ———	à 37.	l.	7997.	
Pour Hieroſme Lantillon , ——— f.18. ———	à 28.	l.	1624.	
Pour Iean de la Foreſts , ——— f.19. ———	à 28.	l.	6465.	7
Pour Eſtienne Chally , ——— f.19. ———	à 29.	l.	3132.	16
Pour Fleury Gros, ——— f.19. ———	à 30.	l.	6363.	
Pour François Verthema, ——— f.19. ———	à 36.	l.	1617.	3
Pour Verdier Picquet, & Decoquiel, ——— f. 7. ———	à 22.	l.	4735.	5
Pour Iean, & François du Soleil , ——— f.16. ———	à 38.	l.	3300.	
Pour Octauio, & Marc-Antoine Lumaga , ——— f.19. ———	à 9.	l.	12483.	6
Pour Ceſar , & Iulien Granon, ——— f.11. ———	à 6.	l.	24519.	14
Pour Eſtienne Glotton , ——— f.17. ———	à 16.	l.	2035.	11
Pour Robert Gehenaud , ——— f.18. par Picquet, & Straſſe, ———	à 16.	l.	8621.	19
Pour Iean des Lauiers, ——— f.17. ———	à 17.	l.	10029.	1
Pour Herue , & Sauarry , ——— f.17. ———	à 18.	l.	5441.	
Pour Iean Iacques Manis , ——— f. 6. ———	à 31.	l.	19254.	10
Pour Charles Hauard , ——— f.15. par Lumaga, & Maſcranny ,	à 31.	l.	14540.	
Pour Iean & François du Soleil , ——— f.16. ———	à 38.	l.	5476.	12
Pour effects de Milan, ——— f.18. par Picquet, & Straſſe, ———	à 38.	l.	15300.	
Pour effects dicts ——— f.11. par Galiley, & Barelly, ———	à 38.	l.	9917.	4
Pour effects dicts ——— f.11. par Bonuiſy, ———	à 38.	l.	7881.	7
Pour effects dicts ——— f. 9. par Ceſar Oſio , ———	à 38.	l.	15000.	
Pour effects dicts par Picquet, & Straſſe, ——— f.18.	à 38.	l.	17394.	19
Pour Pierre Alamel, compte de Piedmont , ——— f. 5. ———	à 9.	l.	5813.	17
Pour Gabriel Alamel, ——— f. 2. ———	à 43.	l.	11946.	19
Pour Iean Seue Sr de S. André, ——— f. 5. ———	à 43.	l.	10630.	7
Pour Lumaga, & Maſcranny, ——— f.15. ———	à 43.	l.	3070.	11
Pour Claude Catillon , ——— f.17. ———	à 43.	l.	268.	12
		l.	384078.	7

A V O I R pour foude des payemens de Pafques, en ce,		à 38.	l.	68081.	19. 2
Pour Negoce de Milan,	f. 16.	à 14.	l.	43055.	1.
Pour Philippe, & Luc Seue ,	f. 17.	à 24.	l.	12773.	9. 7
Pour Vefpafian Bolofon,	f. 17.	à 25.	l.	14406.	
Pour Guillaume Viancy ,	f. 3. par Caiffe,	à 25.	l.	900.	
Pour Seue,	f. 17.	à 24.	l.	134.	15. 4
Pour Louys Burlet,	f. 3. par Caiffe ,	à 25.	l.	322.	16.
Pour Guillaume Viancy,	f. 3. par Caiffe,	à 25.	l.	625.	
Pour Antoine Gayot,	f. 3. par Caiffe ,	à 25.	l.	862.	10.
Pour Molandier,	f. 3. par Caiffe ,	à 25.	l.	262.	10.
Pour Antoine Gayot,	f. 3. par Caiffe,	à 25.	l.	714.	
Pour Fabio Dafpichio,	f. 14.	à 25.	l.	973.	13.
Pour Iean Feuly,	f. 3. par Caiffe ,	à 25.	l.	507.	
Pour Antoine Gayot,	f. 3. par Caiffe ,	à 25.	l.	540.	
Pour Iean Baptifte Beregany ,	f. 11.	à 27.	l.	153.	6. 8
Pour Claude Catillon compte de voyages,	f. 14.	à 31.	l.	112.	9. 3
Pour Picquet , & Straffe ,	f. 18.	à 40.	l.	45665.	10. 11
Pour Iacques Deputes,	f. 4.	à 40.	l.	34249.	3. 2
Pour Leonard Berthaud,	f. 4.	à 40.	l.	22832.	15. 6
Pour Iean,& François du Soleil,	f. 16.	à 37.	l.	175.	10.
Pour Pierre Richard de Nyfmes,	f. 3.	à 28.	l.	431.	8. 9
Pour Iean,& Pierre Dulac, d'Vfez,	f. 3.	à 28.	l.	237.	
Pour Antoine Roux de Saumieres,	f. 3.	à 28.	l.	286.	2. 6
Pour les Deputez des creanciers de Laurens Iaquin,	f. 3. par René Bais par Caiffe,	à 9.	l.	7500.	
Pour Iean Baptifte Beregany ,	f. 12.	à 27.	l.	10199.	14.
Pour Iean Baptifte Decoquiel d'Anuers ,	f. 12.	à 37.	l.	23163.	18.
Pour Negoce de Milan, compte de comptant,	f. 10.	à 40.	l.	12403.	2. 7
Effeéts de Milan,	f. 18. par Picquet,& Straffe,	à 38.	l.	1033.	17. 9
Effeéts dits	f. 18. par lefdiéts ,	à 38.	l.	7500.	
Effeéts dits	f. 15. par Lumaga & Mafcranny ,	à 38.	l.	3025.	4.
Caiffe ,	f. 10.	à 43.	l.	19500.	11. 8
Defpences generales,	f. 8.	à 39.	l.	42709.	15. 9
Repartimens,	f. 15. par I.L.& D'Salicoffre ,	à 28.	l.	868.	15.
Repartimens,	f. 11. par Galiley,& Barelly ,	à 28.	l.	3271.	17.
Repartimens,	f. 15. par Lumaga,& Mafcranny,	à 28.	l.	3699.	10. 6
			l.	384078.	7. 1

GABRIEL ALAMEL compte courant doit, que le portons crediteur au liure B, f. 3. pour soude du present, — à 44. l. 12946. 19

———1626.———

IEAN SEVE Sr de S. André compte courant doit, que le portons crediteur au liure B, f. 3. pour soude, —— à 44. l. 10630. 7

———1626.———

LVMAGA, ET MASCRANNY, de Lyon compte courant, doiuent que les portons crediteurs au liure B, f. 3. pour soude de ce compte, — à 44. l. 3070. 11

———1626.———

CLAVDE CATILLON, demeurant à nostre seruice doit, que le portons crediteur au liure B, f. 3. pour soude, — à 44. l. 168. 12

———1626.———

CAISSE D'ARGENT comptant és mains de Iean Pontier, doit au Carnet de 1625. f. 10. & en ce, — à 42. l. 19500. 11

———1626.———

MARCHANDISES en general restans à vendre dans la Boutique & Magasins de ce nego- ce, suiuant l'inuentaire qu'en a esté faict ce iourd'huy 3. Auril 1626. sçauoir,

Soyes d'Italie, creditrices en ce, —	à 7.	l.	9284.	10.
Veloux de Milan, crediteurs en ce, —	à 8.	l.	759.	18.
Bas de soye, —	à 10.	l.	1534.	
Toiles d'or & argent, —	à 13.	l.	1790.	5.
Doppions ouurez à Lyon, —	à 25.	l.	3000.	
Draps de laine de Dauphiné, —	à 29.	l.	150.	10.
Marchandises de Flandres, —	à 36.	l.	12795.	3.
		l.	29314.	6.

———1626.———

PIERRE ALAMEL, compte propre doit, que le portons crediteur au liure B, f. 3. —— à 44. l. 4583. 17

AVOIR en Pafques 1626. pour foude de fon compte courant tenu au Carnet de 1625. f.2.——— à 42. | l. | 12946. | 19. | 7

——— 1626. ———

AVOIR en Pafques 1626. par cedulle, au Carnet de 1625. f.5. & en ce, ——— à 42. | l. | 10630. | | 7. | 6

——— 1626. ———

AVOIR en Aouft 1626. par cedulle, au Carnet de 1625. f.15. & en ce, ——— à 42. | l. | 3070. | | 11. | 6

——— 1626. ———

AVOIR pour refte de fes gages, fins au 3. Ianuier 1626. au Carnet de 1625. f.17. ——— à 42. | l. | 268. | | 12. | 9

——— 1626. ———

AVOIR que la portons debitrice au liure B, f.6. pour foude, ——— à 44. | l. | 19500. | 11. | 8

——— 1626. ———

AVOIR que les portons debitrices au liure B, f.6. pour foude, ——— à 44. | l. | 29314. | | 6. | 8

——— 1626. ———

AVOIR l. 4583. 17. 9. que luy faifons bon pour le $\frac{1}{4}$ de l. 18335. 10. 11. que monte le profit qu'il a pleu à Dieu enuoyer au negoce de Piedmont, ——— à 10. | l. | 4583. | 17. | 9

M 3

NOSTRE GRAND LIVRE cotté B, doit les parties cy-apres, pour les debiteurs, suiuans extraicts de ce liure A, & rapportez audict liure B, sçauoir

Cesar, & Iulien Granon,	fⁿ 4.	à 6. l. 4746.	
Estienne Glotton,	f. 4.	a 16. l. 15363.	2.
Robert Gehenaud,	f. 4.	à 16. l. 8113.	13.
Herue, & Sauarry,	f. 4.	à 18. l. 770.	13.
Marchandises enuoyées à Constantinople,	f. 4.	à 20. l. 258.	13.
Vespasian Boloson,	f. 3.	à 21. l. 56756.	12.
Verdier, Picquet, & Decoquiel,	f. 4.	à 22. l. 43178.	2.
Antoine, & Hugues Blauf,	f. 4.	à 22. l. 11178.	15.
Tanget, & Rousier, compte des debiteurs qu'ils nous assignent,	f. 4.	à 27. l. 1925.	9.
Berthon, & Gaspard,	f. 6.	à 27. l. 54768.	
Hierosme Lantillon,	f. 5.	à 28. l. 68995.	10.
Iean de la Forests,	f. 5.	à 28. l. 5180.	11.
Estienne Chally,	f. 5.	à 29. l. 25137.	5.
Fleury Gros,	f. 5.	à 30. l. 18301.	7.
Charles Hauard,	f. 5.	à 31. l. 11887.	10.
François Verthema,	f. 5.	à 36. l. 2960.	
Enemond Duplomb,	f. 5.	à 39. l. 17386.	12.
Raymond Orlic,	f. 5.	à 39. l. 13062.	8.
Caisse d'argent comptant,	f. 6.	à 43. l. 19500.	11.
Marchandises en general,	f. 6.	à 43. l. 29314.	6.
		l. 408785.	4.

A V O I R les parties cy-apres, pour les crediteurs fuiuants, extraicts de ce liure, & rapportez audict liure B , fçauoir

Gabriel Alamel , compte de fonds,	f⁰ 2.	à 2.	l. 100000.		
Iean Fontaine , compte dict	f. 2.	à 2.	l. 70000.		
Iean Pontier ,	f. 2.	à 2.	l. 30000.		
Vefpafian Belofon,	f. 3.	à 21.	l. 1155.		
Cicery , & Cernefio ,	f. 3.	à 27.	l. 3416.		
Profits & pertes,	f. 3.	à 41.	l. 162713.	15.	4
Gabriel Alamel, compte courant,	f. 3.	à 43.	l. 12946.	19.	7
Iean Seue ,	f. 3.	à 43.	l. 20630.	7.	6
Lumaga , & Mafcranny ,	f. 3.	à 43.	l. 3070.	11.	6
Claude Catillon,	f. 3.	à 43.	l. 268.	12.	9
Pierre Alamel ,	f. 3.	à 43.	l. 4583.	17.	9
			l. 408785.	4.	5

GRAND LIVRE DE RAISON COTTE' B,

Commencé au nom de Dieu le 3. Auril 1626. Auquel
font contenus les progrez de nos Negoces,que Dieu
par fa grace vueille fauorifer,& donner tel fuccez
que n'encourions telles pertes,qui nous puiffent garder de le feruir de penſée &
d'œuure en ce monde , pour
auoir la gloire en l'autre,
Ainfi foit-il.
1626.

ORA ET LABORA.

Apprenons à rendre le droict à vn chacun,& ayons toufiours Dieu deuant les yeux.

NOSTRE GRAND LIVRE cotté A, doit l.408785.4.5. tournois, qu'il nous assigne à payer aux cy-apres nos creanciers.

Et premierement,

A Gabriel Alamel, compte de fonds,	fo 2.	à 2.	l. 100000.	
A Iean Fontaine, compte dict	f. 2.	à 2.	l. 70000.	
A Iean Pontier, compte dict	f. 2.	à 2.	l. 30000.	
A Vespasian Bolofon,	f. 21.	à 3.	l. 1155.	
A Cicery, & Cernesio,	f. 27.	à 3.	l. 3416.	
A Profits & pertes,	f. 41.	à 3.	l. 162713.	15. 4
A Gabriel Alamel, compte courant,	f. 43.	à 3.	l. 12946.	19. 7
A Iean Seue,	f. 43.	à 3.	l. 20630.	7. 6
A Lumaga, & Mascranny,	f. 43.	à 3.	l. 3070.	11. 6
A Claude Catillon,	f. 43.	à 3.	l. 268.	12. 9
A Pierre Alamel,	f. 43.	à 3.	l. 4583.	17. 9
			l. 408785.	4. 5

A VOIR l.408785.4.5. tournois, pour tant qu'il nous affigne à receuoir de nos debiteurs cy-apres,

Et premierement,

	fo/f		à		l.		
De Cefar , & Iulien Granon,	fo 6.		à	4.	l. 4746.		
d'Eftienne Glotton,	f. 16.		à	4.	l. 15363.	2.	6
De Robert Gehenaud ,	f. 16.		à	4.	l. 8113.	13.	4
De Herue , & Sauarry,	f. 18.		à	4.	l. 770.	13.	1
De Marchandifes enuoyées à Conftantinople ,	f. 20.		à	4.	l. 258.	13.	4
De Vefpafian Bolofon,	f. 21.		à	3.	l. 56756.	12.	6
De Verdier , Picquet , & Decoquiel ,	f. 22.		à	4.	l. 43178.	2.	6
De Antoine , & Hugues Blauf ,	f. 22.		à	4.	l. 11178.	15.	
De Taranget , & Roufier , compte des debiteurs qu'ils nous affignent ,	f. 27.		à	4.	l. 1925.	9.	2
De Berthon , & Gafpard ,	f. 27.		à	6.	l. 54768.		
De Hierofme Lantillon ,	f. 28.		à	5.	l. 68995.	10.	
De Iean de la Forefts ,	f. 28.		à	5.	l. 5180.	11.	6
De Eftienne Chally,	f. 29.		à	5.	l. 25137.	5.	
De Fleury Gros ,	f. 30.		à	5.	l. 18301.	7.	6
De Charles Hauard,	f. 31.		à	5.	l. 11887.	10.	
De François Verthema ,	f. 36.		à	5.	l. 2960.		
De Enemond Duplomb ,	f. 39.		à	5.	l. 17586.	12.	4
De Raymond Orlic,	f. 39.		à	5.	l. 13062.	8.	4
De la Caiffe ,	f. 43.		à	6.	l. 19500.	11.	8
Des Marchandifes en general,	f. 43.		à	6.	l. 29314.	6.	8
					l. 408785.	4.	5

GABRIEL ALAMEL, compte de fonds, doit l.14657. 3.4. pour sa part & portion des marchandises treuées en nature dans la Boutique & Magasins de ce negoce, suiuant l'inuentaire qu'en a esté fait ce iourd'huy 3.Auril 1626.en ce, —————————————— à 6. l. 14657. 3. 4

Luy assignons à receuoir à ses risques les parties cy-apres.

		l.		
De Vespasian Bolofon,crediteur en ce,	à 3.	l. 56756.	12.	6
De Verdier,Picquet, & Decoquiel,crediteur en ce,	à 4.	l. 43178.	2.	6
De Hierosme Lantillon,crediteur en ce,	à 5.	l. 68995.	10.	—
De Raymond Orlic de Bourdeaux,crediteur en ce,	à 5.	l. 13062.	8.	4
A luy comptant, pour sa part & portion de l'argent comptant treuué en Caisse ,	à 6.	l. 9879.	9.	10

————— l. 206529. 6. 6

——————— 1626. ———————

IEAN FONTAINE, compte de fonds doit l.10259.18.- pour sa part & portion des marchandises restantes à vendre en ce negoce,suiuant l'inuentaire qu'en a esté fait ce iourd'huy 3. Auril 1626.en ce, —————————————— à 6. l. 10259. 18. —

Luy assignons à receuoir à ses risques les parties cy-apres, pour sa part & portion des debiteurs restans en ce negoce,sçauoir,

		l.		
d'Estienne Glotton, crediteur en ce,	à 4.	l. 15363.	2.	6
d'Antoine,& Hugues Blauf, crediteur en ce,	à 4.	l. 11178.	15.	—
d'Estienne Chally,	à 5.	l. 25137.	5.	—
De Fleury Gros,	à 5.	l. 18301.	7.	6
De Iean de la Forests ,	à 5.	l. 5180.	11.	6
De Berthon , & Gaspard,	à 6.	l. 54768.		—
A luy comptant pour sa part & portion de l'argent comptant treuué en Caisse ,	à 6.	l. 7591.	4.	4

————— l. 147580. 3. 10

——————— 1626. ———————

IEAN PONTIER, compte de fonds doit l.4397.5.4. pour sa part & portion des marchandises restantes à vendre en ce negoce,suiuant l'inuentaire qu'en a esté fait ce iourd'huy 3.Auril 1626. en ce , —————————————— à 6. l. 4397. 5. 4

Luy assignons à receuoir à ses risques les parties cy-apres,pour sa part & portion des debiteurs,restans en ce negoce,sçauoir,

		l.		
De Cesar, & Iulien Granon, crediteur en ce,	à 4.	l. 4746.		—
d'Herue,& Sauatry,	à 4.	l. 770.	13.	1
Des marchandises restantes à vendre à Constantinople en participation de Bolofon ,	à 4.	l. 258.	13.	4
De Taranget,& Rousier,compte des debiteurs qu'ils assignent,	à 4.	l. 1925.	9.	2
De Charles Hauard de Paris,	à 5.	l. 11887.	10.	—
De François Verthema de Lyon,	à 5.	l. 2960.		—
De Enemond Duplomb de Lyon ,	à 5.	l. 17386.	12.	4
De Robert Gehenaud,	à 4.	l. 8113.	13.	4
A luy comptant pour sa part & portion de l'argent comptant treuué en Caisse,	à 6.	l. 2229.	17.	6

————— l. 54675. 14. 1

A V O I R pour fonds & capital par luy fourny en ce Negoce, sous la participation de ₫ 10. pour liure, aux profits ou pertes qu'il plaira à Dieu y mander, au liure A, f.2. & en ce , ———— à 1. l. 100000.

Et l. 81356.17.8. pour sa ⅐ de l. 162713.15.4. que montent tous les profits qu'il a pleu à Dieu enuoyer en ce Negoce, ———— à 3. l. 81356. 17. 8

Et les parties cy-apres que luy assignons à payer pour sa part & portion des crediteurs de nostre Compagnie , sçauoir

A Vespasian Boloson de Lyon , debiteur en ce , ———— à 3. l. 1155.

A Cicery , & Cernesio de Venise , ———— à 3. l. 3416.

A luy-mesme, pour solde de son compte courant, ———— à 3. l. 12946. 19. 7

A Lumaga , & Mascranny de Lyon , ———— à 3. l. 3070. 11. 6

A Pierre Alamel, ———— à 3. l. 4583. 17. 9

———— l. 106529. 6. 6

———— 1626. ————

A V O I R pour fonds & capital qu'il a fourny en ce Negoce, pour participer aux profits ou pertes qu'il plaira à Dieu y enuoyer à raison de ₫ 7. pour liure, au liure A, f.2. & en ce, ———— à 1. l. 70000.

Et l. 56949.16.4. pour les ⁷⁄₁₀ à luy appartenant de l. 162713.15.4. que montent tous les profits qu'il a pleu à Dieu enuoyer en ce Negoce, ———— à 3. l. 56949. 16. 4

Luy assignons à payer à Iean Seue Seac Sr de S. André , pour sa part & portion des crediteurs restans à payer en ce Negoce , ———— à 3. l. 20630. 7. 6

———— l. 147580. 3. 10

———— 1626. ————

A V O I R pour fonds & capital, par luy fourny en ce Negoce, sous la participation de ₫ 3. pour liure de profit ou perte, au liure A, f.2. cy ———— à 1. l. 30000.

Et l. 24407.1.4. pour les ³⁄₁₀ à luy appartenants de l. 162713.15.4. que montent tous les profits qu'il a pleu à Dieu enuoyer en ce Negoce, ———— à 3. l. 24407. 1. 4

Luy assignons à payer à Claude Catillon, pour sa part des crediteurs restans, ———— à 3. l. 268. 12. 9

———— l. 54675. 14. 1

N

VESPASIAN BOLOSON de Lyon, doit au liure A, f.21.
En Pafques 1628.——— ... à 1. l. 56756. 12. 6
Luy affignons à receuoir de noftre Gabriel Alamel, crediteur en ce, ——— à 2. l. 1155.

——— l. 57911. 12. 6

———1626.———
CLAVDE CICERY, ET FRANCOIS CERNESIO de Venife, doiuent
que leur auons ordonné receuoir de noftre Gabriel Alamel, en ce , ——— à 2. l. 3416.

———1626.———
PROFITS ET PERTES, doiuent
Pour la ⅐ de l.16171 3.15.4. cy-contre appartenant à Gabriel Alamel, en ce, ——— à 2. l. 81356. 17. 8
Pour les ⁷⁄₂₀ de ladicte partie appartenant à Iean Fontaine, ——— à 2. l. 56949. 16. 4
Pour les ⁶⁄₂₀ appartenant à Iean Pontier, ——— à 2. l. 24407. 1. 4

———l. 162713. 15. 4

———1626.———
GABRIEL ALAMEL, compte courant doit porté crediteur à fon compte de fonds, en ce à 2. l. 11946. 19. 7

———1626.———
IEAN SEVE Sr de S. André compte courant , doit que luy affignons à receuoir de noftre
Iean Fontaine, en ce , ——— à 2. l. 10630. 7. 6

———1626.———
LVMAGA, ET MASCRANNY de Lyon, doiuent à compte courant, que leur ordonnons receuoir de noftre Gabriel Alamel, crediteur en ce, ——— à 2. l. 3070. 11. 6

———1626.———
CLAVDE CATILLON, demeurant à noftre feruice doit , que luy auons ordonné receuoir de noftre Iean Pontier, crediteur en ce , ——— à 1. l. 168. 11. 9

———1626.———
PIERRE ALAMEL, demeurant à noftre feruice , doit que luy auons ordonné receuoir
de noftre Gabriel Alamel, en ce, ——— à 2. l. 4583. 17. 9

A V O I R au liure A, f.21. pour debiteurs qu'il nous affigne, fçauoir
Antoine , & Hugues Blauf , en Touff. 1627.───l.378.
Eftienne Glotton,─── ───en Roys 1628.───l.385.
Enemond Duplomb, ─── ───Pafques 1628.───l.392.
à 1. l. 1155.

Luy auons ordonné payer à noftre Gabriel Alamel, debiteur en ce, à 2. l. 56756. 12. 6

l. 57911. 12. 6

─── 1626. ───
A V O I R que leur affignons à receuoir des debiteurs,& termes cy-bas,
Enemond Duplomb,─── ───Aouft 1628.───l.1176.
Antoine,& Hugues Blauf,─── Roys 1627.───l. 832.
Raymond Orlic , ─── ───Roys 1627.───l.1408.
Au liure A, f.27.
à 1. l. 3416.

─── 1626. ───
A V O I R pour tous les profits qu'il a pleu à Dieu enuoyer en ce Negoce , fins à ce iourd'huy
3. Auril 1626. au liure A, f.41. & en ce , à 1. l. 162713. 15. 4

─── 1626. ───
A V O I R en Pafques 1626. au liure A, f.43. & en ce, à 1. l. 12946. 19. 7

─── 1626. ───
A V O I R en Pafques 1626. au liure A, f.43. & en ce, à 1. l. 20630. 7. 6

─── 1626. ───
A V O I R en Aouft 1626. Au liure A, f.43. & en ce , à 1. l. 3070. 11. 6

─── 1626. ───
A V O I R pour refte de fes gages fins au 3. Ianuier 1626. au liure A, f.43. & en ce, à 1. l. 268. 12. 9

─── 1626. ───
A V O I R que luy faifons bon pour fon quart du profit fait en Piedmont, au liure A, f.43. & en ce à 1. l. 4583. 17. 9

CESAR, ET IVLIEN GRANON de Tours, doiuent au liure A, f.6.

En Touff. 1626.———l. 1146.——⎫
En Roys 1627.———l. 3600.———⎬ à 1. l. 4746.

————————————1626.————

ROBERT GEHENAVD de Paris, doit

En Roys 1627.———l.3333. 1.10.⎫ Au liure A, f.16.& en ce,—— à 1. l. 8113. 13. 4
Pafques 1627.———l.4780.11. 6.⎬

————————————1626.————

ESTIENNE GLOTTON de Thouloufe, doit au liure A f.16.

Pafques 1627.———l.14208. 2.6.⎫ à 1. l. 15363. 2. 6
Roys 1628.———l. 1155.———⎬

————————————1626.————

NICOLAS HERVE, ET GVILLAVME SAVARRY de Paris, doiuent

En Toufflaincts 1626.au liure A, f.18.& en ce,—— à 1. l. 770. 13. 1

————————————1626.————

MARCHANDISES en compagnie de Bolofon, pour ⅓, & nous pour les ⅔ reftantes à vendre à Conftantinople, és mains de Iean Scaich, doiuent
N° 1300.aunes 32.6.8. Satin canellé 5.couleurs à l.8.— Au liure A, f.20.—— à 1. l. 258. 13. 4

————————————1626.————

VERDIER, PICQVET, ET DECOQVIEL, doiuent

En Roys 1627.———l.20628.2.6.⎫ Au liure A, f.22.—— à 1. l. 43178. 2. 6
En Roys 1628.———l.22550.———⎬

————————————1626.————

ANTOINE, ET HVGVES BLAVF de Lyon, doiuent

En Roys 1627.———l.2694.15.—⎫
Touff. 1627.———l.1134.———⎬ Au liure A, f.22.& en ce,—— à 1. l. 11178. 15.
Pafques 1628.———l.7550.———⎭

————————————1626.————

FRANCOIS TARANGET, ET FRANCOIS ROVSIER de Paris,
compte des debiteurs, qu'ils nous affignent, doiuent

Pour Iean des Lauiers, pour Pafques 1626.———l.604.6.8.⎫
Lindo, & Heron, —— pour Pafques 1626.———l.826.2.6.⎬ Au liure A, f.27. cy —— à 1. l. 1925. 9. 2
Nicolas de Leftre, —— pour Aouft 1626.———l.495.———⎭

A V O I R que leur ordonnons de payer à noftre Iean Pontier, debiteur en ce, ─── à 2. l. 4746.

───1626.───
A V O I R que luy auons ordonné payer à noftre Iean Pontier, ─── à 2. l. 8115. 15. 4

───1626.───
A V O I R que luy auons ordonné payer à noftre Iean Fontaine, ─── à 2. l. 15363. 2. 6

───1626.───
A V O I R que leur ordonnons payer a noftre Iean Pontier, en ce, ─── à 2. l. 770. 13. 1

───1626.───
A V O I R qu'auons remis à Iean Pontier, en ce, ─── à 2. l. 258. 13. 4

───1626.───
A V O I R que leur auons ordonné payer à noftre Gabriel Alamel, ─── à 2. l. 43178. 2. 6

───1626.───
A V O I R que leur affignons à payer à noftre Iean Fontaine, ─── à 2. l. 11178. 15. ──

───1626.───
A V O I R que leur affignons à payer à noftre Iean Pontier, en ce, ─── à 2. l. 1925. 9. 2

N 3

5 ———————Iefus Maria ✳1626.———————

HIEROSME LANTILLON de Lyon, doit au liure A, f.28.
en Pafques 1617.———l.24125.——}
Pafques 1628.———l.44870.10.—} ——————————————————— à 1. l. 68995. 10.

————————————1626.————————

IEAN DE LA FORESTS de Lyon, doit
En Roys 1627.———l. 785.17.6.} Au liure A, f.28.——————————— à 1. l. 5180. 11. 6
Pafques 1627.———l.4394.14.—}

————————————1626.————————

ESTIENNE CHALLY de Lyon, doit
En Roys 1627.———l.13849.——} Au liure A, f.29. ——————————— à 1. l. 25137. 5.
Pafques 1628.———l.11288. 5.—}

————————————1626.————————

FLEVRY GROS de Lyon, doit
En Roys 1627.———l.17863.17.6.} Au liure A, f.30. ——————————— à 1. l. 18301. 7. 6
Pafques 1627.———l. 457.10.—}

————————————1626.————————

CHARLES HAVARD de Paris, doit
En Touff.1616.———l.7237.10.—} Au liure A, f.31.——————————— à 1. l. 11887. 10.
Roys 1627.———l.4650.—}

————————————1626.————————

FRANCOIS VERTHEMA de Lyon, doit
En Touff.1626.———l. 650.——} Au liure A, f.36. ——————————— à 1. l. 2960.
Roys 1627.———l.2510.——}

————————————1626.————————

ENEMOND DVPLOMB de Lyon, doit
En Roys 1627.———l. 811.17.6.}
Pafques 1627.———l.9593.14.2.}
Aouft 1617.———l.1164.—8.} Au liure A, f.39.——————————— à 1. l. 17586. 12. 4
Pafques 1628.———l.3465.——}
Aouft 1618.———l.2352.——}

————————————1626.————————

RAYMOND ORLIC de Bourdeaux, doit
En Roys 1627.———l.2058.——}
Pafques 1627.———l.2010.13.4.}
Aouft 1627.———l.3523.15.—} Au liure A, f.39.——————————— à 1. l. 13061. 8. 4
Pafques 1628.———l.5460.—}

A V O I R que luy ordonnons payer à noſtre Gabriel Alamel, en ce, ——— | à 2. | l. 68995. | 10. |

———1626.———
A V O I R que luy ordonnons payer à noſtre Iean Fontaine, en ce, ——— | à 2. | l. 5180. | 11. | 6

———1626.———
A V O I R que luy ordonnons payer à noſtre Iean Fontaine, en ce, ——— | à 2. | l. 25137. | 5. |

———1626.———
A V O I R que luy ordonnons payer à noſtre Iean Fontaine, en ce, ——— | à 2 | l. 18301. | 7. | 6

———1626.———
A V O I R que luy ordonnons payer à noſtre Iean Pontier, en ce, ——— | à 2. | l. 11887. | 10. | ——

———1626.———
A V O I R que luy ordonnons payer à noſtre Iean Pontier, en ce, ——— | à 2. | l. 2960. | —— |

———1626.———
A V O I R que luy ordonnons payer à noſtre Iean Pontier, en ce, ——— | à 2. | l. 17586. | 12. | 4

———1626.———
A V O I R que luy ordonnons payer à noſtre Gabriel Alamel, en ce, ——— | à 2. | l. 13062. | 8. | 4

CAISSE D'ARGENT comptant és mains de Iean Pontier doit au liure A, f.43.& en ce, —— | à 1. | l. 19500. | 11. | 8

—————————— 1626. ——————————

MARCHANDISES en general de noſtre compte doiuent l.29314.6.8. pour le monter de toutes les marchandiſes treuuées en nature dans la Boutique,& Magaſins de ce negoce, ſuyuant l'inuentaire qu'en a eſté fait ce iourd'huy 3.Auril 1626.au liure A,f.43.& en ce, —— —— —— | à 1. | l. 29314. | 6. | 8

—————————— 1626. ——————————

DENIS BERTHON, ET OLIVIER GASPARD de Lyon, doiuent En Paſques 1628. au liure A, f.27.& en ce, —— —— —— —— —— | à 1. | l. 54768. | —— —

AVOIR.

l.9879. 9.10.En debit à Gabriel Alamel, pour ſa part & portion ,	à 2. l. 9879.	9.	10
l.7391. 4. 4.En debit à Iean Fontaine,pour ſa part & portion,	à 2. l. 7391.	4.	4
l.2229.17. 6.En debit à Iean Pontier,pour ſa part & portion,	à 2. l. 2229.	17.	6
	l. 19500.	11.	8

————— 1626. —————

AVOIR.

l.14657. 3.4. En debit à Gabriel Alamel,pour ſa part & portion ,	à 2. l. 14657.	3.	4
l.10259.18.— En debit à Iean Fontaine,pour ſa part & portion,	à 2. l. 10259.	18.	
l. 4397. 5.4. En debit à Iean Pontier,pour ſa part & portion,en ce,	à 2. l. 4397.	5.	4
	l. 19314.	6.	8

————— 1626. —————

A V O I R que leur ordonnons payer à noſtre Iean Fontaine, en ce , — à 2. l. 54768.

CARNET DES PAYEMENS

DES ROYS,
PASQVES,
AOVST, ET
TOVSSAINCTS.
1625.

LE GRAND LIVRE, A, doit les parties cy-apres pour les crediteurs fuiuants extraicts d'iceluy,& rapportez en ce Carnet,fçauoir,

Negoce de Milan,pour Iean Hugonin de Lyon,par Caiſſe, f. 6.	à 3. l.	1160.	
Pierre Alamel, par Caiſſe, —————f. 9.	à 3. l.	7300.	
Negoce de Milan, pour Gabriel Chabre,par Caiſſe , f. 6.	à 3. l.	750.	
Negoce de Milan,par Michel Cotte,par Caiſſe, —f. 6.	à 3. l.	2340.	
Negoce dict pour Marchandiſes au comptant,par Caiſſe,—f. 6.	à 3. l.	3923.	8.
Picquet,& Straſſe,—f. 9.	à 2. l.	7500.	
Euſtache Rouiere, —f. 9.	à 4. l.	3087.	19.
Octauio,& Marc-Antoine Lumaga de Noue , —f.10.	à 4. l.	8918.	10.
Louys Boiller,par Caiſſe, —f. 9.	à 3. l.	2143.	19.
Antoine,& Iſaac Poncet de Lyon,par Caiſſe, —f.10.	à 3. l.	1716.	19.
Franchotty,& Burlamaquy, —f.14.	à 5. l.	6436.	10.
Gilles Hannecard d'Anuers, —f.14.	à 5. l.	14103.	9.
Octauio,& Marc-Antoine Lumaga de Genes , —f.19.	à 4. l.	21291.	17.
Robin,& Ferrary de Roüan, —f.17.	à 5. l.	13493.	1.
Lumaga,& Maſcranny de Lyon, —f.18.	à 5. l.	1814.	19.
Octauio,& Marc-Antoine Lumaga,de Noue, — f.18.	à 4. l.	3030.	
Iean Iacques Manis de Lyon,— f.20.	à 6. l.	1798.	15.
Alexandre Taſca de Veniſe, —f.21.	à 6. l.	10574.	18.
Auguſtin Sexty de Lucques, —f.23.	à 6. l.	3091.	11.
Denis Berthon,& Oliuier Gaſpard , —f.27.	à 6. l.	40000.	
Laurens Fiorauanty de Bologne , —f.18.	à 6. l.	1900.	2.
Claude Catillon,compte de voyages, —f.29.	à 7. l.	4088.	13.
Bleds diuers acheptez comptant , —f.32.	à 3. l.	99660.	
Verdier , Picquet, & Decoquiel, —f.32.	à 7. l.	6107.	10.
Picquet,& Straſſe, —f.40.	à 2. l.	2114.	13.
Iacques Depures , —f.40.	à 4. l.	1586.	
Leonard Berthaud, —f.40.	à 4. l.	1057.	6.
Pierre Sauſet, par Caiſſe, —f.33.	à 3. l.	50000.	
André Monthel,par Caiſſe , —f.36.	à 3. l.	11025.	
Benoiſt Robert de Marſeille , — f. 3.	à 12. l.	78086.	15.
		410211.	19.

A V O I R les parties cy-apres pour les debiteurs fuiuants, extraicts d'iceluy , & rapportez en ce
Bilan , fçauoir,

Gabriel Alamel, pour foude de fon fonds,	f. 1.	à 2.	l. 44100.		
Iean Fontaine compte de fonds ,	f. 1.	à 2.	l. 70000.		
Iean Pontier, compte dict,	f. 1.	à 2.	l. 16610.		
Geoffroy des Champs,	f. 3.	à 2.	l. 7282.	10.	
Claude Carillon, compte de voyages ,	f. 28.	à 7.	l. 2104.	7.	3
Clemence Goyer, & Compagnie , par Caiffe,	f. 21.	à 3.	l. 840.		
Vefpafian Bolofon,	f. 20.	à 6.	l. 1024.	2.	6
Picquet , & Straffe,	f. 40.	à 2.	l. 52486.	7.	
Iacques Depures,	f. 40.	à 4.	l. 39364.	15.	3
Leonard Berthaud ,	f. 40.	à 4.	l. 26243.	3.	6
Cefar, & Iulien Granon de Tours,	f. 6.	à 11.	l. 22037.	10.	
Porté debiteur en payemens de Pafques, pour foude ,	f. 38.	à 15.	l. 128119.	3.	7
			l. 410211.	19.	1

O

GABRIEL ALAMEL, doit pour fonde de fon fonds capital, au liure A, f.1.& en ce —	à 1.	l. 44100.		
8.Septembre 1625.pour Picquet,& Straffe,pour Chabre,pour Fleury Gros,crediteur en ce, — —	à 19.	l. 5090.	8.	
4. Octobre 1625.à luy comptant par Caiffe , — — — — —	à 3.	l. 4909.	12.	
7. Decembre 1625.pour Picquet,& Straffe,pour Manis,crediteur en ce — — — —	à 6.	l. 17465.	14.	
— Dudict pour Lumaga,& Mafcranny,pour Philippe,& Luc Seue,pour Granon,crediteur —	à 11.	l. 12534.	5.	
Porté crediteur au liure A , f.43.pour foude, — — —	à 20.	l. 12946.	19.	
		l. 97046.	19.	

IEAN FONTAINE , doit pour compte de fon fonds & capital, au liure A, f.1. cy — | à 1. | l. 70000. |

IEAN PONTIER, doit à compte de fonds , au liure A, f.1.& en ce — —	à 1.	l. 16610.		
Change de l.2610.- que luy prolongeons,iufqu'en Pafques prochain à 2.¼ pour °⁄₀,	à 8.	l. 652.	10.	
		l. 17262.	10.	

GEOFFROY DESCHAMPS de Lyon,doit au liure A , f.3. & en ce, — | à 1. | l. 7282. | 10. |

PICQVETS, ET STRASSE de Lyon,doiuent au liure A, f.40.& en ce, — —	à 1.	l. 52486.	7.	
Par lettre de Paris,de Nicolas Herue,& Sauarry,crediteurs en ce, —	à 7.	l. 4360.	12.	
♥ 2000.par lettre de Venife de Retano,& Vanaxelle,valeur d'Alexandre Tafca, —	à 6.	l. 6000.		
6.Mars pour Gabriel Alamel,crediteur en ce, —	à 2.	l. 10000.		
6.Dudict pour Lafare Cofte,pour Guenify,& Maffey,pour Iean Fontaine , crediteur en ce —	à 2.	l. 15200.		
10.Dudict pour Guenify,& Maffey,pour Goyer,Decoleur,& Debeauffe,pour Deulcet, & Yon,	à 12.	l. 11512.	10.	
Dudict pour Garnier,pour Ferrus,pour Doffaris,crediteur en ce —	à 12.	l. 5000.		
11.Dudict pour Salicoffre,pour Heruard,pour Laurens Payer,pour Iean Fontaine,crediteur en ce, —	à 2.	l. 4800.		
12.Dudict pour Bolofon,crediteur en ce, — — —	à 6.	l. 1298.	14.	
28.Dudict à eux comptant par Caiffe, — — —	à 3.	l. 1303.	15.	
		l. 111961.	19.	

A V O I R du 6.Mars 1625.l.30000.— Receu de luy comptant par Caiffe,———	à 3.	l. 30000.		
6.Mars pour Picquet,& Straffe,debiteurs en ce,———	à 2.	l. 10000.		
11.Dudict pour Ioué,pour Galiley,& Barelly,par Lumaga,& Mafcranny,debiteurs en ce,—	à 5.	l. 25000.		
13.Dudict pour Bolofon,pour Cefar Ofio,pour Bonuify,pour Verdier,Picquet,& Decoquiel,debiteurs	à 7.	l. 7729.	19.	6
20.Dudict receu de luy comptant,par Caiffe,———	à 3.	l. 1370.		6
Change de l.30000.—à 2.pour ¼, iufqu'en Pafques prochain —	à 8.	l. 600.		
9.Iuin 1625.pour Ioué,pour Berthaud , debiteur en ce —	à 4.	l. 9968.	6.	
11.Dudict pour Bonuify,pour Netet,pour Cardon debiteur,en ce —	à 11.	l. 10031.	14.	
Change de l.50600.—à 2.pour ¼, iufqu'en Aouft prochain ,	à 8.	l. 1012.		
Change de l.41612.—à 2.pour ¼,iufqu'en Touffainêts prochain,—	à 8.	l. 832.	4.	9
Change de l.12444.4.9.à 2.pour ¼, iufqu'en Roys 1626. en ce—	à 8.	l. 248.	17.	8
Change de l.12693.2.5.à 2.pour ¼ iufqu'en Pafques 1626.en ce,—	à 8.	l. 253.	17.	2
		l. 97046.	19.	7
A V O I R du 6. Mars l.50000,—receu de luy comptant par Caiffe,———	à 3.	l. 50000.		
6.Mars pour Guenify,& Maffey,pour Lafare Cofte,pour Picquet,& Straffe,debiteurs en ce,	à 2.	l. 15200.		
11.Dudict pour Laurens Payer,pour Heruard,pour Salicoffre,pour Picquet,& Straffe,—	à 2.	l. 4800.		
		l. 70000.		
A V O I R du 6.Mars l.6000.— Receu de luy comptant par Caiffe,———	à 3.	l. 6000.		
7. Mars pour Blauf,pour Nauergnon,pour Vanelle,pour Berthon,& Gafpard,en ce ,	à 6.	l. 8000.		
3. Iuillet 1625. receu de luy comptant pour foude,———	à 3.	l. 3262.	10.	
		l. 17262.	10.	
A V O I R du 10.Mars,pour Caboud,pour Millottet,pour Mafuyer , & Violette , pour Theuenet, pour Guetton,debiteurs en ce, ———	à 8.	l. 7282.	10.	
A V O I R du 3.Mars l.50000. — qu'ils ont fourny pour leur part de l.150000. pour employer en bleds fur lefquels ils participent pour ⅓, —	à 3.	l. 50000.		
Leur faifons bon pour les deputez des creanciers de Laurens Iaquin,au liure A, f.9.& en ce ,	à 1.	l. 7500.		
▽ 4691.15.10. d'or fol , par lettre d'Anuers de Gilles Hannecard, debiteur en ce , —	à 5.	l. 14075.	7.	6
Par lettre de Robin,& Ferrary de Roüan,debiteur en ce—	à 5.	l. 3493.	1.	9
Au liure A, f.40.& en ce,———	à 1.	l. 2114.	13.	4
▽ 3552. 8.3.d'or fol,par lettre des noftres de Milan,en ce—	à 10.	l. 10657.	4.	9
▽ 1010.— 3.d'or fol,par lettre d'Oêtauio,& Marc-Antoine Lumaga de Noué,debiteurs —	à 4.	l. 3030.		9
▽ 1030.10.6.d'or fol,par lettre de Hierofme Turcon de Plaifance,debiteur en ce —	à 9.	l. 3091.	11.	6
Par lettre de Marfeille de Benoift Robert,debiteur en ce,———	à 12.	l. 15000.		
▽ 1000.— d'or fol,que à ducats 127.¼,nous ont fait lettre pour Venife fur Bernardin Benfio, payable au 3.Auril à Alexandre Tafca,debiteur en ce ,———	à 6.	l. 3000.		
		l. 111961.	19.	7

CAISSE D'ARGENT COMPTANT, au gouuernement de Iean Pontier, doit

Description	réf.	l.		
3.Mars,receu de Picquet,& Straffe,crediteurs en ce,	à 2.	l.	50000.	
3.Dudict de Iacques Depures,crediteur en ce,	à 4.	l.	37500.	
4.Dudict de Leonard Berthaud,crediteur en ce,	à 4.	l.	25000.	
6.Dudict de Gabriel Alamel,crediteur en ce,	à 1.	l.	30000.	
—Dudict de Iean Fontaine, crediteur en ce,	à 2.	l.	50000.	
—Dudict de Iean Pontier,crediteur en ce,	à 1.	l.	6000.	
10.Dudict de Goyet,de Coleur, & Debcauffe,	à 1.	l.	840.	
11.Dudict de Iacques Depures,	à 4.	l.	1864.	15.
—Dudict de Leonard Berthaud,	à 4.	l.	1243.	3.
—Dudict de Iean Seue Sr de S.André,	à 5.	l.	50000.	
20.Dudict de marchandifes venduës comptant,	à 14.	l.	259.	
—Dudict de Gabriel Alamel,	à 2.	l.	1370.	
25.Dudict de marchandifes venduës comptant ,	à 14.	l.	148.	
27.Dudict de marchandifes venduës comptant,	à 14.	l.	102.	12.
28.Dudict de Claude Laure,	à 9.	l.	911.	8.
29.Dudict de Philippe , & Luc Seue ,	à 9.	l.	2292.	17.
30.Dudict de Horace Cardon ,	à 11.	l.	9997.	1.
3.Auril de Doulcet,& Yon,	à 12.	l.	2413.	19.
—Dudict de vente faicte au comptant ,	à 14.	l.	394.	
—Dudict de Barthelemy Ferrus,	à 13.	l.	3851.	8.
6.Dudict de vente au comptant ,	à 14.	l.	150.	
—Dudict de Euftache Rouiere,	à 4.	l.	912.	
18.Dudict de vente faicte au comptant,	à 14.	l.	580.	10.
30.Dudict de Claude Catillon,	à 7.	l.	15.	14.
10.May de vente faicte au comptant,	à 14.	l.	214.	10.
15.Iuin de Claude Catillon,	à 14.	l.	13.	7.
20.Dudict de Bolofon,	à 6.	l.	1967.	12.
27.Dudict de Iean,& François du Soleil,	à 16.	l.	3247.	7.
3.Iuillet de Euftache Rouiere,	à 17.	l.	3071.	16.
—Dudict de Iean Glotton,pour Eftienne Glotton,	à 17.	l.	3234.	3.
—Dudict de Lorrin,pour Taranget,& Routier,	à 16.	l.	218.	15.
—Dudict de Iean Pontier,	à 2.	l.	3262.	10.
4.Dudict de Bonuify,	à 11.	l.	2228.	13.
27.Dudict de André Monthel,compte de voyages,	à 13.	l.	12.	15.
—Dudict pour marchandifes venduës comptant,de compte de Beregany ,	à 14.	l.	153.	6.
6.Aouft de Claude Catillon,	à 7.	l.	20.	18.
3.Septembre de Doulcet,& Yon,pour marchandifes à eux venduës comptant ,	à 14.	l.	7680.	
6.Dudict de Iean Iuge,pour marchandifes venduës comptant,	à 14.	l.	1620.	
8.Dudict de la vente au comptant	à 14.	l.	525.	
20.Dudict de Iean,& François du Soleil,	à 16.	l.	3300.	
5.Octobre de Pierre Sauter,pour foude de fon voyage de Mer,au liure A,f.33.	à 18.	l.	53187.	18.
4.Dudict de Verdier,Picquet,& Decoquiel,	à 7.	l.	232.	5.
—Dudict de Ioachin Salicoffre ,	à 15.	l.	1607.	2.
8.Dudict de Claude Catillon,	à 14.	l.	5154.	
—Dudict de Hierofme Lantillon,	à 18.	l.	1325.	14.
—Dudict d'Eftienne Chally,	à 19.	l.	2557.	8.
10.Dudict de François Verthema,	à 19.	l.	1293.	15.
25.Decembre de Cefar Ofio,	à 9.	l.	3000.	
—Dudict de Philippe,& Luc Seue,pour Cefar,& Iulien Granon,	à 11.	l.	8469.	11.
28.Dudict de Iean Glotton,pour Eftienne Glotton ,	à 17.	l.	488.	12.
—Dudict de Picquet,& Straffe ,	à 18.	l.	1090.	19.
—Dudict de Euftache Rouiere,	à 4.	l.	1500.	
3.Feurier de Cefar Ofio,	à 9.	l.	15000.	
4.Dudict de Galiley,& Barelly ,	à 11.	l.	9917.	4.
—Dudict de Bonuify,	à 11.	l.	7881.	7.
4.Auril 1626.de Picquet,& Straffe ,	à 18.	l.	23161.	1.
10.May de Pierre Alamel,pour foude du Negoce de Piedmont,au liure A, f.9. cy	à 20.	l.	5813.	17.
		l.	448148.	6.

1626.

A V O I R à Marchandifes de Cicery,& Cernefio,pour voitures,& Doüannes,	à 11. l.	414.	6. 8
3.Mars à marchandifes de Beregany, pour voitures,& doüannes,	à 12. l.	450.	11.
6.Dudict comptant à Iean Hugonin,par negoce de Milan,au liure A , f.6.	à 1. l.	1160.	
—Dudict à Pierre Alamel, au liure A , f.9.	à 1. l.	7300.	
8.Dudict à Gabriel Chabre,par Negoce de Milan ,	à 1. l.	750.	
—Dudict à Michel Cotte,par Negoce de Milan,	à 1. l.	2340.	
—Dudict à diuers,pour marchandifes acheptées comptant,pour ledict negoce ,	à 1. l.	3923.	8.
9:Dudict à Louys Boillet,pour Pierre Alamel,	à 1. l.	2143.	19. 7
—Dudict à Iean Lanet,pour faire tenir à Marfeille à Benoift Robert ,	à 12. l.	20000.	
18.Dudict à diuers pour bled froment achepté comptant au liure A, f.32.	à 1. l.	99660.	
—Dudict à Pierre Saufet,compte de voyages au liure A , f. 33.	à 1. l.	50000.	
—Dudict à André Montbel,compte de voyages,au liure A , f.36.	à 1. l.	11025.	
—Dudict à Picquet,& Straffe,	à 2. l.	1303.	15. 10
—Dudict à Claude Catillon,compte de voyages,	à 7. l.	1000.	
—Dudict à Iean Mandine,pour Benoift Robert ,	à 12. l.	3200.	
—Dudict à Girard Viguier, pour ledict Catillon,	à 7. l.	500.	
—Dudict à Antoine,& Ifaac Poncet,pour les leurs de Velance , au liure A, f.10. & en ce,	à 1. l.	1726.	19. 2
20.Dudict à Pons S.Pierre,pour les noftres de Milan,	à 10. l.	14700.	
30.Dudict à Pinedon , pour Tabouret,& Deculan,	à 9. l.	3000.	
—Dudict à Patron Pelot , pour Benoift Robert,	à 12. l.	27886.	15. 2
—Dudict à Iean Baptifte Decoquiel, pour enuoyer a fon pere en Anuers ,	à 12. l.	11406.	
—Dudict à Iean Iacques Manis,	à 6. l.	100.	15. 3
2.Auril à Pierre Gafchet voiturier,pour voiture de 5.bales filage de Raconis ,	à 10. l.	89.	10.
3.Dudict pour voiture de 2.bales foye Meffine,	à 10. l.	31.	5.
—Dudict pour voiture d'vne bale filage de Raconis,	à 10. l.	19.	12. 6
5.Auril à Iean Baptifte Decoquiel,pour enuoyer à fon Pere en Anuers,	à 12. l.	3675.	
8.Dudict a Nicolas Bocquet, pour Claude Carillon,	à 7. l.	500.	
10.Dudict pour voyture de 10.bales foye Meffine,	à 10. l.	98.	16.
—Dudict par voiture de 3 .bales filage de Raconis ,	à 10. l.	60.	
3.Iuin à André Montbel,compte de voyages,au liure A, f.37.	à 15. l.	7300.	
12.Dudict à Lumaga,& Mafcranny,par Claude Catillon,compte de voyages	à 7. l.	1000.	
—Dudict à Claude Catillon,compte de voyages,	à 7. l.	500.	
—Dudict a Claude Rambaud,pour André Montbel,compte de voyages au liure A,f.37.	à 15. l.	5868.	8.
20.Dudict à Marin Dollaris,	à 11. l.	1293.	13. 1
25.Dudict à Horace Cardon,	à 11. l.	8910.	11. 1
—Dudict à Philippe , & Luc Seue ,	à 9. l.	1000.	
3.Iuillet à Galiley,& Barelly ,	à 11. l.	1195.	17.
20.Dudict à Claude Catillon,compte de voyages,	à 7. l.	7350.	
10.Septembre à Guillaume Vianey,pour foyes par luy ouurées,au liure A, f.25.	à 18. l.	900.	
—Dudict à Louys Burler,pont foyes par luy ouurées,audict liure A , f.25.	à 18. l.	322.	16.
13.Dudict à Iean Fournier embaleur,pour frais d'embalage,	à 10. l.	37.	10.
—Dudict à Vianey,pour foyes par luy ouurées au liure A , f.25.	à 18. l.	625.	
15.Dudict à Antoine Gayot, pour foyes par luy ouurées au liure A , f.25.	à 18. l.	862.	10.
—Dudict à Molandier,pour foyes par luy ouurées,au liure A, f.25.	à 18. l.	262.	10.
—Dudict à Picquet,& Straffe,	à 18. l.	10000.	
—Dudict aux Receueurs de la doüanne,	à 10. l.	4152.	3. 4
20.Dudict à Antoine Gayot,pour foyes par luy ouurées,au liure A, f.25.	à 18. l.	714.	
25.Dudict à Iean Feuly,pour Doppions par luy ouurez,au liure A, f.25.	à 18. l.	507.	
—Dudict à Antoine Gayot,pour Doppions,par luy ouurez,au liure A,f.25.	à 18. l.	540.	
3.Octobre à Iacques Depures, debiteur en ce ,	à 4. l.	28971.	6.
—Dudict à Leonard Berthaud,	à 4. l.	15011.	5. 6
4.Dudict à Gabriel Alamel,	à 2. l.	4909.	12.
—Dudict à Bolofon,	à 7. l.	3536.	11. 11
—Dudict à Iean Dulac ,	à 9. l.	2987.	16.
—Dudict à Iean Bertrand,pour Pierre Richard de Nyfmes,au liure A, f.18.	à 18. l.	431.	8. 9
5.Dudict à Iean,& Pierre Dulac d'Vfez,debiteurs au liure A, f.18.	à 18. l.	237.	
—Dudict à Antoine Roux de Saumieres,debiteur en ce,	à 18. l.	286.	2. 6
—Dudict à René Bais,pour les creanciers de Laurens Iaquin, au liure A, f.9.	à 18. l.	7500.	
3.Decembre à Picquet,& Straffe,pour Virer ,	à 18. l.	10000.	
20.Dudict à André,& Philippe Guetton,	à 8. l.	1725.	1. 6
25.Dudict à Doulcet,& Yon,	à 11. l.	1829.	14. 9
6. 3.Ianuier 1616.à Pons S.Pierre, pour diuerfes voitures de marchandifes ,	à 10. l.	477.	2.
—Dudict à Schott, pour diuerfes voitures de marchandifes,	à 10. l.	516.	9.
—Dudict pour le louage de la maifon où nous refidons,	à 10. l.	1000.	
—Dudict pour plufieurs frais,& defpens faicts en l'an 1625.	à 10. l.	5712.	10.
—Dudict à Claude Boyer,pour fes Gages d'vne année ,	à 10. l.	1000.	
—Dudict pour teinture & aprefts de marchandifes,	à 10. l.	847.	9.
—Dudict aux receueurs de la doüanne,pour diuerfes marchandifes acquitées,	à 10. l.	1712.	
—Dudict à diuers couratiers,pour couratage de diuerfes marchandifes,	à 10. l.	1210.	10.
—En debit à autre compte, pour folde du prefent ,	à 10. l.	27240.	14. 2
	——l.	448248.	6. 1

O 3

OCTAVIO, ET MARC-ANTOINE LVMAGA de Genes, doiuent
▽ 5809.11.—d'or de marc, qu'ils ont tiré de noftre ordre aux leurs de Noué à ◗ 67.-- pour ▽, font
l.19462.-valant ▽ 5724.2.5.d'or de ◗ 68.piece,que à ◗ 115.de mónoye courante font l.32913.14.- | à 4. | l. | 11291. | 17.
En Pafques 1625.pour le net procedit de la vente de 1500.Eymines bled par eux ven-
du comptant,tabatu les frais & prouifion,au liure A, f.32.cy ——— ——— -l.22400.— | à 15. | l. | 15424. | 16.

　　　　　　　　　　　　　　　　　　　　　　　l.55513.14.- | ——— | l. | 36716. | 13.

IACQVES DEPVRES de Lyon doit, au liure A, f.40.& en ce,——— ——— ——— | à 1. | l. | 39364. | 15.
15. Mars pour Enemond Duplomb , pour Beraud,& Defargues,pour Bonuify, pour Cardon , ——— | à 11. | l. | 1586. |
8. Iuin pour Bolofon,crediteur en ce, ——— | à 6. | l. | 14952. | 9.
8ᵉ Septembre pour Bonuify,pour Franchotty,& Burlamaquy , pour Iean de la Forefts, crediteur —— | à 19. | l. | 5277. | 17.
3. Octobre à luy comptant par Caiffe , ——— ——— ——— —— —— | à 3. | l. | 28971. | 6.

　　　　　　　　　　　　　　　　　　　　　　　　　　　　　　　　——— | l. | 90152. | 7.

LEONARD BERTHAVD de Lyon,doit au liure A,f.40.& en ce,——— ——— ——— | à 1. | l. | 26243. | 3.
15. Mars pour Hierofme Payelle,pour René Bays, pour Philippe,& Luc Seue,——— ——— | à 9. | l. | 1657. | 6.
9. Iuin pour Ioué,pour Gabriel Alamel,crediteur en ce,——— ——— ——— | à 2. | l. | 9968. | 6.
8. Septembre,pour Boillet,pour Iean,& François du Soleil,crediteur en ce,——— ——— | à 16. | l. | 7821. | 10.
3. Octobre à luy comptant par Caiffe.——— ——— ——— ——— | à 3. | l. | 15011. | 5.

　　　　　　　　　　　　　　　　　　　　　　　　　　　　　　——— | l. | 60101. | 11.

EVSTACHE ROVIERE de Lyon,doit par lettre de François Sauarry,valeur de Nicolas
Herue,& Guillaume Sauarry , en ce , ——— | à 7. | l. | 7000. | ———
　En Pafques 1625.pour la lettre cy-contre de ▽ 813.- d'or de marc proteftée,montant auec la pro-
uifion & proteft ▽ 816.12.retournez en ▽ 1023.18.3.d'or fol,à 79.⅓ pour cent,par Hierofme Turcon,
crediteur en ce,——— | à 13. | l. | 3071. | 16.
　En Touffainöts 1625. ▽ 500.- d'or fol,que à ◗ 120.pour ▽,luy auons fait lettre pour Milan,paya-
ble au 28.Decembre 1625.à Iacques Saba,par les noftres,en ce,——— —— —— | à 10. | l. | 1500. |

　　　　　　　　　　　　　　　　　　　　　　　　　　　　　　——— | l. | 11571. | 16.

OCTAVIO, ET MARC-ANTOINE LVMAGA de Noué , doiuent
▽ 2971.16.9.d'or fol,que à 81. pour °⁄₉,nous ont tiré par leur lettre à payer à Lumaga,& Mafcranny,
en ce , ——— ——— ——— ——— ▽ 2408.—— | à 5. | l. | 8918. | 10.
▽ 1010.0.3. d'or fol , que à 80.⅓ pour °⁄₉ , nous ont tiré à payer à Picquet, & Straffe,
crediteurs en ce,——— ——— ——— ▽ 813. 1. 3 | à 2. | l. | 3030. |
▽ 7108.8.8.d'or fol,que à 82. pour °⁄₉,nous ont tiré à payer à Lumaga , & Mafcranny,
crediteurs en ce ——— . ——— ——— ▽ 5828.18. 4. | à 5. | l. | 21325. | 6.
En Pafques 1625. ▽ 4075.8.11.d'or de marc,que à ◗ 65.pour ▽,leur ont efté remis par
les leurs de Genès , en ce , ——— ——— ——— ——— ——— ▽ 4075. 8.11. | à 4. | l. | 15424. | 16.

　　　　　　　　　　　　　　　　　　　　　▽ 13125. 8. 6. | ——— | l. | 48698. | 13.

AVOIR au liure A, f. 19. & en ce,	l. 32913. 14. —	à 1.	l.	21291.	17.	—
En Pasques 1625. pour ▽ 4075. 8. 11. d'or de marc, qu'ils ont remis de nostre ordre aux leurs de Noué, en Foire de Pasques à ₰ 65. pour ▽, font l. 13245. 4. 2. (monnoye d'or de ₰ 68. pour ▽,) valant ▽ 3895. 13. Destampe à l. 5. 15. piece, font	l. 22400. — —	à 4.	l.	15424.	16.	—
	l. 55313. 14. —	—	l.	36716.	13.	—

AVOIR du 3. Mars l. 37500. — Qu'il a fourny pour le quart de l. 150000. pour employer en bleds sur lesquels il participe pour ¼ par Caisse,	à 3.	l.	37500.	—	—
12. Marcs receu de luy comptant pour soude,	à 3.	l.	1864.	15.	3
Au liure A, f. 40.	à 1.	l.	1586.	—	—
En Pasques 1625. Au liure A, f. 40.	à 15.	l.	14952.	9.	—
En Aoust 1625. au liure A, f. 40.	à 18.	l.	34249.	3.	2
	—	l.	90152.	7.	5

AVOIR du 4. Mars l. 25000. — qu'il a fourny pour sa part de l. 150000. pour employer en bleds sur lesquels il participe pour ⅙ par Caisse,	à 3.	l.	25000.	—	—
12. Dudict receu de luy comptant pour soude,	à 3.	l.	1243.	3.	6
Au liure A, f. 40. & en ce,	à 1.	l.	1057.	6.	8
En Pasques 1625. au liure A, f. 40. & en ce,	à 15.	l.	9968.	6.	—
En Aoust 1625. audict liure A, f. 40.	à 18.	l.	22832.	15.	6
	—	l.	60101.	11.	8

AVOIR par lettre de Pierre Alamel, valeur de Gentil, au liure A, f. 9. & en ce,	à 1.	l.	3087.	19.	3
▽ 1000. — d'or sol, que à 123. pour ▽, valent ▽ 813. d'or de marc, qu'il nous a fait lettre pour Plaisance sur Iean Baptiste Paulin, payable en Foire de S. Marc à Hierosme Turcon, debiteur	à 13.	l.	3000.	—	—
6. Auril receu de luy comptant par Caisse,	à 3.	l.	912.	—	9
3. Iuillet receu de luy comptant pour soude,	à 3.	l.	3071.	16.	9
28. Decembre receu de luy comptant,	à 3.	l.	1500.	—	—
	—	l.	11571.	16.	9

AVOIR pour ▽ 2400. -- d'or de marc, que à ₰ 26. pour ▽, leur ont esté tirez de nostre ordre de Valence, en Foire des Roys 1625. par Antoine, & Isac Poncet, debiteurs au liure A, f. 10. & en ce,	▽ 2400. — —	à 1.	l.	8918.	10.	3
Prouision à ⅓ pour ○,	▽ 8. — —					
▽ 810. 7. 3. d'or de marc, que à Carlins 32. pour ▽, leur ont esté tirez de Messine, pour nostre compte par Diecemy, & Benascey, au liure A, f. 18.	▽ 810. 7. 3.	à 1.	l.	3030.	—	9
Pour leur prouision à ⅓ pour ○	▽ 2. 14. —					
▽ 5809. 11. d'or de marc, que les leurs de Genes, leur ont tiré pour nostre compte en Foire des Roys, en ce	▽ 5809. 11. —	à 4.	l.	21291.	17.	—
Prouision à ⅓ pour ○	▽ 19. 7. 4.					
Perte sur ladicte traicte,	▽ —	à 8.	l.	33.	9.	—
En Pasques 1625. ▽ 5141. 12. d'or sol, que à 79. pour ○, nous ont remis sur Lumaga, & Mascranny, debiteurs en ce,	▽ 4061. 17. 3.	à 15.	l.	15424.	16.	—
Pour leur prouision à ⅓ pour ○	▽ 13. 11. 8.					
	▽ 13125. 8. 6.	—	l.	48698.	13.	—

IEAN SEVE Sr de S.André, doit du 6.Decembre, pour Philippe, & Luc Seue, pour Lumaga, & Mafcranny, crediteur en ce,	à 15.	l. 16763.	10.
9. Dudict pour Philippe, & Luc Seue, pour Carcauy, crediteur en ce,	à 7.	l. 14390.	15.
10. Dudict pour Philippe, & Luc Seue, pour Manis, pour Picquet, & Straffe, pour Iean Glotton, pour Eftienne Glotton crediteur en ce,	à 17.	l. 1343.	18.
Porté crediteur au liure A, f.43.pour foude de ce compte,	à 10.	l. 20630.	7.
		l. 53128.	11.

FRANCHOTTY, ET BVRLAMAQVY de Lyon, doiuent ▽ 286.4.9.par lettre de Venife d'Odefcalco, & Cernefio, valeur d'Alexandre Tafca, crediteurs en ce,	à 6.	l. 858.	14.
6. Mars pour Vidaud Laifné, pour Philippe, & Luc Seue, crediteurs en ce,	à 9.	l. 11000.	
13.Dudict par Garbufat, pour Noël Coftar, pour Marin Doffaris, crediteur en ce,	à 12.	l. 2974.	5.
14. Dudict pour Nicolas Bocquet, pour Perrin, pour Charles Baile, pour Doulcet, & Yon, credit en ce,	à 12.	l. 3073.	10.
Pafques 1625.▽ 1000.-par lettre d'Amiens, de Paul Buftance, valeur de Iean Baptifte Decoquiel,		l. 3000.	
		l. 21906.	10.

GILLES HANNECARD d'Anuers, doit ▽ 4691.15.10.que à 116.gros pour ▽, il nous a tiré par fa lettre payable à Picquet, & Straffe, en ce,	l.2267.14.—	à 2.	l. 14075.	7.
Pour benefice fur ladicte traicte,	l.———	à 8.	l. 28.	1.
En Pafques 1625. au liure A, f.26.payable au 27. Auril 1626.l'efcompte à 8.pour ⁰/₀—	l. 212. 3.6.	à 15.	l. 1273.	1.
	l.2479.17.6.		l. 15376.	10.

ROBIN, ET FERRARY de Roüan, doiuent qu'ils ont tiré de noftre ordre à Paris, fur Tabouret, & Deculan, crediteurs en ce,	à 9.	l. 10000.	
Nous ont tiré par leur lettre payable à Picquet, & Straffe crediteurs en ce,	à 2.	l. 3493.	1.
		l. 13493.	1.

LVMAGA ET MASCRANNY de Lyon, doiuent du 7.Mars, pour Guenify, & Maf-fey, pour Garnier, pour Ioué, pour Horace Cardon, crediteur en ce,	à 11.	l. 30000.	
11. Mars pour Galiley, & Barelly, pour Ioué, pour Gabriel Alamel, crediteur, en ce,	à 2.	l. 25000.	
12. Dudict pour Vidaud Laifné, pour Becarie, pour Salmatory, & Pradel, pour Ioué, pour Seue,	à 9.	l. 4000.	
14. Dudict pour Verdier, Picquet, & Decoquiel, pour Bolofon, pour Horace Cardon, crediteur	à 11.	l. 3657.	3.
		l. 62657.	3.

AVOIR du 3.Mars 1625.receu de luy comptant à 1.¼ pour ⁰⁄₀,iusqu'en prochains, ————— à 3. l. 50000.
Change de ladiéte partie à 1.¼ pour ⁰⁄₀ , iusqu'en Pasques prochain en ce , ————— à 8. l. 875.
Change desdiétes l.50875.——cy-deſſus à 1.¼ pour ⁰⁄₀,iusqu'en Aouſt 1625.par cedulle, ——— à 8. l. 763. 2. 6
Change desdiétes l.51638.2.6.cy-deſſus à 1.¼ pour ⁰⁄₀,iusqu'en Touſſainéts prochain par cedulle, —— à 8. l. 860. 12. 8
Change de———— l.20000.——à 1.½ pour ⁰⁄₀, iuſqu'en Roys 1626.par cedulle— à 8. l. 300.
Change de———— l.20300.——à 1.¼ pour ⁰⁄₀,iuſqu'en Paſques 1626.par cedulle,——— à 8. l. 329. 17. 6

l. 53128. 12. 8

AVOIR ▽2145.10.—d'or ſol par lettre de Londres d'Abraham Bech,au liure A,f.14.& en ce, à 1. l. 6436. 10.
Par lettre de Nicolas Herue,& Sanarry de Paris,à eux tranſportée par Thomas Ricquetty,en ce,— à 7. l. 6470.
▽2000.— que à 💰122.— nous ont fait lettre pour Milan, ſur Homodeo,payable au 4.Auril 1625. à 10. l. 6000.
aux noſtres en ce , —————— ——— ——— ———
Du 12.Iuin,pour Garnier,pour Bonuſy,pour Cardon,debiteur en ce ——— ——— — à 11. l. 3000.

l. 21906. 10.

AVOIR l.2260.3.4.de gros,que à 4.pour ⁰⁄₀ d'auance,'luy ont eſté tirez de noſtre ordre d'Amſterdam par Iean Oort,au liure A, f.14.& en ce——————————————l.2260. 3.4. à 1. l. 14103. 9.
Prouiſion à ⅟₇ pour ⁰⁄₀————————————————————l. 7.10.8.
En Paſques 1625.pour pluſieurs frais,& deſpens par luy faiéts à la reception & vente
de 3.bales ſoyes ouuertées,au liure A, f.26.& en ce————————l. 40.14.— à 15. l. 244. 4.
Pour l'eſcompte de l.212.3.6.monnoye de gros cy-contre à 8.pour ⁰⁄₀,——————l. 15.14.5.
▽325.0.10.que à gros 115.pour ▽ ,nous a remis,par ſa lettre,ſur Picquet, & Straſle,
debiteurs en ce,——— ———— ————— ———l. 155.15.3. à 14. l. 975. 2. 6
Pour ſoude en debit à profits & pertes,— — ——— ——l.—————— à 8. l. 53. 14. 6

l.2479.17.6. ——— l. 15376. 10.

AVOIR au liure A, f.17.& en ce ,——— à 1. l. 13493. 1. 9

AVOIR ▽604.19.8.d'or ſol,par lettre de Plaiſance de Hieroſme Turcon,pour compte de Laurens Fiorauanty de Bologne,au liure A, f.18.& en ce, ——— à 1. l. 1814. 19.
▽1971.16.9.d'or ſol,par lettre de Noué,d'Oétauio, & Marc-Antoine Lumaga , ——— à 4. l. 8918. 10. 3
▽1283. 5.9.d'or ſol,par lettre des noſtres de Milan,en ce ——— à 10. l. 3849. 17. 3
▽7108. 8.8.d'or ſol,par lettre d'Oétauio,& Marc-Antoine Lumaga de Noué , ——— à 4. l. 21325. 6.
l. 6000.——— par lettre de Paris,de Laurens Vanelly à nous tirée par Herue,& Sauarry , — à 7. l. 6000.
▽2856. 3.8. que à 💰121.¼ nous ont fait lettre pour Milan ſur Roger Stampe , payable au 28.
Mars aux noſtres, en ce ——— à 10. l. 8568. 11.
▽1660.17.3.d'or de marc,que à 115.pour ⁰⁄₀,nous ont fait lettre pour Noué,ſur Oétauio,& Marc-
Antoine Lumaga,payable en Foire de Paſques prochaine à Alexandre Taſca , où à ſon ordre, en ce— à 6. l. 9180.
▽840.6.8. d'or d'Eſtampe , que à 84.¼ pour ⁰⁄₀ nous ont fait lettre pour Rome ſur Iean Baptiſte
Gaſquetty,& Louys Altonity,payable au 15.Auril prochain,à Thomas,& Fortune Baucilly, debiteur
en ce, ——— ——— ——— ——— ——— à 13. l. 3000.

l. 62657. 3. 6

DENIS BERTHON, ET OLIVIER GASPARD de Lyon, doiuent du 7. Mars pour Vanelle, pour Nauergnon, pour Blauf, pour Iean Pontier, crediteur en ce,	à 2.	l.	8000.	
10. Mars pour Tyffy, pour Hierosme de Cotton, pour Antoine Duchamp, pour Noël Costar, pour Marin Dossaris, crediteur en ce,	à 12.	l.	21000.	
11. Dudict pour Antoine, & Hugues Blauf, pour Iean Iuge, pour Ferrux, pour Horace Cardon,	à 11.	l.	11000.	
		l.	40000.	

IEAN IACQVES MANIS de Lyon, doit du 12. Mars pour Bonuisy, pour Cesar Osio, crediteur en ce,	à 9.	l.	1697.	19.
30. Mars à luy comptant par Caisse,	à 3.	l.	100.	15.
En Toussaincts 1625. l'escompte à 7. $\frac{1}{2}$ — l. 8480. — L'escompte — à 12. $\frac{1}{2}$ — l. 10774.10. — } Au liure A, f. 31. & en ce,	à 20.	l.	19254.	10.
		l.	21053.	5.

ALEXANDRE TASCA de Venise, doit ▽ 1000. — que à ducats 127. $\frac{1}{3}$ pour % luy auons remis pour le 3. Auril sur Bernadin Beucio, par lettre de Picquet, & Strasse, crediteurs en ce, — ducats 1273. 8. —	à 2.	l.	3000.	
▽ 2000. — que à d. 126. pour %, nous a tiré à payer à Bonuisy, crediteur en ce, — d. 2520. —	à 11.	l.	6000.	
▽ 346.10.6. que à d. 126. pour %, nous a tiré par sa lettre payable à Seue, crediteur — d. 436.15. —	à 9.	l.	1039.	11.
4229.23.				
Benefice sur les traictes & remises cy-dessus, en credit à profits — d. —	à 8.	l.	535.	6.
▽ 2660.17.3. d'or de marc, que à 115. pour %, luy auons remis pour son compte à Noué, en Foire de Pasques prochaine sur Lumaga, par lettre de Lumaga, & Mascranny,	à 5.	l.	9180.	
Pour nostre prouision à $\frac{1}{3}$ pour % de ladicte remise,	à 8.	l.	30.	
▽ 1140.10.7. qu'il nous a tiré par sa lettre payable à André, & Philippe Guetten,	à 8.	l.	3421.	11.
Pour nostre prouision de ladicte traicte à $\frac{1}{3}$ pour %,	à 8.	l.	11.	8.
23217.18.3.				
En Pasques 1625. ▽ 5686.15.10. d'or sol, que à 124. pour % luy auons remis pour le 15. Iuillet prochain, sur Paulo Deltorgio, par lettre de Picquet, & Strasse, — ducats 7051.15. —	à 14.	l.	17060.	7.
Profits sur ladicte remise d'autant que lesdicts d. 7051.15. cy-contre ont esté calculez à ₰ 50. tournois l'vn,	à 8.	l.	397.	7.
		l.	40675.	13.

AVGVSTIN SEXTY de Lucques, doit ▽ 831.19.2. d'or de marc, que à 131. pour % il a tiré de nostre ordre à Plaisance, en Foire de la Purification, sur Hierosme Turcon, crediteur en ce, — ▽ 1089.17.5. —	à 9.	l.	3091.	11.

LAVRENS FIORAVANTY de Bologne, doit ▽ 532.5. — d'or de marc, que à 119. pour %, luy auons remis de son ordre à Plaisance, en Foire de S. Marc prochaine, sur Hierosme Turcon, crediteur en ce,	à 9.	l.	1900.	2.

VESPASIAN BOLOSON de Lyon, doit pour le $\frac{1}{3}$ de l'achapt, & despens des marchandises enuoyées à Constantinople, au liure A, f. 20. cy	à 1.	l.	1024.	2.
Par lettre de Paris de Nicolas Herue, & Sauarry, crediteurs en ce	à 7.	l.	5000.	
En Pasques 1625. l. 25000. — qu'il a promis fournir pour son $\frac{1}{3}$ de l'achapt des Doppions en Compagnie de Seue, & nous en ce,	à 16.	l.	25000.	
Pour $\frac{1}{3}$ de tous les frais faicts sur l'achapt, & vente des Doppions en participation, en ce	à 15.	l.	804.	1.
		l.	31828.	4.

AVOIR au liure A, f.27.& en ce, — — — — — — —	à 1.	l.	40000.	—	—
AVOIR au liure A, f.20. pour marchandises en Compagnie de Boloson, — — —	à 1.	l.	1798.	15.	—
En Toussaincts 1625.pour l'escompte de l.8480.- cy-contre à 107.$\frac{1}{2}$ pour $\frac{0}{0}$,en ce, l. 591.12.6. } Pour l'escompte de l.10774.10.– cy-contre à 112.$\frac{1}{2}$ pour $\frac{0}{0}$ — — — l.1197. 3.4. }	à 8.	l.	1788.	15.	10
7.Decembre 1625.pour Picquet,& Strasse,pour Gabriel Alamel,debiteur en ce, — — —	à 2.	l.	17465.	14.	2
	—	l.	21053.	5.	—
AVOIR au liure A, f.21.& en ce,— — — — — —d.4229.23.–	à 1.	l.	10574.	18.	—
▽ 800.— qu'il nous a remis par lettre d'Vlisse Gateschy,sur Galiley,& Barelly, debiteurs —	à 11.	l.	2400.	—	—
▽ 286.4.9.nous a remis par lettre d'Odescalcho,& Cernesio, sur Franchotty,& Burlamaquy, —	à 5.	l.	858.	14.	3
▽ 2000.— qu'il nous a remis par lettre de Retano,& Vanaxello,sur Picquet, & Strasse, — —	à 2.	l.	6000.	—	—
▽ 1128.2.que à d.125.$\frac{2}{3}$ pour $\frac{0}{0}$ luy auons tiré par nostre lettre à payer à Cicery, & Dada de Venise, pour compte des nostres de Milan,en ce,— — — — — — —	à 10.	l.	3384.	6.	—
23217.18.3.					
En Pasques 1625.Au liure A, f.21.& en ce,— — — — —d. 7051.15.–	à 15.	l.	17457.	15.	1
	—	l.	40675.	13.	4
AVOIR au liure A,f.23.pour le prix,& frais d'vne Caisse satins de Lucques montant ▽ 1089.17.5.	à 1.	l.	3091.	11.	6
AVOIR au liure A, f.18.& en ce,— — — — — — —	à 1.	l.	1900.	2.	8
AVOIR ▽ 1575.2.7. d'or sol par lettre des nostres de Milan, en ce, — — —	à 10.	l.	4725.	7.	9
11.Mars 1625.pour Picquet,& Strasse,debiteurs en ce,— — — — — —	à 2.	l.	1298.	14.	9
En Pasques 1625.luy faisons bon pour $\frac{1}{2}$ de 265.piastres que monte la remise faicte par Scaich en Alep à compte des marchandises en Compagnie auec luy,au liure A, f.20.— — —	à 15.	l.	206.	2.	2
Pour $\frac{1}{2}$ de la vente au comptant rabatu le $\frac{1}{2}$ des frais des Camelots en Compagnie auec luy, audict liure A, f.21. & en ce, — — — — — — —	à 15.	l.	222.	8.	3
Qu'il a fourny pour port,dace,doüanne, & courratage de 7.bales Doppion de Milan, en Compagnie auec luy,au liure A, f.23.& en ce, — — — — — — —	à 15.	l.	595.	10.	1
8.Iuin pour Iacques Depures,debiteur en ce, — — — — — —	à 4.	l.	14952.	9.	—
Dudict pour Bonuisy,pour Picquet,& Strasse,debiteurs en ce, — — — —	à 14.	l.	7859.	19.	9
20.Dudict receu de luy comptant par Caisse, — — — — — — —	à 3.	l.	1967.	12.	5
	—	l.	31828.	4.	2

VERDIER, PICQVET, ET DECOQVIEL de Lyon, doiuent du 7. Mars
pour Salicoftre, pour Ioué, pour Marin Doffaris, crediteur en ce,———— — — — à 12.| l. | 16000.
13.Mars pour Bonuify, pour Cefar Otio, pour Bolofon, pour Gabriel Alamel, crediteur en ce,—— à 2.| l. | 7729. | 19.
Pafques 1625.pour v 4949.7.1.que à gros 118.pour v, valent l.2433.8.7.leur auons fait lettre pour
Anuers, payable à Vfance à Iean Baptifte Decoquiel, par Oort d'Amfterdam, crediteur au liure A,
f.14.& en ce,——————————————————————— à 15.| l. | 14848. | 1.
Pour marchandifes au liure A, f.22. deuës en Pafques 1627.————— — — —— à 15.| l. | 18278.
Aouft 1625. Au liure A, f. 22. deub en Roys 1628. —— —— —— —— à 18.| l. | 4735. | 5.

————— l. | 61591. | 5.

CLAVDE CATILLON, compte de voyages doit du 28.Mars à luy comptant pour al-
ler à l'achapt en Dauphiné,& Languedoc,par Caiffe,——————————— à 1.| l. | 1000.
Luy auons remis par noftre lettre fur Geraud Viguier de Limoux, pour valeur comptée icy à fon
homme par Caiffe,——————————————————————— à 3.| l. | 500.
Et l.500.- payez fuiuant fa lettre de change à Nicolas Bocquet,d'ordre de Gafca, & Deldon, par
Caiffe,———————————————————————————— à 3.| l. | 500.
Nous affigne par cedulles,ou lettres de change qu'il a faictes en noftre nom à payer en diuers ter-
mes à diuerfes perfonnes,au liure A, f.28.cy—————————————— à 1.| l. | 2104. | 7.
4104.7.3.
12.Iuin 1625.l.500.-à luy comptant pour faire achapt de marchandifes au voyage de France, & Poi-
ctou, que luy faifons faire,——————————————————— à 3.| l. | 500.
Et l.1000.par lettre de Lumaga, & Mafcranny à luy donnée pour receuoir à Paris des leurs,en ce, à 3.| l. | 1000.
Et l.200.- qu'il a receu à Roüan de Iacques Boule,dont il a fait lettre fur nous payable à Philippe
& Luc Seue,crediteurs en ce,————————————————————— à 9.| l. | 200.
Nous affigne à payer par ces cedulles ou lettres de change en diuers termes à diuerfes perfonnes
creditrices,au liure A, f.28.& en ce,—————————————————— à 15.| l. | 6590. | 6.
8290.6.6.
20.Iuillet 1625.à luy comptant en 1000. doublons d'Efpagne effectifs à l.7.7. piece, pour aller faire
achapt de marchandifes en Foire de la Magdelaine à Beaucaire,————————— à 3.| l. | 7350.
Qu'il nous affigne à payer en Aouft 1625.à Iean,& Pierre Dulac,crediteurs en ce,—— à 19.| l. | 2987. | 16.
10337.16.—

————— l. | 22732. | 9.

NICOLAS HERVE, ET GVILLAVME SAVARRY de Paris, doiuent
qu'ils nous ont tiré en fes payemens,
l. 6470. Nous ont tiré par leur lettre payable à Thomas Ricquety, & par tranfport à Franchotty,
& Burlamaquy,crediteurs en ce,——————————————————— à 5.| l. | 6470.
l.3000.— par autre lettre payable à Iean Ferret,& par procure à Verdier,Picquet,& Decoquiel, —— à 5.| l. | 3000.
l.6000.— par autre de Laurens Vanelly,payable à Lumaga, & Mafcranny,————— à 5.| l. | 6000.
l.4500.— par autre de Delubert,& Poquelin,payable à Guetton,crediteur en ce,——— à 8.| l. | 4500.
l.8000.— par autre lettre de Camus,payable à Antoine Carcauy, crediteur en ce,——— à 7.| l. | 8000.
27970.—
Pour noftre prouifion à ¼ pour ⅞ defdictes l.27970.- cy-deffus, qu'ils nous ont tiré en fes paye-
mens,& remis les parties cy-contre defquelles auons procuré acceptation,& payement,—— à 8.| l. | 139. | 17.
Leur auons remis en foude de compte au 12.Auril 1625.fur Tabouret,& Deculan,——— à 9.| l. | 350. | 15.

————— l. | 28460. | 12.

ANTOINE CARCAVY de Lyon, doit du 11.Mars pour Bonuify, pour Iean Iuge, pour
Doulcet,& Yon,crediteurs en ce,————————————————————— à 12.| l. | 14000.
En Pafques 1625.par lettre de Paris de Iean des Lauiers,crediteur en ce,————— à 17.| l. | 4094. | 19.
En Touff. 1625.par lettre de Paris dudict Iean des Lauiers,crediteur en ce,———— à 17.| l. | 9529. | 7.
Autre lettre de Herue,& Sauarry,crediteur en ce,————————————— à 17.| l. | 5061. | 6.

————— l. | 32485. | 15.

A V O I R par lettre de Gerard Pillet d'Arles,au liure A , f.31. ——————	à 1.	l. 6107.	10.	
▽ 874.3.- d'or fol,par lettre des noftres de Milan,en ce, ——————	à 10.	l. 2622.	9.	6
Par lettre de Herue,& Sauarry,payable à Iean Ferret,& à eux par procure, ——	à 7.	l. 3000.		
Par lettre de Marfeille de Benoiſt Robert,debiteur en ce,————	à 12.	l. 12000.		
Pafques 1625.pour l'efcompte de l.18178.- cy-contre à 20.pour ⁰⁄₀, en ce ——	à 8.	l. 3046.	6.	8
7.Iuin pour Horace Cardon , debiteur en ce , ————	à 11.	l. 30079.	15.	1
Aouft 1625.pour l'efcompte de l.4735.5.cy-contre à 125.pour ⁰⁄₀,en ce , ——	à 8.	l. 947.	1.	
10.Septembre pour Philippe,& Luc Seue,debiteurs en ce,————	à 17.	l. 3555.	17.	9
4.Octobre receu d'eux comptant par Caiſſe , ————	à 3.	l. 232.	5.	10
	———	l. 61591.	5.	10

A V O I R l.4088.13.- à quoy montent l'achapt, & defpens de diuerfes marchandifes par luy fait en Danphiné,& Languedoc dont l.1984.5.ont efté payez comptant , & l.2104.7.3.à payer en diuers termes , au liure A, f.29. ——————	à 1.	l. 4088.	13.	——
30.Auril 1625.receu de luy comptant à fon retour dudict voyage par Caiſſe, ——	à 3.	l. 15.	14.	3
4.Iuillet l.8258.19.3.à quoy montent autre achapt,& defpens de diuerfes marchandifes par luy fait en France,& Poictou dont l.1668.12.9.ont efté payez comptant , & l.6590. 6. 6. à payer en diuers termes , au liure A,f.30.cy ——————	à 15.	l. 8258.	19.	3
Refte reliquataire pour foude dudict achapt,porté debiteur à compte propre en ce, ——	à 17.	l. 31.	7.	3
Et l.10316.17.6.pour diuerfes marchandifes par luy acheptées en Foire de la Magdelaine à Beaucaire montant auec les frais au liure A,f.11.& en ce,——————	à 15.	l. 10316.	17.	6
6.Aouft 1625.receu de luy comptant,pour foude de fondict voyage,————	à 3.	l. 20.	18.	6
	———	l. 22732.	9.	9

A V O I R qu'il nous ont remis en fes payemens,				
Par lettre de Iean Camus,fur Galiley,& Barelly, debiteurs en ce , ——————	à 11.	l. 5600.		
Autre lettre de François Sauarry,fur Euftache Rouiere,debiteur en ce,————	à 4.	l. 7000.		
Nous ont remis par leur lettre fur Picquet,& Straffé,debiteurs en ce,————	à 2.	l. 4360.	12.	
Par autre lettre fur Philippe,& Luc Seue,debiteurs en ce,————	à 9.	l. 6500.		
Autre lettre fur Vefpafian Bolofon,debiteur en ce,————	à 6.	l. 5000.	——	
	———	l. 28460.	12.	——

A V O I R par lettre de Paris de François Camus,à nous tirée par Herue, & Sauarry, ——	à 7.	l. 8000.		
Par lettre de Tabouret , & Deculan, payable à André Pinchenoty , & par luy tranfportée à Antoine Rufca,qui en a paffé procuration audict Carcauy,en ce , ——————	à 9.	l. 6000.		
11.Iuin 1625.pour Horace Cardon,debiteur en ce,——————	à 11.	l. 4094.	19.	2
9.Decembre 1625.pour Philippe,& Luc Seue,pour Iean Seue,debiteur en ce, ——	à 5.	l. 14390.	15.	11
	———	l. 32485.	15.	1

P

	à	l.	
PROFITS, ET PERTES, doiuent pour Gabriel Alamel, crediteur en ce,	à 2.	l.	600.
Pour Octauie,& Marc-Antoine Lumaga de Noué, crediteur en ce,	à 4.	l.	33. 9.
Pour Iean Seue Sʳ de S.André, crediteur en ce,	à 5.	l.	875.
Pour Hierofme Turcon de Plaifance,	à 9.	l.	28. 5.
Pour Cefar,& Iulien Granon, crediteurs en ce,	à 11.	l.	4047. 14.
Pour Horace Cardon, crediteur en ce,	à 11.	l.	900.
Pour Marin Doffaris, crediteur en ce	à 11.	l.	875.
Pour Doulcet, & Yon,	à 12.	l.	666. 13.
Pour Gabriel Alamel,	à 2.	l.	1012.
Pour Iean Seue Sʳ de S.André,	à 5.	l.	763. 2.
Pour Doulcet, & Yon,	à 12.	l.	610.
Pour Gilles Hannecard,	à 5.	l.	53. 14.
Pour Verdier, Picquet,& Decoquiel,	à 7.	l.	3046. 6.
Pour Bernardin Cappony,	à 15.	l.	68. 10.
Pour Taranget, & Roufier,	à 16.	l.	934. 11.
Pour Eftienne Glotton,	à 17.	l.	323. 8.
Pour Iean des Lauiers,	à 17.	l.	379. 13.
Pour Herue, & Sauarry,	à 17.	l.	321. 9.
Pour Fabio Dafpichio,	à 14.	l.	46. 6.
Pour Verdier, Picquet,& Decoquiel,	à 7.	l.	947. 1.
Pour Philippe,& Luc Seue,	à 17.	l.	2802. 9.
Pour Vefpafian Bolofon,	à 17.	l.	1558. 13.
Pour Hierofme Lantillon,	à 18.	l.	298. 5.
Pour Iean de la Forefts,	à 19.	l.	1187. 10.
Pour Eftienne Chally,	à 19.	l.	575. 8.
Pour Fleury Gros,	à 19.	l.	1172. 12.
Pour François Vertheina,	à 19.	l.	323. 8.
Pour Gabriel Alamel,	à 2.	l.	832. 4.
Pour Iean Seue Sʳ de S.André,	à 5.	l.	860. 11.
Pour Doulcet,& Yon, crediteurs en ce,	à 12.	l.	687. 19.
Pour Iean Iacques Manis, crediteur en ce,	à 6.	l.	1788. 15.
Pour Cefar,& Iulien Granon,	à 11.	l.	3515. 14.
Pour Decoquiel d'Anuers,	à 12.	l.	446. 19.
Pour Lumaga,& Maferanny, pour compte de Charles Hauard,	à 15.	l.	1027. 2.
Pour Eftienne Glotton,	à 17.	l.	202.
Pour Iean des Lauiers,	à 17.	l.	699. 14.
Pour Picquet,& Straffe, pour compte de Robert Gehenaud,	à 18.	l.	557. 2.
Pour Gabriel Alamel,	à 2.	l.	248. 17.
Pour Iean Seue Sʳ de S.André,	à 5.	l.	500.
Pour Gabriel Alamel,	à 2.	l.	255. 17.
Pour Iean Seue Sʳ de S.André,	à 5.	l.	329. 17.
Pour foude des defpences generales de l'année 1625.	à 10.	l.	17164. 16.
Pour Lumaga,& Maferanny,	à 15.	l.	45. 7.
Pour Herue,& Sauarry,	à 17.	l.	379. 12.
		l.	55739. 16.

	à	l.	
ANDRE', ET PHILIPPE GVETTON, doiuent du 18. Mars pour Theuenet, pour Mafuyer,& Violette, pour Millotet, pour Cabaud, pour Geoffroy Defchamps, crediteur en ce,	à 2.	l.	782. 10.
11.Dudict pour Galiley,& Barelly, pour Tachereau, Boileau,& Seruonnet, pour Doffaris,	à 12.	l.	5625. 14.
12308.4.11.			
En Pafques 1625.✇ 6795.- d'or fol par lettre de Seuille de François Catran, valeur de Pierre Sauffet, au liure A, f.33. & en ce,	à 15.	l.	20385.
Par lettre de Delubert,& Poquelin, valeur de Taranget,& Roufier, en ce,	à 16.	l.	3000.
Leur auons remis par noftre lettre au 20. du prochain à ⅓ pour ⅔ de leur benefice fur Taranget,& Roufier, crediteurs en ce,	à 16.	l.	1000.
En Touffainéts 1625. du 7.Decembre pour Galiley,& Barelly, pour Franchotty,& Burlamaquy, pour du Soleil,	à 16.	l.	5476. 12.
20.Decembre à eux comptant par Caille, creditrice en ce,	à 5.	l.	1723. 1.
		l.	43892. 18.

		à	l.		
A V O I R pour Gilles Hannecard, debiteur en ce,		à 5.	l.	28.	1. 6
Pour Hierofine Turcon, debiteur en ce,		à 9.	l.	24.	9
Pour Iean Pontier,		à 2.	l.	652.	10.
Pour Alexandre Tafca,		à 6.	l.	555.	6. 6
Pour ledict Tafca,		à 6.	l.	30.	
Pour Herue, & Sauarry,		à 7.	l.	139.	17.
Pour Iean Baptifte Decoquiel d'Anuers,		à 12.	l.	1274.	9
Pour Alexandre Tafca,		à 6.	l.	11.	8. 6
Pour Michel Sonneman de Francfort,		à 13.	l.	176.	8. 9
Pour Alexandre Tafca,		à 6.	l.	397.	7. 7
Pour Cicery , & Cernefio ,		à 11.	l.	135.	5. 6
Pour Beregany, debiteur en ce,		à 12.	l.	262.	2. 5
Pour Hierofine Turcon, debiteur en ce,		à 13.	l.	399.	9. 9
Pour Cicery, & Cernefio, debiteur en ce,		à 11.	l.	174.	10. 10
Pour Bernardin Benfio de Venife, debiteur en ce ,		à 13.	l.	17.	15.
Pour Beregany, debiteur en ce,		à 12.	l.	19.	15. 6
Pour Taranget , & Roufier, debiteurs en ce,		à 16.	l.	4.	19. 2
Pour Philippe, & Luc Seue, debiteurs en ce		à 17.	l.	2459.	1. 6
Pour Beregany, debiteur en ce,		à 12.	l.	10.	5. 11
Pour Vespafian Bolofon, debiteur en ce,		à 17.	l.	2759.	3. 6
Pour Fabio d'Afpichio, debiteur en ce,		à 14.	l.	19.	2.
Pour Picquet, & Straffe, debiteurs en ce ,		à 18.	l.	25.	
Pour Beregany, debiteur en ce,		à 12.	l.	7.	8. 9
Pour Picquet, & Straffe, debiteurs en ce ,		à 18.	l.	50.	
Pour Beregany, debiteur en ce,		à 12.	l.	711.	12. 1
Pour Lumaga de Noué, debiteurs en ce,		à 19.	l.	708.	6.
Pour foude du prefent compte que portons en debit au liure A, f.39. & en ce		à 20.	l.	42709.	15. 9
			l.	53739.	15.

		à	l.		
A V O I R par lettre de Paris de Delubert, & Poquelin, à nous tirée par Herue & Sauarry ,		à 7.	l.	4500.	
▽ 1140.10.7.d'or fol, par lettre de Venife d'Alexandre Tafca, debiteur en ce,		à 5.	l.	3421.	11. 9
Nous ont fait lettre pour Paris fur Robert Gehenaud, payable au 15. Auril 1625. à Tabouret , & Deculan, debiteurs en ce,		à 9.	l.	1350.	15.
▽ 1011.19.4.d'or fol, que à 94.⅔ pour ⅔, valent ▽ 955.5.10. d'or que nous ont fait lettre pour Florence, pour le 12. Auril fur Iean François Diny, payable à Bernardin Cappony, debiteur en ce		à 13.	l.	5035.	18. 2
9.Iuin pour Picquet, & Straffe, pour Seue, pour Doffaris, debiteur en ce,		à 12.	l.	24585.	
En Touffainds 1625. ▽ 2399.18.- que à d.122.⅔ pour ⅔ nous ont fait lettre pour Venife, fur les heritiers Bernardin Benfio, payable à Beregany ou à fon ordre, en ce,		à 12.	l.	7199.	14.
			l.	43892.	18. 11

P 2

FRANCOIS TABOVRET, ET FRANCOIS DECVLAN de Paris, doiuent qu'ils nous ont tiré par leur lettre fur André Pinchenotty , & par luy tranfportée à Antoine Rufca,qui en a paffé procuration à Antoine Carcauy,pour la receuoir en ce,	à 7.	l.	6000.	
30.Mars pour eux comptant à Pinedon en vertu de leur lettre de change,	à 3.	l.	3000.	
Leur auons remis au 15.du prochain fur Robert Gehenaud,par lettre de Guetron, en ce	à 8.	l.	1350.	15.
		l.	10350.	15.
CLAVDE LAVRE, doit ▽ 503.16.2.par lettre de Cefar,& Fabritio Laure,valeur des noftres de Milan,en ce,	à 10.	l.	911.	8.
En Touffainéts 1625. ▽ 9000.- par lettre defdiéts Cefar , & Fabritio Laure, valeur des noftres de Milan ,	à 10.	l.	9000.	
		l.	9911.	8.
CESAR OSIO de Lyon, doit ▽ 565.19.11.par lettre de Barthelemy , & Françoís Arbona, valeur des noftres de Milan,en ce,	à 10.	l.	1697.	19.
En Touff.1625.▽ 1000.- par lettre defdiéts Arbona,valeur des noftres de Milan,en ce,	à 10.	l.	3000.	
En Roys 1626.▽ 5000.- d'or fol,que à ✪ 120.pour ▽, luy auons fait lettre pour Milan , fur Pietro Paulo Bafcape,payable au 15.Auril 1626.à François Arbona,crediteur au liure A,f.38.& en ce,	à 20.	l.	15000.	
		l.	19697.	19.
DOMINIQVE, HVGVES, ET OCTAVIO MAY, doiuent ▽ 2254.8.2. par lettre de Hierofme Turcon,crediteur en ce,	à 9.	l.	6763.	4.
HIEROSME TVRCON de Plaifance, doit ▽ 2254.8.2. pour vne lettre de change qu'il nous auoit remis fur Dominique,Oétauio,& Hugues May,laquelle a efté proteftée,& à luy rennoyée auec le proteft en ce,	à 9.	l.	6763.	4.
Pour noftre prouifion à ⅛ pour ⅛ l.22.10.9.& pour l'expedition du proteft ✪ 30. tout	à 8.	l.	24.	
▽ 1030.10.6.d'or fol,que à 81.pour ⅛ nous a tiré à payer à Picquet,& Straffe, ▽ 834.14. 7.	à 2.	l.	3091.	11.
▽ 1035.13.4.d'or de marc , que à 120.pour ⅛ luy auons remis en Foire de S. Marc prochaine fur Oétauio Serquo,&Bernardin Cinquerie,par lettre de Galiley,& Barelly,▽ 1035.13. 4.	à 11.	l.	3728.	8.
▽ 1870. 7.11.		l.	13607.	4.
PHILIPPE, ET LVC SEVE de Lyon , doiuent par lettre de Nicolas Herue , & Guillaume Sauarry de Paris, crediteurs en ce	à 7.	l.	6500.	
Par lettre de Cefar,& Iulien Granon de Tours,crediteurs en ce,	à 11.	l.	17989.	16.
En Pafques 1625. l.25000. - qu'ils doiuent fournir pour leur part de l'achapt des Doppions en Compagnie auec eux en ce,	à 16.	l.	25000.	
Pour ⅛ de tous les frais faiéts fur l'achapt,& vente des Doppions en Compagnie auec eux , au liure A, f.23.& en ce,	à 15.	l.	804.	1.
25.Iuin à eux comptant par Caiffe, crediterice en ce ,	à 3.	l.	200.	
		l.	50493.	17.

AVOIR qu'ils ont payé à Iean Bertrand, par lettre de Robin, & Ferrary de Roüan, debiteurs	à 5.	l.	10000.	—	—
Leur auons tiré par nostre lettre, pour le 12. d'Auril à payer à Herue, & Sauarry, pour valeur receuë desdicts en ce,	à 7.	l.	350.	15.	—
	—	l.	10350.	15.	—
AVOIR du 28. Mars receu de luy comptant par Caisse,	à 3.	l.	911.	8.	6
10. Decembre pour Ioué, pour Galiley, & Barelly, pour Bonuisy, pour Doulcet, & Yon, debiteurs en ce,	à 12.	l.	9000.	—	—
	—	l.	9911.	8.	6
AVOIR du 12. Mars pour Bonuisy, pour Iean-Iacques Manis, debiteur en ce	à 6.	l.	1697.	19.	9
25. Decembre receu de luy comptant par Caisse, debitrice en ce,	à 3.	l.	3000.	—	—
3. Feurier 1626. receu de luy comptant, par Caisse debitrice, en ce,	à 3.	l.	15000.	—	—
	—	l.	19697.	19.	9
AVOIR ▽ 2254. 8.2. par la lettre de change cy-contre, qu'ils n'ont voulu payer, laquelle a esté renuoyée auec le protest audict Turcon, debiteur en ce,	à 9.	l.	6763.	4.	6
AVOIR qu'il nous a remis par sa lettre sur Dominique, Hugues, & Octauio May, debiteurs,	à 9.	l.	6763.	4.	6
▽ 6.13.7. d'or de marc, pour l. 24.0.9. cy-contre que à 120. pour $\frac{o}{o}$ luy auons tiré par nostre lettre en Foire de S. Marc à payer aux nostres de Milan, ou a leur ordre en ce,	à 10.	l.	24.	0.	9
▽ 831.19.2. d'or de marc, que à 131. pour $\frac{o}{o}$, leur ont esté tirez pour nostre compte de Lucques, par Augustin Sexty, debiteur en ce, ▽ 831.19. 2.	à 6.	l.	3091.	11.	6
Pour sa prouision à $\frac{1}{3}$ pour $\frac{o}{o}$ ▽ 2.15. 5.					
834.14.7.					
▽ 532.5.- d'or de marc, que à 119. pour $\frac{o}{o}$, luy auons tiré par nostre lettre en Foire de S. Marc prochaine, payable à Fiorauanty de Bologne, ou à qui par luy sera ordonné en ce, ▽ 532. 5.—	à 6.	l.	1900.	2.	8
Pour sa prouision à $\frac{1}{3}$ pour $\frac{o}{o}$ ▽ 1.15.—					
▽ 500.- d'or de marc, que à 120. pour $\frac{o}{o}$, luy auons tiré pour ledict temps à payer aux nostres de Milan, ou a qui par eux sera ordonné ▽ 500.— —	à 10.	l.	1800.	—	—
Pour sa prouision à $\frac{1}{3}$ pour $\frac{o}{o}$, ▽ 1.13. 4.					
1035.13.4.					
Perte de remise, ▽	à 8.	l.	28.	5.	4
▽ 1870. 7.11.	—	l.	13607.	4.	9
AVOIR ▽ 346.10.6. par lettre de Venise d'Alexandre Tasca, debiteur en ce,	à 6.	l.	1039.	11.	6
▽ 1366.13.4. que à d.124. pour $\frac{o}{o}$ valent d.1694.3.6. qu'ils nous ont fait lettre pour Naples, pour le dernier Auril prochain, sur Octauio Lomiliny, payable à François, & Barthelemy Scarlatiny, debiteurs en ce,	à 13.	l.	4100.	—	—
6. Mars pour Vidaud Laisné, pour Franchotty, & Burlamaquy, debiteurs en ce,	à 5.	l.	11000.	—	—
12. Dudict pour Ioué, pour Salmatory, & Pradel, pour Becarie, pour Vidaud Laisné, pour Lumaga, & Masceranny, debiteurs en ce,	à 5.	l.	4000.	—	—
15. Dudict pour René Bais, pour Hierosme payelle, pour Berthaud, debiteur en ce,	à 4.	l.	1057.	6.	8
29. Dudict receu deux comptant, pour soude,	à 3.	l.	2292.	17.	10
24489.16.—					
Pasques 1625. qu'ils ont payé pour port, dace, doüanne, & courratage de 9. bales Doppion en Compagnie auec eux, au liure A, f. 23. & en ce,	à 15.	l.	607.	15.	1
8. Iuin pour Guenisy, & Massey, pour Dossaris, debiteur en ce,	à 12.	l.	25196.	6.	7
Par lettre de Claude Catillon, debiteur en ce,	à 7.	l.	200.	—	—
	—	l.	50493.	17.	8

NEGOCE DE MILAN, doit qu'il nous a tiré dudict Milan en ces payement,

▽ 874.3.— qu'il nous a tiré à ₰ 119.6.pour ▽,en Verdier,Picquet,& Decoquiel,———l.	5223. 1. 6.	à 7.	l.	2622.	9
▽ 1283.5.9.à ₰ 119.pour ▽,nous a tiré à payer à Lumaga,& Mascranny,———l.	7635.11.	à 5.	l.	3849.	17
▽ 1175.2.7.à ₰ 119.pour ▽,nous a tiré en Bolofon, crediteur en ce , ———l.	9372.——	à 6.	l.	4725.	7
▽ 3552.8.3.à ₰ 119.⅟ pour ▽,nous a tiré en Picquet , & Strasse,———l.	21225.13.	à 2.	l.	10657.	4
▽ 2333.—d'or de marc à 114.pour ⅟ leur auons remis à Noué en Foire de Pasques prochaine fur Emilio Omodeo , par lettre de Galiley , & Barelly , changez pour Milan à ₰ 146.pour ▽ , font ———l.	16974. 2. 9.	à 11.	l.	8631.	6
▽ 1000.—que à ₰ 120.pour ▽,nous a tiré en Bonnify,crediteur en ce, ———l.	6000.——	à 11.	l.	3000.	
Pour 2000. doublons d'Espagne à l.7.7. l'vn , & à l.15. — imperiaux enuoyez en 4. groups n° 1.à 4.consignez à Pons S.Pierre le 29.Mars 1625.en ce ———l.	30000.——	à 3.	l.	14700.	
▽ 1000.—que à ₰ 122.pour ▽,y auons remis fur Homodeo , payable au 3.Auril pro-chain,par lettre de Franchotty,& Burlamaquy,crediteurs en ce,———l.	12200.——	à 5.	l.	6000.	
▽ 2856.3.8. à ₰ 121.⅟ pour ▽ auons remis au 28.Mars 1625. fur Rouger Stampe, par lettre de Lumaga,& Mascranny,crediteurs en ce,———l.	17399. 3. 9.	à 5.	l.	8568.	11.
▽ 500.—d'or de marc,que à 120.pour ⅟ , luy auons remis à Plaifance , en Foire de S. Marc prochaine fur Hierofme Turcon,retournez pour Milan à ₰ 150.pour ▽,font l.	3750.——	à 9.	l.	1800.	
▽ 6.13.7. d'or de marc,que à 150.pour ▽ y ont esté remis de Plaifance en Foire dicte par ledict Turcon,crediteur en ce , ———l.	50. 1.10.	à 9.	l.	24.	
▽ 1128.1.- d'or fol,que à d.125.⅟ pour ⅟,font d.1417.⅟ luy auons remis par noftre lettre à Venife,pour le 15.Auril fur Alefandre Tafca , payable à Cicery,& Dada, pour les retourner à Milan à ₰ 148.pour ▽,font ———l.	6925. 2. 7.	à 6.	l.	3384.	6.
Pafques 1625.▽ 2000.- d'or de marc,que à ₰ 149.pour ▽ , luy ont esté remis de no-ftre ordre de Plaifance,pour le 15.Iuin par Hierofme Turcon,crediteur, ——— l.	14900.——	à 15.	l.	7500.	
▽ 5000.d'or de fol,que à ₰ 120.pour ▽,nous ont tiré par leur lettre payable à Picquet, & Strasse,crediteurs en ce , ———l.	30000.——	à 14.	l.	15000.	
▽ 4000.-d'or fol à ₰ 120.pour ▽,nous a tiré à payer à Lumaga,& Mascranny , ———l.	24000.——	à 15.	l.	11000.	
Aouft 1625.▽ 3552.8.3.que à 119.⅟ pour ▽,nous a tiré en Bolofon ,———l.	21225.13.	à 17.	l.	10657.	4.
Pour noftre tiers de l.63889. 18. que luy font demeurez de refte en l'achapt des Doppions en ce, ———l.	21296.12. 8.	à 16.	l.	10648.	6.
	l. 248177. 2. 1.	——	l. 123168.		14.

DESPENCES GENERALES, doiuent du 2.Auril pour voiture de 5. bales filage de Raconis par Caiffe ,

Raconis par Caiffe ,	à 3.	l.	89.	10.
3.Auril pour voiture de 2.bales foye Meffine par Caiffe,	à 3.	l.	31.	5.
—Dudict pour voiture d'vne bale filage,	à 3.	l.	19.	12.
10.Dudict pour voiture de 10.bales foye Meffine,	à 3.	l.	98.	16.
—Dudict pour voiture de 3.bales filages ,	à 3.	l.	60.	
13.Septembre pour diuers frais d'embalage payé à Iean Fournier embaleur,	à 3.	l.	37.	10.
15.Dudict aux receueurs de la doüanne,pour diuerfes marchandifes retirées de ladicte doüanne def-puis le 3.Mars 1625.fins à ce iourd'huy,	à 3.	l.	4152.	3.
3.Ianuier 1616. payé à Pons S.Pierre , pour plufieurs voitures de marchandifes par compte arrefté, fins à ce iourd'huy, en ce ,	à 5.	l.	477.	2.
3.Dudict à Schem pour autres voitures,& ce par compte arrefté auec luy ce iourd'huy,	à 5.	l.	516.	9.
—Dudict pour le loüage de la Maifon où nous faifons refidence,	à 5.	l.	1000.	
—Dudict pour plufieurs frais,& defpens faicts en vn an ainfi qu'appert au menu au liure de me-nuë defpence,en ce,	à 3.	l.	5711.	10.
Pour gages d'vn an de Claude Boyer,pour auoir tenu l'efcripture de cefte negociation,	à 3.	l.	1000.	
Pour plufieurs teintures, & apprefts de marchandifes ,	à 3.	l.	847.	9.
Faifons bon à Claude Catillon,demeurant à noftre feruice,pour fes gages d'vn an ,	à 17.	l.	300.	
Payé aux receueurs de la doüanne, pour diuerfes marchandifes retirées de ladicte doüanne , fins à ce iourd'huy,	à 3.	l.	1712.	
Payé à diuers,pour courratage de diuerfes marchandifes,en ce,	à 3.	l.	1110.	10.
		l. 17264.		16.

2616.

A V O I R qu'ils nous ont remis par lettre de Cefar , & Fabritio Lauro,
en v   303.16. 2.à ℔ 121.pour v , fur Claude Lauro, debiteur en ce,——— l. 1838.—9. à 9. l.   911.   8. 6
  v   565.19.11.à ℔ 120.÷ pour lettre de François Arbona,fur Ofio, —— ——l. 3403.1.— à 9. l. 1697. 19. 9
  v 25000.— que à ℔ 120.pour v, y auons donné ordre d'employer en Doppions en
debit à autre compte particulier,en ce,—— ——— ——— ——— ——l. 150000.—— à 16. l. 75000. ———

En Touffainats 1625.

892.Doublons d'Efpagne à l.15.l'vn,& à l.7.tournois ⎰ qu'ils ont enuoyé à Genes
1000. Doublons d'Italie à l. 14. 10. & à l.7.2.tournois ⎱ à Lumaga,—— ——l. 27880.—— à 19. l. 13656.   4.—
  v 2000.d'or fol,que à ℔ 120. pour v,nous ont remis par leur lettre fur Piequet , &
Straffe,debiteurs en ce , ——— ——— ——— ——— ——l. 12000.—— à 18. l.   6000. ———
  v 3000.—à ℔ 121.par lettre de Cefar,& Fabritio Laure,fur Claude Laure,— —l. 18150.—— à 9. l.   9000. ———
  v 1000.—à ℔ 120.— par lettre de François Arbona,fur Cefar Ofio , —— ——l.   6025.—— à 9. l.   3000. ———
  v 500.—à ℔ 120.— leur auons tiré par noftre lettre à payer au 28. Decembre à Iacques Saba,valeur de Euftache Rouiere,en ce, —— ——— ——l.   3000.—— à 4. l.   1500. ———
Portons debiteur lediét Negoce à compte general,au liure A, f.40.cy —— ——l. 25881.—4. à 20. l. 12403.   2. 7

                                                              l.148177.2.1. ——— l. 123168. 14. 10

A V O I R en debit à profits & pertes,en ce——— ——— —— à 8. l. 17264. 16. 10

GALILEY, ET BARELLY de Lyon, doiuent l. 5600. — par lettre de Iean Camus
de Paris,valeur de Nicolas Herue,& Sauarry,en ce, ——— ————— ——— à 7. l. 5600.
v 800.- par lettre de Venife d'Vlyffe Gatefchy, valeur d'Alexandre Tafca, ——— à 6. l. 2400. ———
10.Mars pour Blandin,pour Neyret,pour Goyet,Decoleur,& Debeauffe,pour Horace Cardon , à 11. l. 3759. 14.
3.Iuillet 1625.à eux comptant par Caiffe , ——— ——— à 3. l. 1195. 17.
En Roys 1626.v 3305.14.9.d'or fol,par lettre des noftres de Milan,au liure A,f.38.cy à 20. l. 9917. 4.
3.Auril 1626. à eux comptant par Caiffe, ——— ——— à 20. l. 3171. 17.

——— l. 26044. 15.

CESAR, ET IVLIEN GRANON de Tours,doiuent en Pafques 162-.Au liure A,
f.6. & en ce,——— à 1. l. 22037. 10.
En Touffainéts 1625.l'efcompte à 7.¼ pour ⁴⁄₇ de l. 1719.14.-⎫
Et l.22800.— l'efcompte à 17. ¼ pour ⁴⁄₇ ——— l.22800.——⎬Au liure A, f.6.cy ——— à 20. l. 24519. 14.

——— l. 46557. 4.

HORACE CARDON de Lyon,doit du 7.Iuin 1625.pour Verdier Picquet,& Decoquiel, à 7. l. 30079. 15.
11.Dudiét pour Neret,pour Bonuify,pour Alamel,crediteur en ce,——— à 2. l. 10031. 14.
———Dudiét pour Carcauy,crediteur en ce,——— à 7. l. 4094. 19.
12.Dudiét pour Bonuify,pour Garnier,pour Franchotty,& Burlamaquy,crediteurs en ce,——— à 5. l. 5000.
25.Dudiét pour Salmatory,& Pradel,pour Chabre , & Compagnie , pour Studer , & Salapery , pour
Ioachim , Laurens,& Dauid Salicoffre,crediteurs en ce, ——— à 15. l. 4785.
———Dudiét à luy comptant par Caiffe, creditrice en ce , ——— à 3. l. 8910. 11.

——— l. 60900. ———

IEAN ANTOINE, ET BENEDICTO BONVISY de Lyon , doiuent du
7.Mars 1625.pour Doulcet,& Yon,crediteurs en ce , ——— à 12. l. 9000. ———
En Pafques 1625.v 741.17.9.d'or fol par lettre de Florence de Bernardin Cappony,crediteur — à 13. l. 2228. 13.
En Roys— 1626.v 2627. 2.4.d'or fol par lettre de Milan,de Hierofme Riua,au liure A, f.38. à 20. l. 7881. 7.

——— l. 19110. ———

CLAVDE CICERY, ET FRANCOIS CERNESIO de Venife doiuent du
3.Mars 1625.pour voyture de Venife à Lyon,dace de Sufe,& doüanne dudiét Lyon,d'vne bale Camelots, à 3. l. 83. 6.
Port de Venife à Lyon,& dace de Sufe,& doüanne de Lyon,d'vne Caiffe tabis,——— à 3. l. 331.
Pour noftre prouifion de l. 5336. que monte la vente faicte de fes marchandifes à 2. pour ⁴⁄₇
l.106.14.4.Couftratage à ¼ pour ⁴⁄₇ l.17.15.8.tout——— à 8. l. 124. 10.
Change defdictes parties à 2.pour ⁴⁄₇ iufqu'en Pafques prochain,——— à 8. l. 10. 15.
Pafques 1625. pour l'efcompte de l.1920.- cy-contre à 10.pour ⁴⁄₇——— à 8. l. 174. 10.
v 398.12.4.que à d.124.pour ⁴⁄₇ valent d.498.6.Leur auons remis,pour le 3.Iuillet fur les heritiers
Bernardin Benfio,par lettre de Galiley,& Barelly,crediteurs en ce,——— à 11. l. 1195. 17.

——— l. 1920. ———

A V O I R pour ▽ 2333.-d'or de marc, que à 114.¼ pour ÷ nous ont fait lettre pour Noué fur Emilio Homodeo,payable en Foire de Pafques prochaine aux noftres de Milan,———— ———	à 10.	l.	8031.	6.	9
▽ 1035.13.4.d'or de marc,que à 120. pour ÷,nous ont fait lettre pour Plaifance fur Octauio Secquo,& Bernardin Cinqueuie,payable en Foire de S.Marc à Hierofine Turcon,——— ———	à 9.	l.	3728.	8.	—
En Pafques 1625.▽ 398.12.4.que à d.124. pour ÷ nous ont fait lettre pour Venife fur les heritiers Bernardin Benfio,payable au 3.Iuillet prochain à Cicery,& Cernefio,debiteurs en ce,———	à 11.	l.	1195.	17.	—
4.Feurier 1626. receu d'eux comptant par Caiffe,debitrice en ce,——— ——— ———	à 3.	l.	9917.	4.	3
En Roys 1626. leur faifons bon en vertu des cedulles & lettres de change à eux tranfportées par les cy-apres,					
André Pirouard de Limoux, —— ——l. 281. 1.—					
Louys de Coudray de Dieppe, —— ——l. 337.18.—					
Pierre Arnoux de Roüan, —— ——l. 500.—	>Au liure A, f.23.& en ce, ———	à 20.	l.	3171.	17.	—
Pierre le Franc, —— ——l. 217.15.—					
Chriftophle Brodigue,—— — ——l. 621.—					
Richard Herbert,——— ——l.1214. 3.—					

	——	l.	26044.	13.	—

A V O I R pour l'efcompte de l.22037.10.— cy-contre à 22.½ pour ÷ en debit à profits & pertes en ce, ———	à 8.	l.	4047.	14.	—
Nous ont remis par leur lettre fur Philippe,& Luc Sene,debiteurs en ce, ——— —	à 9.	l.	17989.	16.	—
En Touffaincts 1625.pour l'efcompte de l.1719.14.cy-contre à 107.½ pour ÷,—l. 119.19. 7.—	à 8.	l.	3515.	14.	5
Pour l'efcompte de l.22800.- cy-contre à 117. ½ pour ÷ —————l.3395.14.10.—					
7.Decembre pour Philippe,& Luc Sene,pour Lumaga, & Mafcranny,pour Gabriel Alamel, ——	à 2.	l.	12534.	5.	10
25.Dudict receu par eux comptant de Philippe, & Luc Sene,par Caiffe, ———	à 3.	l.	8469.	13.	9

	——	l.	46557.	4.	—

A V O I R du 7.Mars pour Ioué,pour Garner,pour Guenify,& Maffey,pour Lumaga,& Mafcranny,debiteurs en ce,	à 5.	l.	30000.	—	—
10.Mars pour Goyet,Decoleur,& Debeauffe,pour Neyret,pour Blandin, pour Galiley,& Barelly, ——	à 11.	l.	3759.	14.	9
11.Dudict pour Ferrus,pour Iean Iuge,pour Antoine,& Hugues Blauf,pour Berthon,& Gafpard, debiteurs en ce,	à 6.	l.	11000.	—	—
14.Dudict pour Bolofon,pour Verdier,Picquet,& Decoquiel,pour Lumaga,& Mafcranny, ——	à 5.	l.	3657.	3.	6
15.Dudict pour Bonuify,pour Beraud,& Defargues,pour Enemond Duplomb,pour Iacques Depures, debiteur en ce,	à 4.	l.	1586.	—	—
30.Mars receu de luy comptant par Caiffe, ———	à 3.	l.	9997.	1.	9
Change defdictes l.60000.- à 1.½ pour ÷ iufqu'en Pafques prochain en ce, 60000.—	à 8.	l.	900.	—	—

	——	l.	60900.	—	—

A V O I R ▽ 1000.-d'or fol,par lettre des noftres de Milan,debiteurs en ce, ———	à 10.	l.	3000.	—	—
▽ 2000.- d'or fol par lettre de Venife d'Alexandre Tafca,debiteur en ce,—— —	à 6.	l.	6000.	—	—
4.Iuillet receu d'eux comptant par Caiffe,debitrice en ce, ———	à 3.	l.	2228.	13.	3
4.Feurier 1626. Comptant defdicts par Caiffe , ——	à 3.	l.	7881.	7.	—

	——	l.	19110.	—	3

A V O I R en Pafques 1625.Au liure A, f.27.deu en Pafques 1626. ——— ———	à 15.	l.	1920.	—	—

BENOIST ROBERT de Marfeille doit du 9. Mars à luy enuoyé, & configné à Iean La-
net, pour luy faire tenir par Caiffe, ———————————————————— à 3. l. 20000.
Qu'il nous a tiré par fa lettre payable à Verdier, Picquet, & Decoquiel, ——— à 7. l. 12000.
Nous a tiré par autre lettre payable à Picquet, & Straffe, crediteurs en ce, ——— à 2. l. 15000.
28. Mars payé fuiuant fa lettre de change à Iean Mandine, par Caiffe, ——— à 3. l. 3200.
30. Dudiĉt à luy enuoyé par Patron Pelot, voyturier par eau, ——— à 3. l. 27886. 15

————— l. 78086. 15

MARIN DOSSARIS de Lyon, doit du 8. Iuin, pour Guenify, & Maffey, pour Philippe, &
Luc Seue, crediteurs en ce, ——————————————————— à 9. l. 25196. 6
9. Dudiĉt pour Seue, pour Picquet, & Straffe, pour Guerton, crediteurs en ce, ——— à 8. l. 24385.
20. Dudiĉt à luy comptant par Caiffe, ——————————————— à 3. l. 1293. 13

————— l. 50875.

IVLES DOVLCET, ET IEAN YON de Lyon, doiuent du 6. Decembre, pour
Bonuify, pour Picquet, & Straffe, crediteurs en ce, ———————————— à 18. l. 31134. 18
10. Dudiĉt pour Bonuify, pour Galifley, & Barelly, pour Ioué, pour Claude Laure, crediteur en ce, — à 9. l. 9000.
25. Dudiĉt à eux comptant par Caiffe, creditrice en ce, ———————— à 3. l. 1829. 14

————— l. 41964. 13

IEAN BAPTISTE DECOQVIEL d'Anuers, doit du 30. Mars compté à fon fils,
pour luy enuoyer,
1000.— doublons d'Efpagne à ∯ 25.— monnoye de gros, & à l. 7.7. tournois, l'vn —l. 1250.—⎱ à 3. l. 11406.
1167.¼ v, de fezeins à ∯ 11. l'efcu monnoye de gros, & à l. 3.4. tournois, ——— —l. 697. 2.6. ⎰
Benefice de remife, —————————————————————— à 8. l. 1274.
5. Auril 1625. pour 500.— doublons d'Efpagne à luy enuoyez, & confignez à fon fils
à ∯ 25.—de gros l'vn, & à l. 7.7. tournois, font en ce, —————— l. 625.— à 3. l. 3675.
∇ 1547.11. d'or de marc, que à 145. pour v, il a tiré de noftre ordre à Noüé en Foire
des Sainĉts, fur Oĉtauio, & Marc-Antoine Lumaga, calculé pour Lyon à gros 120.
pour v, font en ce, —————————————————————— l. 934.19.7. à 19. l. 5609. 17
∇ 4931.10.1. d'or de marc, que à 146. il a tiré audiĉt Noüé en Foire diĉte par lettre
de Nicolas Zelio, fur lefdiĉts Lumaga, calculé pour Lyon à 120. ——— —l. 3000.— à 19. l. 18000.

l. 6507. 2.1. ————— l. 39964. 18

✝ IEAN BAPTISTE BEREGANY de Vincenfe, doit du 3. Mars pour port de Vin-
cenfe à Lyon de 6. bales trame, floret, & bourre nᵒ 1. à 6. l. 531.19. doüanne dudiĉt Lyon l. 118.-port au
magafin ∯ 12. - tout par Caiffe, ————————————————— à 3. l. 450. 11
Port au poids, & droiĉt du poids de la vente defdiĉtes 6. bales l. 1.10. prouifion à 2. pour ⁰⁄₀ de
l. 1057o.18.8. que monte la vente de fes marchandifes l. 211.8.3. courtrage à ¼ pour ⁰⁄₀ l. 35.4.9. tout à 8. l. 248. 3
Change defdiĉtes parties à 2. pour ⁰⁄₀ iufqu'en Pafques prochain, en ce, ——— à 8. l. 13. 19
En Pafques 1625. pour l'efcompte de l. 217.10. - cy-contre à 10. pour ⁰⁄₀ ——— à 8. l. 19. 15
Change de l. 514.18.11. qu'il refte en ce compte à 2. pour ⁰⁄₀ iufqu'en Aouft prochain, en ce — à 8. l. 10. 5
Change de l. 371.18.2. reftans à 2. pour ⁰⁄₀ iufqu'en Touffainĉts prochain, en ce, ——— à 8. l. 7. 8
En Touffainĉts 1625. pour l'efcompte de l. 10199.14. - cy-contre à 107.¼ pour ⁰⁄₀ en ce ——— à 8. l. 711. 12
∇ 2399.18.- d'or fol, que à d. 122.¼ pour ⁰⁄₀ luy auons remis de fon ordre à Venife, pour le 3. Ianuier 1626. fur les heritiers Bernadin Benfio, par lettre d'André, & Philippe Guetton, crediteurs——— à 8. l. 7199. 14
∇ 636.7.- d'or fol, que Iacques, & Thomas Vancaftre de Venife, nous ont tiré, pour fon compte à
payer à Picquet, & Straffe, crediteurs en ce, ——————————— à 18. l. 1909. 1

————— l. 10570. 10

A V O I R au liure A, f.3.& en ce ,	à 1.	l.	78086.	15.	2

A V O I R du 7.Mars pour loué,pour Salicoffre,pour Verdier,Picquet,& Decoquiel,	à 7.	l.	16000.		
10.Dudict pour Fertus,pour Garnier,pour Picquet,& Straffe,debiteurs en ce ,	à 2.	l.	5000.		
—Dudict pour Noël Coltar , pour Antoine du Champ , pour Hierofme de Coton,pour Tiffy , pour Berthon,& Gaspard , debiteurs en ce,	à 6.	l.	21000.		
11.Dudict pour Tachereau,Boileau,& Sertonnet,pour Galiley,& Barelly,pour Guetton,debiteurs,	à 8.	l.	5025.	14.	11
13.Dudict pour Noël Coltar,pour Garbufac,pour Franchotty,& Burlamaquy, debiteurs en ce	à 5.	l.	2974.	5.	1
Change defdictes l.50000.- à 1.½ pour ½,iufqu'en Pafques prochain par cedulle,	à 8.	l.	876.		
		l.	50875.		

A V O I R du 7. Mars pour Bonuify,debiteur en ce	à 11.	l.	9000.		
10.Dudict pour Goyet,Decoleur,& Debrautle,pour Guenify,& Matfey,pour Picquet,& Straffe ,	à 2.	l.	11512.	10.	
11.Dudict pour Iean Inge,pour Bonuify,pour Antoine Caccauy,debiteur en ce ,	à 7.	l.	14000.		
14.Dudict pour Charles Baile,pour Perrin,pour Nicolas Bocquet, pour Franchotty , & Burlamaquy,	à 5.	l.	3073.	10.	8
3.Auril receu d'eux comptant par Caiffe ,	à 3.	l.	2413.	19.	4
Change defdictes l.40000.- à 1.½ pour ½,iufqu'en Pafques prochain par cedulle,	à 8.	l.	666.	13.	4
Change defdictes l.40666.13.4.à 1.½ pour ½,iufqu'en Aouft 1625.par cedulle,	à 8.	l.	610.		
Change defdictes l.41276.13.4.à 1.½ pour ½, iufqu'en Touffaincts prochain, par cedulle ,	à 8.	l.	687.	19.	10
		l.	41964.	13.	2

A V O I R en payement de Pafques 1625.pour fa prouifion à ½ pour ½ defdictes l.1947.2.6. cy-contre,		l.	6. 9.10.		
▽ 1000.- d'or fol,que à gros 109.½ pour ▽,nous a remis par lettre de Paul Buftance,fur Franchotty,& Burlamaquy,debiteurs en ce ,	à 5.	l.	3000.		
▽ 1000.- d'or de marc,que à gros 118.½ il a remis de noftre ordre à Plaifance,en Foire de S.Marc par lettre de Barthelemy Barbariny , fur Hierofme Turcon , calculé pour Lyon,à 80.pour ½, en ce,	à 13.	l.	3750.		
▽ 763.12.3.d'or de Florence que à gros 116. pour ▽ , il a remis de noftre ordre à Florence pour le 10. May prochain fur Fabio Dafpichio à payer à Bernardin Cappony , calculé pour Lyon à 96.pour ½,en ce ,	à 13.	l.	2386.	5.	9
d.1417.11. que à gros 98.pour ducat il a remis de noftre ordre à Venife, pour le 10. May 1625.fur Iean Maria,& Thomas fonety,payable à Bernardin Benfio , calculé pour Lyon à d. 120. pour ½,	à 13.	l.	3543.	15.	
l.622.18.4.monnoye de gros , que à 81. pour florin , il a remis de noftre ordre a Francfort en Foire de la Micarefme fur Michel Sonneman,debiteur	à 13.	l.	3675.		
Pour fa prouifion à ½ pour ½ ,		l.	2. 1. 8.		
En Touffaincts 1625. qu'il a payé d'ordre de Montbel à diuers au liure A,f.37.	à 10.	l.	23163.	18.	
Perte fur les traictes,	à 8.	l.	445.	19.	6
		l.	39964.	18.	3

A V O I R en Pafques 1625.au liure A, f.27. deu en Pafques 1626.	à 15.	l.	217.	10.	
En Aouft 1625.Au liure A, f.27.pour vente au comptant de fes marchandifes,	à 18.	l.	153.	6.	8
En Touffaincts 1625. Au liure A, f.27.deu en Aouft 1626.	à 20.	l.	10199.	14.	
		l.	10570.	10.	8

HIEROSME TVRCON de Plaifance, doit ▽ 813.- d'or de marc, que à 123. pour ÷ luy
auons remis en Foire de S. Marc prochain fur Iean Baptifte Paulin, par lettre d'Euftache Rouiere, cre-
diteur en ce, ——————————————————————————— ▽ 813.—— | à 4. | l. | 3000. |

▽ 1000.- d'or de marc, que à gros 118. ÷ pour efcu luy ont efté remis de noftre ordre
d'Anuers par Iean Baptifte Decoquiel, crediteur en ce, ——————— ▽ 1000.—— | à 12. | l. | 3750. |

▽ 841.14.10. d'or de marc, que à 99. ÷ pour ÷ luy ont efté remis de noftre ordre de
Thomas, & Fortuné Baucilly de Rome, crediteurs en ce, ——— — ——— ▽ 841.14.10. | à 13. | l. | 3000. |

▽ 847.9.1. d'or de marc, que à 118. pour ÷ luy ont efté remis de noftre ordre de Flo-
rence, pour Bernardin Cappony, crediteur en ce, ———————————— ▽ 847. 9. 1. | à 13. | l. | 3125. |

▽ 1141.4.3. d'or de marc, que à 148. pour ÷ luy ont efté remis de noftre ordre de Na-
ples par François, & Barthelemy Scarlatiny, crediteurs en ce, —— — ——— ▽ 1141. 4. 3. | à 13. | l. | 4100. |

Benefice de remife, en ce, ———————————————————————— ▽ —— | à 8. | l. | 399. | 9.

▽ 4643. 8. 2. ———— l. 17374. 9.

THOMAS, ET FORTVNE' BAVCILLY de Rome, doiuent ▽ 1000.— pour
▽ 840.6.8. d'or d'Eftampe, que à 84.÷ pour ÷ leur auons remis pour le 15. Auril prochain fur Gaf-
quetty, & Altonity, par lettre de Lumaga, & Maferanny, —— ——— ——— ▽ 840. 6. 8. | à 5. | l. | 3000. |

BERNARDIN CAPPONY de Florence, doit ▽ 955. 5. 10. d'or de Florence, que
à 94.÷ pour ÷ leur auons remis pour le 12. Iuillet prochain fur Iean François Diny, par lettre d'An-
dré, & Philippe Guerton, crediteurs en ce, ———————————— ▽ 955. 5.10. | à 8. | l. | 3035. | 18.

▽ 763.12.3. d'or que à gros 116. pour ▽, luy ont remis d'Anuers pour noftre comp-
te au 10. May fur Fabio d'Afpichio, par lettre de Decoquiel, ——— ——— ▽ 763.12. 3. | à 12. | l. | 1486. | 5.

▽ 1718.18. 1. ———— l. 4522. 3.

FRANCOIS, ET BARTHELEMY SCARLATINY de Naples, doiuent
d. 1694.3.6. que à 124. pour ÷ leur auons remis pour le 30. Iuillet fur Octauio Louuiliny, par lettre
de Philippe, & Luc Seue, crediteurs en ce, ——— ——— ——— d. 1694.3.6. | à 9. | l. | 4100. |

BERNARDIN BENSIO de Venife, doit d. 1417. 11. que à gros 98. pour ducat luy ont
efté remis pour noftre compte au 10. May prochain, fur Iean Maria, & Thomas Ionéty, par Iean Bap-
tifte Decoquiel d'Anuers, crediteur en ce, ——— ——— ——— —— d. 1417.11.— | à 12. | l. | 3543. | 15.

Benefice de remife, ——————————————————————— d. —— | à 8. | l. | 17. | 15.

———— l. 3561. 10.

MICHEL SONNEMAN de Francfort, doit fl. 1975.6. cruchers, que à gros 82. pour florin de 65. cruchers, luy ont efté remis de noftre ordre d'Anuers par Iean Baptifte Decoquiel, font flo-
rins de 60. cruchers, ——— ——— ——— ——— ——— ——— fl. 1975.6.— | à 11. | l. | 3675. |—

Benefice de remife, en ce, ——————————————————— fl. —— | à 8. | l. | 176. | 8.

florins 1975.6.— ———— l. 3851. 8.

AVOIR ▽ 1023.18.11. d'or sol, que à 79. $\frac{3}{4}$ pour $\frac{o}{o}$, nous a renuoyé sur Eustache Rouiere, pour la lettre de change cy-contre tirée sur Pauliny, laquelle il n'a voleu accepter, & a laissé faire le protest, montant auec la prouision & protest en ce, — — — — — ▽	816.11.—	à 4.	l.	3071.	16.	9
▽ 2000.- d'or de marc, que à ₰ 149. pour ▽, il a remis de nostre ordre aux nostres de Milan, calculé pour Lyon à 80. pour $\frac{o}{o}$, sont en ce, — — — — ▽	2000.— —	à 10.	l.	7500.	—	—
▽ 2267.11.- d'or sol, que à 80. pour $\frac{o}{o}$ il nous a remis par sa lettre en ces payemens de Pasques sur Picquet, & Strasse debiteurs, — — — — — ▽	1814.— 10.	à 14.	l.	6802.	13.	—
Pour sa prouision à $\frac{1}{3}$ pour $\frac{o}{o}$ desdicts ▽ 3830.8.2. cy-contre, — — — ▽	12.15. 4.					
	▽ 4643. 8. 2.	—	l.	17374.	9.	9
AVOIR pour leur prouision à $\frac{1}{3}$ pour $\frac{o}{o}$ desdicts ▽ 840.6.8. cy-contre, — — ▽	2.16.—					
▽ 841.14.10. d'or de marc, que à 99. $\frac{1}{3}$ pour $\frac{o}{o}$ ils ont remis de nostre ordre à Plaisance en Foire de S. Marc à Hierosme Turcon, debiteur en ce, — — — ▽	837.10.8.	à 13.	l.	3000.	—	—
	▽ 840. 6.8.					
AVOIR ▽ 847.9.1. d'or de marc, que à 118. pour $\frac{o}{o}$ il a remis de nostre ordre à Plaisance en Foire de S. Marc à Hierosme Turcon, calculé pour Lyon à 96. pour $\frac{o}{o}$ en ce, — — ▽	1000.— —	à 13.	l.	3125.	—	—
▽ 742.17.9. d'or sol, que à 96. pour $\frac{o}{o}$ nous a remis par sa lettre sur Bonnisy debiteurs en ce, — — — — — — — — — — ▽	713. 3.6.	à 11.	l.	2228.	13.	3
Pour sa prouision à $\frac{1}{3}$ pour $\frac{o}{o}$ — — — — — — — ▽	5.14.7.					
Perte de remise, — — — — — — — — — ▽	— —	à 8.	l.	68.	10.	8
	▽ 1718.18.1.	—	l.	5422.	3.	11
AVOIR pour ▽ 1141.4.3. d'or de marc, que à d. 148. pour $\frac{o}{o}$ ils ont remis de nostre ordre à Plaisance en Foire de S. Marc à Hierosme Turcon, debiteur en ce, — — —	d. 1689.—	à 13.	l.	4100.	—	—
Pour leur prouision à $\frac{1}{3}$ pour $\frac{o}{o}$ — — — — — —	d. 5.3.6.					
	d. 1694.3.6.					
AVOIR ▽ 1187.3.8. d'or sol, que à d. 119. pour $\frac{o}{o}$ nous a remis par sa lettre sur Picquet, & Strasse, debiteurs en ce, — — — — — — — —	d. 1412.18.-	à 14.	l.	3561.	10.	—
Pour sa prouision à $\frac{1}{3}$ pour $\frac{o}{o}$ — — — — — — —	d. 4.17.-					
	d. 1417.11.-					
AVOIR pour sa prouision à $\frac{1}{3}$ pour $\frac{o}{o}$ — — — — —	fl. 6.35.—					
▽ 1283.16.3. d'or sol, que à 92. pour ▽, luy auons tiré par nostre lettre payable en Foire de la mi-Caresme à Barthelemy Ferrus, pour valeur receuë icy de luy, — —	fl. 1968.31.—	—	l.	3851.	8.	9
	florins 1975. 6.—					

MARCHANDISES venduës comptant doiuent en credit à repartimens au liure A,f.28.
113. aun.11.——.Veloux fonds fatin morelin cramoify à l. 19.
233. aun.22. 6.8.
239. aun.17.11.8. Veloux noir fonds fatin à diuers prix,————— l. 925. 1.8.
245. aun.17.17.6.
315. aun.48.17.6. Gafe noire damaflée 4.fleurs,————— l. 214.11.6.
345. aun.49.15.—
10.Paires bas de foye ⅟₄ —l.165.—
18.Paires dict ⅟₄ —l.234. —l. 509.——— à 18. l. 11776. 19.
10.Paires dict pour femme, l.110.—
aun.25. —Tapifferie de Bergame rouge,hauteur aun.2.⅟₃ à l. 6.——— l. 150.——
℔ 26.10.onces Doppion de Vincenfe à l.5.15.-En credit à Beregany,——— l. 153. 6.8.
℔ 480.—Cochenille Meftecque à l.17.——— l. 7680.——
onc. 108.—Mufe en Veffie à l.15.-l'once,——— l. 1620.——
℔ 8750.— Souchons à l.6. - le ⅟₂ ——— l. 525.——

FABIO D'ASPICHIO de Florence, doit en payemens de Pafques 1625. ▽ 1544.12.2.
d'or fol que à 99.pour ⅟₂, luy auons remis pour le 15. Iuillet prochain fur Iean Softegny, par lettre
de Picquet,& Straffe,crediteurs en ce,——————▽ 1529. 3.3. à 14. l. 4633. 16.
En payemens d'Aouft 1625. ▽ 318.3.8. d'or fol,que à 102.pour ⅟₂,nous a tiré par fa
lettre payable à Picquet,& Straffe,crediteurs en ce,——— ▽ 324.11. à 18. l. 954. 11.
Benefice fur ladicte traicte,——— ▽ à 8. l. 19. 2.

▽ 1853.14.3. l. 5607. 9.

ANTOINE, ET GEOFFROY PICQVET,& freres Straffe, & Compagnie
doiuent en Pafques 1625.
▽ 1187. 3.8.d'or fol par lettre de Venife de Bernardin Benfio,crediteur en ce,——— à 15. l. 3561. 10.
▽ 2267.11.— d'or fol,par lettre de Plaifance,de Hierofme Turcon, crediteur en ce,——— à 15. l. 6802. 13.
▽ 325.—10.d'or fol par lettre d'Anuers de Gilles Hannecard,crediteur en ce,——— à 5. l. 975. 2.
7.Iuin pour Lumaga,& Maferanny, crediteurs en ce,——— à 15. l. 40931. 10.
8.Dudict pour Bonuify,pour Bolofon,crediteur en ce,——— à 6. l. 7859. 19.

l. 60130. 16.

CLAVDE CATILLON, compte de voyage de Sourfach, doit en Pafques 1625. au li-
ure A, f.31. pour refte de vente au comptant faicte audict Sourfach,——— fl. 619. 2.— à 15. l. 1031. 17.
Et les parties cy-apres,qu'il a receuës audict Sourfach de nos debiteurs,
Abraham vert, —————fl. 158.10.—
Salomon Yerffel,———fl. 330.—
Michel Frennel,———fl. 230. 8.—
Sebaftien Hogger,———fl. 392. 6.— Au liure A,f.31. —fl. 4111. 8.— à 18. l. 6855. 2.
Salomon Yerffel,efcompté à 5.pour ⅟₂ —fl. 417.13.—
Sebaftien Hogger efcompté à 5.pour ⅟₂ à fl. 473.11.2.
Pour vente au comptant, ———fl. 1108. 4.2.

florins 4730.10.— l. 7886. 19.

AVOIR pour les cy-apres,

N° 113. aun.11.——-.Veloux fonds fatin morelin cramoify à l.19. vendu comptant le 20.Mars 1625.——	à 3.	l.	209.—	
233. aun.12. 6.8.Veloux noir fonds fatin à l.12.- vendu comptant le 25.dudict , —— —— ——	à 3.	l.	148.—	
315. aun.48.17.6.Gafe noire Damaffée 4.fleurs à ₡ 42. comptant le 27. dudict, —— —— ——	à 3.	l.	102.	12. 9
10.Paires bas de foye ½ à l. 16.10. —— ——l.165.— ⎫				
8.Paires dict ½ à —— l. 13.— ——l.104.— ⎬ comptant le 5.Auril 1625.——	à 3.	l.	394.	
253. aun.10.——-Veloux noir fonds fatin à l. 12.10. — l.125.—⎭				
aun.25.——-Tapifferie de Bergame rouge,hauteur aun.2.½ à l.6.- comptant le 6.dudict, ——	à 3.	l.	150.—	
239. aun.17.11.8. Veloux noir fonds fatin à l. 13.— ——l.228.11.8.⎫				
10.Paires bas de foye ½ à l.13.—— ——l.130.— ⎬ comptant le 18.dudict,——	à 3.	l.	580.	10. 5
345. aun.49.15.—Gafe noire damaffée 4.fleurs à ₡ 45. —l.111.18.9.⎭				
10.Paires bas de foye pour femme à l.11. — l.110.—				
245. aun. 17.17.6.Veloux noir fonds fatin à l.12.-comptant le 10.May 1625.——	à 3.	l.	214.	10.
℔ 26.10.onces Doppion de Vincenfe à l.5.15.cóptant le 27.Iuillet du compte de Beregany,	à 3.	l.	153.	6. 8
℔ 480.—Cochenille Meftecque à l.17.-comptant à Doulcet,& Yon,le 3.Septembre 1625.—	à 3.	l.	7680.	
onc. 108.—Mufc en Veffie à l.15.-l'once comptant à Jean luge,le 6.dudict,—— ——	à 3.	l.	1620.	
℔ 8750.—Souchons à l.6.-le ½ comptant à diuers le 8.dudict,——	à 3.	l.	525.	
		l.	11776.	19. 10

AVOIR en payement de Pafques 1625.au liure A,f.25.cy—— —— —— ▽ 1529. 3.3.	à 15.	l.	4587.	9. 9
Perte de remife , —— ——▽——— ——		l.	46.	6. 9
En payemens d'Aouft 1625. Au liure A, f.25.& en ce,—— —— ▽ 324.11.—	à 18.	l.	973.	13.—
▽ 1853.14.3.——	l.	5607.	9. 6	

AVOIR par lettre d'André Montbel,au liure A, f.37.—— —— ——	à 15.	l.	3500.—	
Au liure A, f.40. & en ce , —— —— ——	à 15.	l.	19936.	12.
▽ 5686.15.10.d'or fol, que à d.124. pour ½ nous ont fait lettre pour Venife fur Paulo Deltorgio, payable au 15.Iuillet prochain à Alexandre Tafca,debiteur en ce, ——	à 6.	l.	17060.	7. 6
▽ 5000.—— d'or fol,par lettre des noftres de Milan,debiteurs en ce,—— ——	à 10.	l.	15000.	
▽ 1544.12.2.d'or fol,que à 99.pour ½, nous ont fait lettre pour Florence,fur Iean Softegny, payable au 15.Iuillet prochain à Fabio Dafpichio , debiteur en ce , ——	à 14.	l.	4633.	16. 6
		l.	60130.	16.

AVOIR en Pafques 1625.▽ 323.6.8.d'or fol,que à 110.cruchers pour ▽,nous a remis par lettre de Chriftophle Cromps , fur Ioachim Salicoffre , —— —— ——fl. 611. 1.2.	à 15.	l.	1000.—	
15. Iuin receu de luy comptant à fon retour de la Foire de Pentecofte de Sourfach, en ce,—— —— ——fl. 8.-2.	à 3.	l.	13.	7. 6
En Foire de Sainéte Frenne,pour efcompte de florins 891.9.2.cy-contre à 5.pour ½ deus par Hierffel,& Hogger,en ce,—— ——fl. 42. 7.—				
▽ 555.14.3.que à 112. cruchers pour ▽, luy auons tiré par noftre lettre à payer à 2. iours de vehe à Rodolphe Leon,valeur de Ioachim Laurens,& Dauid Salicoffre,en ce,—fl. 1000. —	à 15.	l.	1607.	2. 9
500.Doublons d'Efpagne à Bach 65.l'vn,& à l.7.6.tournois⎫ receu de luy comptant 376.Sequins à bach 36. & à l.4.- tournois l'vn —— ⎬ à fon retour, ——fl. 3069. 1.—	à 3.	l.	5154.	
Perte de remife,ou change de diuerfes efpeces en Piftoles,& Sequins,—— ——fl.——	à 18.	l.	112.	9. 3
florins 4750.10.——	l.	7886.	19. 6	

Q 2

LE GRAND LIVRE Corté A , doit pour foude des payemens des Roys en ce , ——	à 1.	l. 128119.	3
Lumaga, & Mafcranny , ——————f.36.——	à 15.	l. 9260.	
André Montbel,compte de voyages,————f.37.par Caiffe , ——	à 3.	l. 7300.	
Vefpafian Bolofon, ——————f.20.——	à 6.	l. 206.	2
Alexandre Tafca de Venife , ——————f.21.——	à 6.	l. 17457.	15
Fabio Dafpichio de Florence,————f.25.——	à 14.	l. 4587.	9
Picquet , & Straffe, ——————f.37.——	à 6.	l. 3500.	
Vefpafian Bolofon,——————f.21.——	à 6.	l. 222.	8
Philippe,& Luc Seue,————f.23.——	à 9.	l. 607.	15
Gilles Hannecard , ——————f.26.——	à 5.	l. 244.	4
André Montbel,compte de voyages,————f.37.——	à 3.	l. 5868.	8
Vefpafian Bolofon, ——————f.23.——	à 6.	l. 595.	10
Taranget,& Roufier,——————f.26.——	à 16.	l. 325.	10
Claude Catillon,compte de voyages ,————f.30.——	à 7.	l. 8258.	19
Picquet , & Straffe, ——————f.40.——	à 14.	l. 19936.	12
Iacques Depures,——————f.40.——	à 4.	l. 14952.	9
Leonard Berthaud,——————f.40.——	à 4.	l. 9968.	6
Claude Catillon,compte de voyages ,————f.11.——	à 7.	l. 10316.	17
Cicery,& Cernelio,——————f.27.——	à 11.	l. 1920.	
Beregany,——————f.17.——	à 12.	l. 217.	10
	——	l. 243864.	19

LVMAGA, ET MASCRANNY de Lyon , doiuent ⱱ 6255.11.7. d'or fol , par lettre
d'Amfterdam de Iean Oort,fur les leurs de Paris,au liure A, f.14.cy —— | à 15. | l. 18766. | 14
ⱱ 5141.12.- d'or fol,par lettre de Noué d'Octauio,& Marc-Antoine Lumaga,en ce , —— | à 4. | l. 15424. | 16
ⱱ 8000.—— d'or fol par lettre de Seuille d'Antoine Spinola , valeur de Pierre Saufet , au liure A,
f.33.& en ce, | à 15. | l. 24000. |
Leur auons remis par noftre lettre au 10.du prochain au pair fur Taranget,& Roufier,—— | à 16. | l. 4000. |
En Aouft 1625.par lettre des leurs de Paris,valeur de Pierre Saufet,au liure A , f.33.—— | à 18. | l. 50000. |
En Touffainéts 1625.Nous font bon pour Charles Hauard de Paris efcompté à 7.⅟₇ pour ⁰⁄₇ au li-
ure A, f.31.& en ce, | à 20. | l. 14540. |
ⱱ 1079.6.2.d'or fol par lettre de Noué d'Octauio,& Marc-Antoine Lumaga , —— | à 19. | l. 3237. | 18
Portez crediteurs au liure A,f.43.pour foude , —— | à 20. | l. 3070. | 11
28.Iuin 1626. à eux comptant par Caiffe , —— | à 20. | l. 3699. | 10
| | —— | l. 136739. | 11

IOACHIN LAVRENS, ET DAVID SALICOFFRE de Lyon, doiuent
ⱱ 333.6.8. par lettre de Chriftophle Cromps valeur de Claude Catillon,—— | à 14. | l. 1000. |
Par lettre de Delubert,& Poquelin,valeur de Nicolas Herue,& Sauarry,crediteurs en ce , —— | à 17. | l. 3783. |
En Aouft 1625.pour ⱱ 535.14.3.que à 112.cruchers pour ⱱ, leur auons fait lettre, pour Sourfach
payable à 2.iours de veüe à Rodolphe Leon,'par Catillon,en ce , —— | à 14. | l. 1607. | 2
6.Feurier 1626. A eux comptant par Caiffe,creditrice en ce,—— | à 20. | l. 868. | 15
| | —— | l. 7258. | 18

AVOIR pour les cy-apres,		à	l.			
Verdier , Picquet , & Decoquiel, ——	f.14.	à 7.	l.	14848.	1.	4
Lumaga,& Maſcranny, ——	f.14.	à 15.	l.	18766.	14.	9
Claude Catillon, compte de voyages, ——	f.31.	à 14.	l.	1031.	17.	6
Philippe , & Luc Seue , ——	f.23.	à 16.	l.	14351.	13.	8
Veſpaſian Boloſon , ——	f.23.	à 16.	l.	14351.	13.	8
Taranget,& Rouſier, ——	f.27.	à 16.	l.	9476.	17.	11
Claude Catillon, compte de voyages , ——	f.28.	à 7.	l.	6590.	6.	6
Octauio,& Marc-Antoine Lumaga de Genes, ——	f.32.	à 4.	l.	15424.	16.	—
Lumaga , & Maſcranny , ——	f.33.	à 15.	l.	24000.	—	—
André , & Philippe Guetton, ——	f.33.	à 8.	l.	20385.	—	—
André Monthel,compte de voyages, ——	f.36.	à 3.	l.	12.	13.	—
Iean,& François du Soleil, ——	f.37.	à 16.	l.	3247.	7.	6
Gilles Hannecard , ——	f.26.	à 5.	l.	1273.	1.	—
Philippe , & Luc Seue , ——	f.23.	à 9.	l.	804.	1.	8
Veſpaſian Boloſon, ——	f.23.	à 6.	l.	804.	1.	8
Eſtienne Glotton, ——	f.16.	à 17.	l.	3557.	11.	8
Iean des Lauiers, ——	f.17.	à 17.	l.	4474.	12.	7
Herue , & Sauarry, ——	f.18.	à 17.	l.	4104.	10.	2
Verdier,Picquet,& Decoquiel, ——	f.22.	à 7.	l.	18178.	—	—
Porté debiteur en payement d'Aouſt pour ſoude, ——	f.42.	à 18.	l.	68081.	19.	2
		——	l.	243864.	19.	9

AVOIR par lettre de Michel Pic,de Midelbourg,à eux tranſportée par les leurs de Paris, pour		à	l.			
compte d'André Monthel,au liure A, f.36.& en ce , ——		à 15.	l.	9260.	—	—
▽ 4000.- d'or ſol,par lettre des noſtres de Milan,en ce, ——		à 10.	l.	12000.	—	—
7.Iuin pour Picquet,& Straſſe,debiteurs en ce, ——		à 14.	l.	40931.	10.	9
7.Septembre pour Picquet,& Straſſe,debiteurs en ce, ——		à 18.	l.	36595.	1.	11
—Dudict pour Picquet,& Straſſe,pour Boloſon , debiteur en ce , ——		à 17.	l.	13404.	18.	1
—En Touſſaincts 1625.pour l'eſcompte de l.14540.- cy-contre à 107.⅓ pour ⅜,en ce, ——		à 8.	l.	1014.	8.	2
6.Decembre,pour Philippe,& Luc Seue,pour Iean Seue,debiteur en ce , ——		à 5.	l.	16763.	10.	4
En Paſques 1626.▽ 1008.8.d'or ſol par lettre de Milan de Emilio Homodeo, au liure A, f. 38. ——		à 20.	l.	3025.	4.	—
Change deſdictes l.3025.4.à 1.½ pour ⅜ , inſqu'en Aouſt prochain par cedulle, ——		à 8.	l.	45.	7.	6
Leur faiſons bon pour les cy-apres en vertu de nos cedulles ou lettres à eux tranſportées,						
Charles Seuclin ——— l. 630.—						
Iean de Compans, —— l. 417. 8.—						
Ionas Nolet , —— l. 939.18.— ⟩Au liure A, f.28.——		à 20.	l.	3699.	10.	6
René Pepin, —— l. 685. 3.6.						
François Ferret, —— l. 1027. 1.—						
		——	l.	136739.	11.	3

AVOIR du 25.Iuin pour Studer,& Salapery,pour Chabre,& Compagnie, pour Salmatory , &		à	l.			
Pradel,pour Cardon, debiteur en ce , ——		à 11.	l.	4783.	—	8
4.Octobre 1625.receu d'eux comptant par Caiſſe, ——		à 3.	l.	1607.	2.	9
En Touſſaincts 1625. leur faiſons bon pour les cy-apres,						
Pour Barthelemy Mas de Seiſſac, —— l.264.18.—						
Pour Pierre Antoine Guy de Limoux , —— l.308. 9.— ⟩Au liure A, f.28. & en ce, ——		à 20.	l.	868.	15.	—
Pour Iean Barrau de Caſtres, —— l.295. 8.—						
		——	l.	7258.	18.	5

Q 3

TARANGET, ET ROVSIER, doiuent qu'ils ont receu pour noftre compte des debiteurs cy-aptes,

Aymé le Roy, —————— —l. 567.12. 6. ⎫				
Robert Gehenaud , ——————l. 675.15.— ⎬Roys 1626.				
Herue, & Sauarry , ————————l. 801.11. 3. ⎭				
2044.18.9.				
Comptant dés le 10. Auril 1625.——l. 98.— - — Comptant,				
Guillaume Frefon , ——————l. 208.— - — ⎫				
Iean Vllard,—————— ————l. 320.— —⎪				
Pamphilé de la Cour,————l. 193. 3. 9.⎬Pafques 1626. ⎬Au liure A, f.27.& en ce,—— à 15. l. 9476.				
Samfon,& Deuilars,———————l. 414.12.11.⎭				
1135.16.8.				
Malepard,& Gaudrion, ———— —l. 678. 2. 6.⎫				
Louys Dubois,—— ————l. 2380.— ⎪				
Claude Bofley,————— ————l. 1860.— ⎬Aouft 1626.				
Nicolas Libert,——— ————l. 1280.— ⎭				
6198.2.6.				

Change defdictes l.98.- cy-deffus, qu'ils ont receu dés le 10.Auril 1625. à 2.pour ⁰⁄₀ , —————— ———— à 8. l. 1. | |

——— l. 9478. | |

PHILIPPE, ET LVC SEVE, compte des Doppions en Compagnie auec eux doiuent pour ÷ à eux appartenant de l.43055.1.- que monte l'achapt de 34.bales Doppion , au liure A, f. 23.——— ———— ——— ———— ——l.28703. 7.4. à 15. l. 14351.
∇ 1927.13.5.d'or de marc, que à ℔ 145. pour ∇ , ont efté remis de leur ordre à
Plaifance à Saminaty,en Foire de S.Charles,par les noftres de Milan,—— ——l.11225.13.—⎫ à 16. l. 10648.
Prouifion de ladicte remife à ÷ pour ⁰⁄₀,— ——— ——— ——l. 70.19.8.⎭

l.50000.—— ——— l. 25000. |

VESPASIAN BOLOSON, compte des Doppions en Compagnie de Seue , & nous, où il participe pour ÷ doit pour ÷ à luy appartenant de l'achapt de 34. bales Doppion , au liure A, f. 23. & en ce , ——— ——— ——— ——l.28703. 7.4. à 15. l. 14351.
∇ 3552.8.3.d'or fol,que à ℔ 119.6.pour ∇,luy ont efté remis fur nous en payements
d'Aouft 1625.par lettres des noftres de Milan,—— ——— ——— ——l.21225.13. à 16. l. 10648.
Prouifion de ladicte remife à ÷ pour ⁰⁄₀ , ——— ——— ——l. 70.19.8.

l.50000.—— ——— l. 25000. |

IEAN, ET FRANCOIS DV SOLEIL de Lyon , doiuent au liure A,f.37.pour fer doux & rompant à eux vendu pour comptant,——— ——— ——— à 15. l. 3247.
En Aouft 1625.pour leur ÷ de l'achapt du fer doux & rompant en participation auec eux , au li-ure A, f.37.& en ce, ——— ——— à 18. l. 7997.
Au liure A , f.38. qu'ils ont receu de nos debiteurs, ——— ——— à 18. l. 3300.
En Touffainds 1625. qu'ils ont receu de nos debiteurs au liure A , f.38. & en ce, ——— à 20. l. 5476. 1

——— l. 20021. |

NEGOCE DE MILAN , compte à part doit ∇ 25000. — d'or fol , que à 12c. valent l.150000. — monnoye imperiale , que leur auons donné ordre d'employer en Doppions,en Compagnie de Seue pour ÷,Bolofon pour ÷,& nous pour l'autre ÷,en ce , ——— ——l.150000.——— à 10. l. 75000.

AVOIR pour l'escompte de l. 2044. 18. 9. cy - contre deus en Roys 1626. à 107.$\frac{1}{2}$ pour % — l. 142. 13. 3.					
Pour l'escompte de l. 1135. 16. 8. deus en Pasques 1626. à 110. pour % — l. 103. 5. 1.	à 8.	l.	934.	11.	11
Pour l'escompte de l. 6198. 2. 6. deus en Aoust 1626. à 112.$\frac{1}{2}$ pour % — l. 688. 13. 7.					
Nous ont remis par lettre de Delubert, & Poquelin, sur André, & Philippe Guetton, —	à 8.	l.	3000.	—	—
Leur auons tiré par nostre lettre pour le 10. Iuillet au pair sur Lumaga, & Mascranny, valeur desdicts en ce, —	à 15.	l.	4000.	—	—
Leur auons tiré par autre lettre au 20. du prochain à $\frac{1}{2}$ pour % de leur perte sur Guetton, valeur desdicts en ce, —	à 8.	l.	1000.	—	—
Pour leur prouision de l. 11402. 6. 8. que monte la vente par eux faicte de nos marchandises à 2. pour %, font l. 228.- voitures, & autres menus frais par eux faicts l. 97. 10. - tout au liure A, f. 26. & en ce, —	à 15.	l.	325.	10.	—
3. Iuillet receu pour eux comptant de Lorrin, en vertu de leur lettre de change, —	à 3.	l.	218.	15.	2
	—	l.	9478.	17.	1

AVOIR v 8333. 6. 8. d'or sol, que à ₰ 120. pour v, font l. 50000. - qu'est pour leur tiers de l. 150000. imperiaux qu'ils ont fourny, pour faire tenir à Milan, pour employer en Doppions en compagnie de Boloson, & nous, où ils entrent pour $\frac{1}{3}$ en ce, — l. 50000. —	à 9.	l.	25000.	—	—

AVOIR v 8333. 6. 8. d'or sol, que à ₰ 120. pour v, font l. 50000.- imperiaux, qu'est pour son $\frac{1}{3}$ de l. 150000.- qu'il a fourny pour faire tenir à Milan, pour employer en Doppions, en ce, — l. 50000. —	à 6.	l.	25000.	—	—

AVOIR du 27. Iuin receu d'eux comptant pour soude, —	à 3.	l.	3247.	7.	6
En Aoust 1625. pour leur prouision de la vente du fer, de cōpte à $\frac{1}{2}$ auec eux, au liure A, f. 37. & en ce	à 18.	l.	175.	10.	—
8. Septembre pour Louys Boiller, pour Berthaud, debiteur en ce, —	à 4.	l.	7821.	10.	—
20. Dudict receu d'eux comptant par Caisse, —	à 3.	l.	3300.	—	—
7. Decembre pour Franchotty, & Burlamaquy, pour Galiley, & Barelly, pour Guetton, debiteur en ce,	à 8.	l.	5476.	12.	6
	—	l.	20021.	—	—

AVOIR pour le prix, & frais de 34. bales Doppion achepté audict Milan, & enuoyé en diuerses fois, au liure A, f. 24. & en ce, —	l. 86110. 2. —	à 18.	l.	43055.	1.	—
v 2927. 13. 5. d'or de marc, que à ₰ 145. pour v, ils ont remis à Plaisance, en Foire de S. Charles à Saminiaty, d'ordre de Philippe, & Luc Seue, debiteurs en ce, —	l. 21296. 12. 8.	à 16.	l.	10648.	6.	4
v 3552. 8. 3. d'or sol, que à ₰ 119.$\frac{1}{2}$ ils ont remis sur nous à Lyon, en payement d'Aoust, payable à Boloson, en ce, —	l. 21296. 12. 8.	à 16.	l.	10648.	6.	4
Pour nostre tiers de l. 63889. 18.- demeurez de reste audict achapt, porté debiteur negoce de Milan, compte du comptant pour soude du present, —	l. 21296. 12. 8.	à 10.	l.	10648.	6.	4
	l. 150000. —	—	l.	75000.	—	—

ESTIENNE GLOTTON de Tholouse, doit au liure A, f.16. deub en Pasques 1626. —	à 15.	l.	3557.	11
Et en Toussaincts 1625. les parties cy-apres qu'il a payé par escompte,				
Aoust 1626. escompté à 107.½ pour % — l. 559.12.1. } Roys 1627. escompté à 12.½ — — l. 1476.— — } Au liure A, f.16. & en ce, — —	à 20.	l.	2035.	12
	—	l.	5593.	3
IEAN DES LAVIERS de Paris doit en Pasques 1625. les parties cy-apres escomptées,				
En Roys 1626. — l. 1282.6.3. } Pasques 1626. — l. 3192.6.4. } Au liure A, f.17. & en ce, — — — — —	à 15.	l.	4474.	12
En Toussaincts 1625. l'escompte à 107.½, au liure A, f.17. & en ce, — — — —	à 20.	l.	10029.	1
	—	l.	14503.	14
HERVE, ET SAVARRY de Paris, doiuent				
En Roys 1626. — l. 2443.5.2. } Pasques 1626. — l. 1661.5.— } Au liure A, f.18. & en ce, — — — — —	à 15.	l.	4104.	10
En Toussaincts 1625. l'escompte à 1[illegible] pour %, au liure A, f.18. & en ce, — — —	à 20.	l.	5441.	—
	—	l.	9545.	10
CLAVDE CATILLON, demeurant à nostre seruice doit du 4. Iuillet 1625. l. 31.7.3.				
que de tant il est demeuré redeuable pour soude du voyage par luy fait en France, & Poictou, en ce,	à 7.	l.	31.	7
Porté crediteur au liure A, f.43. pour soude, — — — — — —	à 20.	l.	268.	12
	—	l.	300.	—
PHILIPPE, ET LVC SEVE, doiuent en payemens d'Aoust 1625.				
Pour l'escompte de l. 7997.17.11. cy-contre à 122.½ pour % — — — l. 1469. 0. 4. } Pour l'escompte de l. 4775.11. 8. cy-contre à 125. pour % — — — l. 955. 2. 4. } Pour l'escompte de l. 134.15. 4. cy-cõtre deus par Rouier à 35. pour % par sõ accord, l. 54.18.10. }	à 8.	l.	2459.	1
Touss. 1627. l. 6465. 7.6. } Roys 1628. l. 8079.15.— } qu'est pour les ⅔ qu'ils nous font bon, au liure A, f.24. & en ce, — —	à 18.	l.	9696.	15
Du 10. Septembre 1625. pour Verdier, Picquet, & Decoquiel, crediteurs en ce, — — —	à 7.	l.	3555.	17
	—	l.	15711.	14
VESPASIAN BOLOSON, doit en payemens d'Aoust 1625.				
Pour escompte de l. 7474. 5.5. cy-contre à 22.½ pour % — — — — l. 1372.16. 7. } Pour escompte de l. 6931.14.7. cy-contre à 25. pour % — — — — l. 1386. 6.11. }	à 8.	l.	2759.	3
Pour les ⅔ de l. 1611.6.3. deus en Touss. 1627. l. 1074. 4.2. } Pour les ⅔ de l. 8036.5.— deus en Roys 1628. l. 5357.10.— } au liure A, f.24. & en ce, — —	à 18.	l.	6431.	14
Pour les ⅔ de l. 404.6.— deus en Roys 1628. par Rouier, accordé pour Roys 1629. suiuant son contract d'accord, l'escompte en Aoust 1625. à 35. pour %, au liure A, f.24. & en ce, — —	à 18.	l.	269.	10
7. Septembre 1624. pour Picquet, & Strasse, pour Lumaga, & Mascranny, crediteurs en ce, — —	à 15.	l.	13404.	18
4. Octobre à luy comptant par Caisse, — — — — — — — —	à 3.	l.	3536.	11
	—	l.	26401.	18

AVOIR pour l'escompte de l.3557.11.8.-cy-contre à 10. pour %	à 8.	l.	323.	8.	4
3.Iuillet receu pour luy comptant de Iean Glotton, par Caisse,	à 3.	l.	3234.	3.	4
En Toussaincts 1625. pour l'escompte de l.559.12.1. cy-contre à 7.½ — l. 39.0.10. Pour l'escompte de l.1476.-cy-contre à 12.½ pour % — l.164.-	à 8.	l.	203.	—	10
10.Decembre pour Iean Glotton, pour Picquet, & Strasse, pour Manis, pour Philippe, & Luc Seue, pour Iean Seue, debiteur en ce,	à 5.	l.	1343.	18.	11
20.Dudict receu pour luy comptant de Iean Glotton, par Caisse,	à 3.	l.	488.	12.	4
	—	l.	5593.	3.	9

AVOIR pour l'escompte de l.1282. 6. 3. à 107.½ pour % — l. 89.9.3. Pour l'escompte de l.3192. 6.4. à 10. pour % — l.290.4.2.	à 8.	l.	379.	13.	5
Nous a remis par sa lettre sur Antoine Carcauy, debiteur en ce,	à 7.	l.	4094.	19.	2
En Toussaincts 1625.pour l'escompte de l.10029.1.6.cy-contre à 107.½ pour %	à 8.	l.	699.	14.	—
Nous a remis par sa lettre sur Antoine Carcauy, debiteur en ce	à 7.	l.	9319.	7.	6
	—	l.	14503.	14.	1

AVOIR pour l'escompte de l.2443.5.2. à 107.½ pour % — l.170.9.1. Pour l'escompte de l.1661.5.-cy-contre à 110. pour % — l.151.-5.	à 8.	l.	321.	9.	6
Nous ont remis par lettre de Delubert, & Poquelin sur Ioachin Salicoffre, debiteurs	à 15.	l.	3783.	—	8
En Toussaincts 1625.pour l'escompte de l.5441.—6.cy contre en 107.½ pour % en ce,	à 8.	l.	379.	12.	1
Nous a remis par sa lettre sur Antoine Carcauy, debiteur en ce,	à 7.	l.	5061.	8.	5
	—	l.	9545.	10.	8

AVOIR que luy faisons bon pour ses gages d'vn an fins à ce iourd'huy 3.Ianuier 1626.en ce,	à 10.	l.	300.	—	—

AVOIR en Toussaincts 1627. l.7997.17.11. En Roys 1628. l.4775.11. 8. } Au liure A, f.24. & en ce,	à 18.	l.	12773.	9.	7
Pour le ½ de ce qui s'est retiré de la faillite de Rouier, audict liure A, f.24.cy	à 18.	l.	134.	15.	4
Pour l'escompte de l.6465. 7.6.cy-contre à 22.½ l.1187.10.4. Pour l'escompte de l.8079.15.—cy-contre à 25.— l.1615.19.— } Sont pour les % en ce,	à 8.	l.	2803.	9.	4
	—	l.	15711.	14.	3

AVOIR en Toussaincts 1627.l.7474. 5.5. En Roys 1628.l.6931.14.7. } Au liure A, f.25.& en ce,	à 18.	l.	14406.	—	—
Pour l'escompte de l.1074. 4.2.cy-contre à 22.½ pour % — l. 197. 6.— Pour l'escompte de l.5357.10.—cy-contre à 25.— pour % — l.1071.10.— Pour l'escompte de l. 269.10.8.cy-contre à 35.—pour % — l. 69.17.7.	à 8.	l.	1338.	13.	7
▽ 3552.8.3.d'or sol par lettre des nostres de Milan, en ce,	à 10.	l.	10657.	4.	9
	—	l.	26401.	18.	4

LE GRAND LIVRE cotté A, doit pour soude des payemens de Pasques,	à 15.	l.	68081.	19
Negoce de Milan, —— f.24.	à 16.	l.	43055.	1
Philippe, & Luc Seue, —— f.24.	à 17.	l.	12773.	9
Vespasian Boloson, —— f.25.	à 17.	l.	14406.	—
Guillaume Vianey, —— f.25. par Caisse,	à 3.	l.	900.	—
Philippe, & Luc Seue, —— f.24.	à 17.	l.	134.	15
Louys Burlet, —— f.25. par Caisse,	à 3.	l.	322.	16
Guillaume Vianey, —— f.25. par Caisse,	à 3.	l.	625.	—
Antoine Gayot, —— f.25. par Caisse,	à 3.	l.	802.	10
Molandier, —— f.25. par Caisse,	à 3.	l.	262.	10
Antoine Gayot, —— f.25. par Caisse,	à 3.	l.	714.	—
Fabio d'Aspichio, —— f.25.	à 14.	l.	973.	13
Iean Feuly, —— f.25. par Caisse,	à 3.	l.	507.	—
Antoine Gayot, —— f.25. par Caisse,	à 3.	l.	540.	—
Iean Baptiste Beregany, —— f.27.	à 12.	l.	153.	6
Claude Carillon, compte de voyages, —— f.31.	à 14.	l.	112.	9
Picquet, & Strasse, —— f.40.	à 18.	l.	45665.	10
Iacques Depures, —— f.40.	à 4.	l.	34249.	5
Leonard Berthaud, —— f.40.	à 4.	l.	22832.	15
Iean, & François du Soleil, —— f.37.	à 16.	l.	175.	10
Pierre Richard de Nismes, —— f.28. par Iean Bertrand, par Caisse,	à 3.	l.	431.	8
Iean, & Pierre Dulac d'Vsez, —— f.28.	à 3.	l.	237.	—
Antoine Roux de Saumieres, —— f.28.	à 3.	l.	286.	2
Les deputes des creanciers de Laurens Iaquin, —— f. 9. par René Bais, par Caisse,	à 3.	l.	7000.	—
			l. 255802.	—

PICQVET, ET STRASSE de Lyon, doiuent du 3. Septembre l. 10000. — à eux comptant pour virer en ces payemens à $\frac{1}{4}$ pour $\frac{0}{0}$ de leur perte par Caisse,	à 3.	l.	10000.	—
Age de ladicte partie à $\frac{1}{4}$ pour $\frac{0}{0}$	à 8.	l.	25.	—
7. Septembre pour Lumaga, & Mascranny, crediteurs en ce	à 15.	l.	36595.	1.
En Toussaincts 1625. Nous font bon, pour Robert Gehenaud, au liure A, f.16. l. 1418. 9.9. l'escompte à 102. $\frac{1}{2}$ pour $\frac{0}{0}$ } l. 7203. 10. — l'escompte à 107. $\frac{1}{2}$ pour $\frac{0}{0}$ }	à 20.	l.	8621.	19.
♈ 2000. — par lettre des nostres de Milan, en ce,	à 10.	l.	6000.	—
Du 3. Decembre 1625. à eux comptant pour virer à $\frac{1}{4}$ pour $\frac{0}{0}$ de leur perte,	à 3.	l.	20000.	—
Age desdictes l. 20000. à $\frac{1}{4}$ pour $\frac{0}{0}$	à 8.	l.	50.	—
En Roys 1626. ♈ 5100. — que à 120. pour ♈, valent l. 30600. — Nous font bon pour les leurs de Milan, pour diuerses marchandises à eux venduës, & liurées audict Milan, au liure A, f.38. & en ce,	à 20.	l.	15300.	—
♈ 5793.6.4. d'or sol, que à ₰ 119. pour ♈ leur auons fait lettre pour Milan sur Iacques Saba, payable aux leurs au 3. Auril 1626. au liure A, f.38. cy	à 20.	l.	17394.	19.
			l. 113987.	—

HIEROSME LANTILLON de Lyon, doit en payemens d'Aoust 1625. au liure A, f.28. deub en Toussaincts 1627. en ce,	à 18.	l.	1624.	—

A V O I R pour Philippe,& Luc Seue, ———— f.24.—	à 17. l.	9696.	15.	—
Veſpaſian Boloſon, ———— f.24.—	à 17. l.	6431.	14.	2.
Claude Catillon,compte de voyages , — f.31.—	à 14. l.	6855.	2.	—
Pierre Sauſet,compte de voyages , — f.33.—	à 5. l.	53187.	18.	—
Lumaga,& Maſcranny,— f.33.—	à 15. l.	50000.	—	—
Veſpaſian Boloſon,— f.24.—	à 17. l.	269.	10.	8
Marchandiſes venduës comptant , f.28.—	à 14. l.	11776.	19.	10
Iean,& François du Soleil, — f.37.—	à 16. l.	7997.	—	—
Hieroſme Lantillon,— f.28.—	à 18. l.	1624.	—	—
Iean Delaforeſts , — f.28.—	à 19. l.	6465.	7.	6
Eſtienne Chally,— f.29.—	à 19. l.	3132.	16.	3
Fleury Gros, — f.30.—	à 19. l.	6363.	—	—
François Verthema, — f.36.—	à 19. l.	1617.	3.	9
Verdier , Picquet , & Decoquiel,— f.11.—	à 7. l.	4735.	5.	—
Iean,& François Duſoleil,— f.38.—	à 16. l.	3300.	—	—
Porté debiteur en payemens de Touſſainćts , — f.42.—	à 20. l.	82349.	8.	8
		l. 155802.	—	10

A V O I R en Aouſt 1625.Au liure A, f.40. & en ce, —	à 18. l.	45665.	10.	11
▽ 318.3.8.par lettre de Florence de Fabio d'Alpichio,debiteur en ce,—	à 14. l.	954.	11.	—
En Touſſainćts 1625.pour l'eſcompte de l.1418.9.9.à 102.⁴⁄₇ pour ⁶⁄₀ — l. 34.10.—	à 8. l.	537.	1.	4
Pour l'eſcompte de l.7203.10.- cy-contre à 107.⁴⁄₇ l.502.11.4.				
▽ 636.7.d'or ſol,par lettre de Veniſe de Vancaſtre,valeur de Beregany,en ce,—	à 12. l.	1909.	1.	—
16.Decembre pour Bonuiſy,pour Douleet,& Yon,debiteurs en ce, —	à 12. l.	31134.	18.	5
18.Dudićt receu deux comptant pour ſoude , —	à 3. l.	1090.	19.	—
En Roys 1626. ▽ 677.19.3.d'or ſol,par lettre de Milan de Sebaſtien Carcano , au liure A , f.38.&				
en ce,—	à 20. l.	2033.	17.	9
▽ 2500.d'or ſol par lettre de Plaiſance de Hieroſme Turcon,debiteur au liure A,f.38.cy —	à 20. l.	7500.	—	—
4.Auril 1626. comptant deſdićts pour ſoude, —	à 3. l.	23161.	1.	3
		l. 113987.	—	8

A V O I R pour l'eſcompte de l.1624. cy-contre à 122.⁴⁄₇ pour ⁶⁄₀ —	à 8. l.	298.	5.	9
4.Oćtobre 1625.receu de luy comptant par Caiſſe, —	à 3. l.	1325.	14.	3
		l. 1624.	—	—

R 2

IEAN DE LAFOREST de Lyon, doit en payemens d'Aouft 1625. au liure A, f.28. deu en Touffainfts 1627. efcompté à 22.¼ pour ⅞ ——— à 18. l. 6465. 7.

ESTIENNE CHALLY de Lyon, doit au liure A, f.29. deu en Touffainfts 1627. ——— à 18. l. 3132. 16.

FLEVRY GROS de Lyon, doit au liure A, f.30. deu en Roys 1628. ——— à 18. l. 6363.

FRANCOIS VERTHEMA de Lyon, doit au liure A, f.36. deu en Roys 1628. ——— à 18. l. 1617. 3.

IEAN, ET PIERRE DVLAC d'Vfez, doiuent du 4. Octobre comptant audict Iean Dulac, par Caiffe, ——— à 3. l. 2987. 16.

OCTAVIO, ET MARC-ANTOINE LVMAGA de Genes, doiuent que leur à efté enuoyé de Thurin en diuerfes fois par noftre Pierre Alamel, au liure A, f.9.
1000. Doublons d'Efpagne à l.11.12. ——— l.11600. ———
140.½ Doublons de Genes a l.11.11. ——— l. 1622.15.6.
482.½ Doubl. de Florence a l.11.10. ——— l. 5548.15. — à 20. l. 12483. 6.
100.— Doublons d'Italie a l.11. 6. 6. ——— l. 1132.10.—
Et les cy-apres a eux remis de Milan, par les noftres
892.— Doublons d'Efpagne à l.11.12. ——— l.10347. 4.— à 10 l. 13656. 4.
1000.— Doublons d'Italie à l.11.6.6. ——— l.11325.———

l.41576. 4.6. ——— l. 26139. 10.

OCTAVIO, ET MARC-ANTOINE LVMAGA de Noué, doiuent en Foire des Saincts 1625.
▽ 2089.12.6. d'or de marc, que à ✪ 65.1. pour ▽, leur ont efté remis par les leurs de Genes, en ce, ——— ▽ 2089.12.6.— à 19. l. 7292.———
▽ 5266.12. d'or de marc, que à ✪ 67. leur ont efté remis par les leurs dudict Genes, en ce, ——— ▽ 5266.12.— à 19. l. 18847. 10.
Benefice de remife, ——— ▽— à 8. l. 708. 6.

▽ 7356. 4.6. ——— l. 26847. 16.

AVOIR pour l'escompte de l.6465.7.6.cy-contre à 122.½ pour % en pertes,—— —— ——	à 8.	l.	1187.	10.	4
8.Septembre pour Franchotty,& Burlamaquy,pour Bonuisy,pour Iacques Depures,—— ——	à 4.	l.	5277.	17.	2
	——	l.	6465.	7.	6
AVOIR pour l'escompte de l.3132.16.3.cy-contre à 127.½ pour % en ce,—— —— ——	à 8.	l.	575.	8.	3
4.Octobre receu de luy comptant par Caisse,—— —— —— —— —— ——	à 3.	l.	2557.	8.	—
	——	l.	3132.	16.	3
AVOIR pour l'escompte de l.6363.- cy-contre à 125.pour % en pertes,—— —— ——	à 8.	l.	1272.	12.	—
8.Septembre pour Chabre,pour Picquet,& Strasse, pour Gabriel Alamel,debiteur en ce , —— ——	à 2.	l.	5090.	8.	—
	——	l.	6363.	——	—
AVOIR pour l'escompte de l.1617.3.9. cy-contre à 125.pour % en pertes,—— —— ——	à 8.	l.	323.	8.	9
10.Octobre receu de luy comptant par Caisse , debitrice en ce , —— —— —— ——	à 3.	l.	1293.	15.	—
	——	l.	1617.	3.	9
AVOIR par lettre de Claude Catillon,debiteur en ce,—— —— —— —— ——	à 7.	l.	2987.	16.	—
AVOIR ▽ 2089.12.6.d'or de marc , qu'ils ont remis de nostre ordre en Toussaincts 1625. Aux leurs de Noué à ₰ 65. 1. pour ▽ , sont l. 6800. -- valant ▽ 2000. -- simples d'Espagne à l. 5. 16. -- piece sont, —— —— —— —— —— —— —— —— l.11600.——	à 19.	l.	7292.	——	—
▽ 5266.12.-d'or de marc qu'ils ont remis aux leurs de Noué en Foires des Saincts 1625.à ₰ 67.pour ▽,sont l.17643.2.5. monnoye d'or valant ▽ 5189.3.1. de ₰ 68. & à ₰ 115.prix de l'escu d'or en monnoye courante,—— —— —— —— l.29837.12.10. } Pour leur prouision à ⅓ pour % —— —— —— —— —— —— l. 138.11. 8. }	à 19.	l.	18847.	10.	—
Calculé pour Lyon à raison,que l.41576.4.6.cy-contre rendent l.26139. 10. — l.41576. 4. 6.	——	l.	26139.	10.	—
AVOIR ▽ 1547.11.d'or de marc,que à gros 145.pour ▽,leur ont esté tirez pour nostre compte d'Anuers par Iean Baptiste Decoquiel,debiteur en ce, —— —— —— —— ▽ 1547.11.—	à 12.	l.	5609.	17.	6
▽ 4931.10.1.d'or de marc,que à gros 146. pour ▽ leur ont esté tirez dudict Anuers par lettre de Nicolas Zelio,pour compte dudict Decoquiel,en ce,—— —— —— ▽ 4931.10.1.	à 12.	l.	18000.	——	—
▽ 1079.6.2.d'or sol,que à 79. pour % nous ont remis en Toussaincts 1625. sur Lumaga , & Mascranny, —— —— —— —— —— —— —— —— ▽ 852.13.1.	à 15.	l.	3237.	18.	6
Pour leur prouision à ⅓ pour % —— —— —— —— —— —— ▽ 24.10.4.					
▽ 7356. 4.6.	——	l.	26847.	16.	—

LE GRAND LIVRE Cotté A , doit pour foude des payemens d'Aouſt , en ce ,	à 18.	l. 82349.
Iean Baptiſte Beregany,crediteur en ce, ——— f.27.	à 12.	l. 10199.
Iean Baptiſte Decoquiel d'Anuers , ——— f.37.	à 12.	l. 23163.
Negoce de Milan,compte du comptant, ——— f.40.	à 10.	l. 12403.
Picquet,& Straſſe,pour compte des effects de Milan , f.38.	à 18.	l. 2033.
Lefdicts compte dict , ——— f.38.	à 18.	l. 7500.
Lunaga,& Mafcranny,pour compte des effects de Milan, f.38.	à 15.	l. 3025.
Caiſſe , ——— f.43.	à 20.	l. 19500.
Profits & pertes, ——— f.59.	à 8.	l. 42709.
Ioachim,L.& D.Salicoffre, pour compte de partimens , f.28.	à 15.	l. 868.
Galiley,& Barelly,par compte de partimens, f.28.	à 11.	l. 3171.
Lumaga,& Mafcranny,par compte de partimens, f.28.	à 15.	l. 3699.
		l. 210625.

CAISSE D'ARGENT comptant és mains de Iean Pontier,doit en credit à pareil compte pour foude d'iceluy,——— à 3. l. 27240.

		à	l.		
A V O I R pour Octauio, & Marc-Antoine Lumaga de Genes, f. 9.		à 19.	l. 11483.	6.	—
Cefar, & Iulien Granon, debiteurs en ce ,	f. 6.	à 11.	l. 14519.	14.	—
Estienne Glotton, debiteur en ce,	f. 16.	à 17.	l. 1035.	12.	1
Robert Gehenaud,	f. 16.	à 18.	l. 8621.	19.	9
Iean Deflauiers,	f. 17.	à 17.	l. 10029.	1.	6
Herue , & Sauarry ,	f. 18.	à 17.	l. 5441.	—	6
Iean Iacques Manis,	f. 31.	à 6.	l. 19254.	10.	—
Charles Hauard ,	f. 31.	à 15.	l. 14540.	17.	—
Iean, & François Dufoleil,	f. 38.	à 16.	l. 5476.	12.	6
Picquet , & Straffe , pour compte des effects de Milan ,	f. 38.	à 18.	l. 15300.	—	—
Galiley, & Barelly , pour compte des effects de Milan ,	f. 38.	à 11.	l. 9917.	4.	3
Bonuify, pour compte des dicts effects ,	f. 38.	à 11.	l. 7881.	7.	—
Cefar Otio à compte defdicts effects ,	f. 38.	à 9.	l. 15000.	—	—
Picquet , & Straffe, à compte dict,	f. 38.	à 18.	l. 17394.	19.	—
Pierre Alamel, compte de Piedmont,	f. 9.	à 3.	l. 5813.	17.	—
Gabriel Alamel,	f. 43.	à 2.	l. 11946.	19.	7
Iean Seue St de S. André,	f. 43.	à 5.	l. 20630.	7.	6
Lumaga, & Mafcranny, debiteur en ce,	f. 43.	à 15.	l. 3070.	11.	6
Claude Catillon, debiteur en ce,	f. 43.	à 17.	l. 268.	12.	9
		—	l. 210625.	14.	11

		à	l.		
A V O I R du 6. Feurier 1626. Comptant à Ioachim, Laurens, & Dauid Salicoffre, debiteurs,		à 15.	l. 868.	15.	—
2. Auril 1626. A Galiley, & Barelly, debiteurs en ce,		à 11.	l. 3171.	17.	—
28. Iuin 1626. A Lumaga, & Mafcranny,		à 15.	l. 3699.	10.	6
En debit au liure A , f.43. pour foude du prefent compte ,		à 20.	l. 19500.	11.	8
		—	l. 27240.	14.	2

REPERTOIRE
DV GRAND LIVRE
de Raifon , cotté A.

A

B

C

H

I

L

M

ã   3   Nego

N

O

P

Q

R

S

T

V

X

Y

N
O
P
Q
R
S
T
V
X
Y

BILAN

DES ACCEPTATIONS

DES PAYEMENS DES
Roys 1625.

ET STRASSE,

† l. 14075.	7.	6	Pour ▽ 4691. 15. 10. par lettre d'Anuers de Gilles Hannecard.
† l. 3493.	1.	9	Par lettre de Roüan, de Robin, & Ferrary.
† l. 10657.	4.	9	Pour ▽ 3552. 8. 3. par lettre des nostres de Milan.
† l. 3030.		9	Pour ▽ 1010.—3. lettre de Noüé de Lumaga.
† l. 3091.	11.	6	Pour ▽ 1030. 10. 6. Lettre de Plaisance de Hierofme Turcon.
† l. 15000.			Par lettre de Marseille de Benoist Robert.

ROVIERE,

† l. 3087.	19.	3	Par lettre de Thurin de Pierre Alamel, valeur de Gentil.

YSAAC PONCET,

† ▽ 493.	8.	4	Par lettre des leurs de Valance en Espagne,

BVRLAMAQVY,

† l. 6436.	10.	—	Pour ▽ 2145. 10. — par lettres de Londres d'Abraham Bech.
† l. 6470.			Par lettre de Paris de Herue, & Sauarry, payable à Thomas Riquery, & à eux par transport.

MASCRANNY,

† l. 1814.	19.	—	Pour ▽ 604. 19. 8. lettre de Plaisance de Hierofme Turcon, pour Conpte de Fiorauany de Bologne.
† l. 8918.	10.	3	Pour ▽ 2972. 16. 9. lettre de Noüé, de Lumaga.
† l. 3849.	17.	3	Pour ▽ 1283. 5. 9. lettre des nostres de Milan.
† l. 21325.	6.		Pour ▽ 7108. 8. 10 lettre de Noüé de Lumaga.
† l. 6000.			Par lettre de Paris de Vanclly à nous tirée de Herue, & Sauarry.

PICQVET

† V. l. 4360.	12.	—	Par lettre de Paris de Nicolas Herue, & Sauarry,
† l. 6000.		—	Pour ▽ 2000. — lettre de Venise de Retano, & Vanaxello, valeur d'Alexandre Tasca.

EVSTACHE

† V. l. 7000.			Par lettre de Paris de François Sauarry, valeur de Nicolas Herue, & Sauarry.

ANTOINE, ET

FRANCHOTTY, ET

† ▽ 286.	4.	9	Par lettre de Venise d'Odescaco, & Cernesio, valeur d'Alexandre Tasca.

LVMAGA, ET

†|l. 4725.| 7.| 9|Pour ▽ 1575.2.7. par lettre des noftres de Milan.

VERDIER, PICQVET

ET DECOQVIEL,

†|l. 6107.| 10.| | Par lettre de Girard Piltier d'Arles.
†|l. 2622.| 9.| 6|Pour ▽ 874.3. lettre des noftres de Milan.
†|l. 3 0.| | | Par lettre de Paris de Herue, & Sauarry, payable à Iean Ferret,& à eux par procure.
†|l. 11000.| | | Par lettre de Marfeille de Benoift Robert.

CARCAVY,

†|l. 8000.| | | Par lettre de Paris de François Camus à nous tirée par Herue, & Sauarry.
†|l. 6000.| | | Par lettre de Tabourct,& Deculan, payable à André l'Inchenotry,& par luy tranfportée à Antoine Rufca,qui en a paffé procuration audict Carcauy.

GVETTON,

†|l. 4500.| | | Par lettre de Paris de Delubert, & Poquelin à nous tirée par Herue,& Sauarry.
†|l. 3421.| 11.| 9|Pour ▽ 1140.10.7. lettre de Venife d'Alexandre Tafca.

OSIO

LAVRE,

Par lettre de Paris de Herue, & Sauarry.

†|l. 5000. ——

ANTOINE

ANDRE, ET PHILIPPE

CESAR

Pour ▽ 565.19.11. par lettre de Barthelemy, & François Arbona, valeur des noftres de Milan.

†|l. 1697.|19.| 9

CLAVDE

Pour ▽ 303.16.2. par lettre de Cefar, & Fabricio Lauro, valeur des noftres de Milan.

†|l. 911.| | 8.

DOMINIQVE HVGVES ET OCTAVIO MAY,

S.P.|l. 6763.| 4.| 6|Pour ꝟ 22,54. 8. 2. par lettre de Plaifance de Hie-rofine Turcon.

PHILIPPE, ET
Par lettre de Paris de Herue, & Sauarry.
Par lettre de Tours de Cefar,& Iulien Granon.
†l. 6500.——|
†l.17989.| 16.|

LVC SEVE,
†ꝟ 346.| 10.| 6|Par lettre de Venife d'Alexandre Tafca.

GALILEY, ET
Par lettre de Paris de Iean Camus, valeur de Her-uc Sauarry.
Pour ꝟ 800.lettre de Venife d'Vliffe Gatefchy, va-leur d'Alexandre Tafca.
†l. 5600.——|
†V.l. 2400.——|

BARELLY,

IEAN ANTOINE, ET

BENEDICTO BONVISY,
†ꝟ 1000.——|——|Par lettre des noftres de Milan.
†ꝟ 2000.——|——|Par lettre de Venife d'Alexandre Tafca.

BILAN
ES PAYEMENTS
des Roys 1625.

Gabriel Alamel,	1370.0.6.	l.43100.—
Jean Fontaine,		l.19000.—
Jean Pontier,	1610.—	l.110610.—
Geoffroy des Champs,		l.7281.19.—
Eustache Rouiëtr,		l.911.7
Vespasian Bolofon,		l.1198.14.9
Claude Lauro,		l.911.8.6
Cesar Olio,		l.1697.19.9
Philippe, & Luc Scue,	2291.17.10.	l.18350.4.8
Horace Cardon,		l.60000.—
Martin Doffaris,		l.130000.—
Doulcet, & Yon,	1413.19.4.	l.140000.—

Picquet, & Straffe,	1303.15.10.	l.49115.7
Franchotty, & Burlamaquy,		l.18047.15.9
Lumaga, & Maficranny,		l.8288.3.6
Berthon, & Gafpard,		l.40000.—
Jean Jacques Manis,	100.15.3.	l.1798.15.—
Verdier, Picquet, & Decoquid,		l.13729.19.6
Antoine Carcauy,		l.14000.—
André, & Philippe Guetron,		l.13308.4.11
Galiley, & Barelly,		l.3789.14.9
Bonuiy,		l.9000.—
Jacques Depures,		l.1888.—
Leonard Berthaud,		l.1987.8.5

Du 6. Mars 1625.

$\frac{1}{3}$	Debiteurs Picquet , & Straffe , pour Gabriel Ala-mel,———— ——— ——— ——— — l. 10000.		
$\frac{4}{9}$	Debiteurs Franchotty , & Burlamaquy , pour Vi-daud Laifné, pour Philippe,& Luc Seue, ——— l. 12000.		
$\frac{2}{7}$	Debiteurs Picquet , & Straffe , pour Lafare Cofte, pour Guenify,& Maffey,pour Iean Fontaine,— l. 15200.		

Du 7. dudict.

$\frac{5}{11}$	Debiteurs Lumaga , & Mafcranny , pour Gueni-fy , & Maffey, pour Garnier, pour Ioué, pour Horace Cardon,——— ——— ——— l. 30000.		
$\frac{6}{7}$	Debiteurs Berthon , & Gafpard, pour {Vanelle, pour Nauergnon,pour Blauf, pour Iean Pontier, l. 8000.		
$\frac{7}{13}$	Debiteurs Verdier,Picquet,& D.pour I.Salicoffre, pour Ioué,pour Marin Doffaris , ——— ——— l. 16000.		
$\frac{11}{13}$	Debiteur Bonuify, pour Doulcet,& Yon, ——— l. 9000.		

Du 10. dudict.

$\frac{2}{13}$	Debiteurs Picquet , & Straffe , pour Guenify ,& Maffey,pour Goyet, & Compagnie,pour Doul-cet ,& Yon ,— ——— ——— ——— ——— l. 11512.	10.	
$\frac{3}{13}$	Debiteurs lefdicts,pour Garnier,pour Ferrus,pour Doffaris , ——— ——— ——— ——— — l. 5000.		
$\frac{6}{13}$	Debiteurs Berthon , & Gafpard , pour Tiffy, pour Hierofme de Cotton, pour Antoine du Champ, pour Noël Coftar,pour Marin Doffaris , ——— l. 21000.		
$\frac{8}{7}$	Debteur Guetton,pour Theuenet, pour Mafuyer, Violette , pour Millotet , pour Caboud, pour Geoffroy des Champs , ——— ——— ——— l. 7282.	10.	
$\frac{11}{13}$	Debiteurs Galiley,& Barelly , pour Blandin , pour Neyret , pour Goyet, & Compagnie, pour Ho-race Cardon ,— ——— ——— ——— l. 3759.	14.	9

Du 11. dudict.

$\frac{?}{11}$	Debiteur Antoine Carcauy , pour Bonuify , pour Iean Iuge, pour Doulcet,& Yon, ——— ——— l. 1400.		

Du

Du 11. *Mars* 1625.

½	Debiteurs Lumaga, & Mafcranny, pour Galiley, & Barelly, pour Ioué, pour Gabriel Alamel, —— l. 2 5000. ——		
⁵⁄₁₂	Debiteur Guetton, pour Galiley, & Barelly, pour Tachereau, Boileau, & Seruonnet, pour Doffaris, l. 502 5. 14. 11		
½	Debiteurs Picquet, & Straffe, pour Salicoffre, pour Heruard, pour Laurens Payer, pour Iean Fontaine, —— —— —— —— —— —— l. 4800. ——		
⁶⁄₁₁	Debiteur Berthon, & Gafpard, pour Antoine, & Hugues Blauf, pour Iean Iuge, pour Ferrus, pour Horace Cardon, —— —— —— l. 11000. ——		

Du 12. *dudiét.*

⅟₉	Debiteurs Lumaga, & Mafcranny, pour Vidaud Laifné, pour Becaric, pour Salmatory, & Pradel, pour Ioué, pour Philippe, & Luc Seue, —— l. 4000. ——		
²⁄₉ ⁶⁄₉	Debiteurs Picquet, & Straffe, pour Bolofon, —— l. 1298. 14. 9		
⁴⁄₉	Debiteur Iean Iacques Manis, pour Bonuify, pour Cefar Ofio, —— —— —— —— l. 1697. 19. 9		

Du 13. *dudiét.*

⁵⁄₁₂	Debiteurs Franchotty, & Burlamaquy, pour Garbufat, pour Noël Coftar, pour Marin Doffaris, l. 2974. 5. 1		
½	Debiteur Verdier, Picquet, & Decoquiel, pour Bonuify, pour Cefar Ofio, pour Bolofon, pour Gabriel Alamel, —— —— —— —— l. 7729. 19. 6		

Du 14. *dudiét.*

⁵⁄₁₂	Debiteurs Lumaga, & Mafcranny, pour Verdier, Picquet, & Decoquiel, pour Bolofon, pour Horace Cardon, —— —— —— —— l. 3657. 3. 6		
⁵⁄₁₂	Debiteurs Franchotty, & Burlamaquy, pour Nicolas Bocquet, pour Perrin, pour Charles Baile, pour Doulcet, & Yon, —— —— —— —— l. 3073. 10. 8		

I 3 *Du*

Du 15. *Mars* 1625.

$\frac{4}{11}$ Debiteur Iacques Depures, pour Enemond Duplomb, pour Beraud, & Defargues, pour Bonui-
fy, pour Horace Cardon, —— —— —— l. 1586. —— ——

$\frac{4}{9}$ Dr Berthaud, pour Hierofme payelle, pour René
Bais, pour Philippe, & Luc Seüe, —— —— l. 1057. 6. 8